石油和化工行业"十四五"规划教材
职业教育创新融合系列教材
荣获中国石油和化学工业优秀出版物奖（教材奖）

第二版

YEYA YU
QIDONG JISHU

液压与气动技术

» 朱丽琴　李　剑　主编
» 马　凯　王　琰　赵小飞　副主编
» 赵旭升　主审

化学工业出版社
·北京·

内容简介

本书主要讲述液压传动基础知识、液压油的选用与维护、动力元件的选用与维护、执行元件的选用与维护、控制元件的选用与维护、辅助元件的选用与维护、液压系统基本控制回路的构建与调试、气压传动基础知识、气动系统基本控制回路的构建与调试、电气气动程序控制系统的构建与调试、典型液压气动系统的分析与维护。书中设置生产学习经验、思维导图等栏目，同时对重点内容、疑难问题及关键技能等给出小问题、小结论、小提醒、小讨论等，有利于学生对相关知识点和技能点的理解掌握。为方便教学，配套电子课件、视频微课等数字资源。

本书可作为高职高专院校机电类、机械类专业的教材，并可作为成人高校、中等职业学校相关专业的教材，还可供相关技术人员参考。

图书在版编目（CIP）数据

液压与气动技术 / 朱丽琴，李剑主编. -- 2 版. -- 北京 : 化学工业出版社，2025.1. -- （职业教育创新融合系列教材）. -- ISBN 978-7-122-46941-0

Ⅰ．TH137；TH138

中国国家版本馆 CIP 数据核字第 2025YA3277 号

责任编辑：韩庆利　　　　　　　文字编辑：宋　旋
责任校对：宋　玮　　　　　　　装帧设计：史利平

出版发行：化学工业出版社
　　　　　（北京市东城区青年湖南街13号　邮政编码100011）
印　　装：北京云浩印刷有限责任公司
787mm×1092mm　1/16　印张 16¼　字数 418 千字
2025 年 1 月北京第 2 版第 1 次印刷

购书咨询：010-64518888　　　　售后服务：010-64518899
网　　址：http://www.cip.com.cn

凡购买本书，如有缺损质量问题，本社销售中心负责调换。

定　　价：55.00元　　　　　　　　　　版权所有　违者必究

第二版前言

本书是根据高等职业教育机电一体化技术专业教学标准及相关岗位群所需的知识与能力，在进行大量的行业调研并汲取企业案例工作要点、与企业现场技术人员精心研磨并结合参编学校多年来教学改革实践经验的基础上而编写的。

全书分为三大模块：液压技术强基篇、气动技术强基篇和综合应用重能篇。包括11个项目，26个任务。任务内容前后贯通，立体关联，知识技能从元件、回路到系统全面提升，形成完整的思维训练逻辑体系。

本书在编写过程中遵循以就业为导向、以能力为本位的指导思想，以职业岗位技能要求为出发点，力求理论联系实际，从应用的角度综合液压与气压传动技术，加强针对性和实用性，注重培养分析问题和解决问题的能力。

本书具有以下特色：

（1）突出职业教育特点，深化产教融合、校企合作。教材坚持必需、够用、适用的原则，采用工程应用实例，实用性强。将PLC、电气、气动、液压技术有机地融合，突出体现了机电一体化的综合性，锻炼学生的专业能力和可持续发展能力。

（2）设计能级递进的教学任务，遵循"先认知实践，再应用实践，后能力提升"的原则设计项目和任务，符合学生的认知规律。增加"生产学习经验"内容，同时对重点内容、疑难问题及关键技能等，及时给出小问题、小结论、小提醒、小讨论等，有利于学生对相关知识点和技能点的理解掌握。

（3）形成"纸质教材＋虚仿实平台＋在线课程"的新形态教材体系，使教材更加立体化、可视化、动态化、形象化，服务学生个性化学习需求。

（4）注重培养学生自我学习能力和职业素养的提升，恰当地穿插了【科技之光】【素质驿站】【大国工匠】素养教育于项目中，让"德"培养隐藏在"技"培养的每一个环节和细节中。

（5）将大赛内容转化为项目任务，匹配大赛考核标准，真正实现"课赛融通"，培养符合行业需求的高素质技术技能人才。

本书由南京科技职业学院朱丽琴和李剑主编，赵旭升主审，马凯、王琰和山西机电职业技术学院赵小飞担任副主编。参加编写的人员和具体分工为：李剑编写项目一、二，王琰编写项目三，赵小飞编写项目四，马凯和南京迪威尔高端制造股份有限公司技术能手韩东升编写项目五，谢安编写项目六，苏州信息职业技术学院张伟编写项目七，咸阳职业技术学院向玉春编写项目八，朱丽琴、韩东升编写项目九、十、十一。全书由朱丽琴负责统稿。本书在编写过程中，得到了有关院校、相关企业和有关同志特别是南钢集团高级技师王谨的大力支持和帮助，在此一并表示衷心的感谢。

本书适合作为高职高专机电类、机械类专业教材，也可作为各类成人高校、函授大学及中等职业学校相关专业的教学用书，并可供有关工程技术人员参考。

由于编者水平有限，书中难免存在疏漏和不妥之处，敬请广大读者批评指正。

编　者

目 录

模块一　液压技术强基篇

◎ **项目一　液压传动基础认知** …………………………………………… 2
　　任务 1　认识液压传动系统 ………………………………………… 2
　　任务 2　揭开液压千斤顶四两拨千斤的奥秘 ……………………… 5
　　生产学习经验 ………………………………………………………… 8
　　思维导图 ……………………………………………………………… 8
　　巩固练习 ……………………………………………………………… 9

◎ **项目二　液压系统的"血液"——液压油的选用与维护** …………… 10
　　任务 1　液压油的选用与维护 ……………………………………… 10
　　任务 2　认识流体的力学特性 ……………………………………… 16
　　生产学习经验 ………………………………………………………… 24
　　思维导图 ……………………………………………………………… 24
　　巩固练习 ……………………………………………………………… 25

◎ **项目三　液压系统的"心脏"——动力元件的选用与维护** ………… 26
　　任务 1　认识液压系统的"心脏"——液压泵 …………………… 26
　　任务 2　液压泵的选用与维护 ……………………………………… 30
　　生产学习经验 ………………………………………………………… 41
　　思维导图 ……………………………………………………………… 42
　　巩固练习 ……………………………………………………………… 42

◎ **项目四　液压系统的"手脚"——执行元件的选用与维护** ………… 44
　　任务 1　液压缸的选用与维护 ……………………………………… 44
　　任务 2　液压马达的选用与维护 …………………………………… 56
　　生产学习经验 ………………………………………………………… 62
　　思维导图 ……………………………………………………………… 62
　　巩固练习 ……………………………………………………………… 62

◎ **项目五　液压系统的"大脑"——控制元件的选用与维护** ………… 64
　　任务 1　方向控制阀的选用与维护 ………………………………… 64

　　　　任务 2　压力控制阀的选用与维护 ················· 73
　　　　任务 3　流量控制阀的选用与维护 ················· 83
　　　生产学习经验 ······························· 87
　　　思维导图 ································· 88
　　　巩固练习 ································· 88

◎ **项目六　液压系统的"附件"——辅助元件的选用与维护** ············· 91
　　　　任务　辅助元件的选用与维护 ···················· 91
　　　生产学习经验 ······························ 101
　　　思维导图 ································ 102
　　　巩固练习 ································ 102

◎ **项目七　液压系统基本控制回路的构建与调试** ················ 103
　　　　任务 1　方向控制回路的构建与调试 ················ 103
　　　　任务 2　压力控制回路的构建与调试 ················ 107
　　　　任务 3　速度控制回路的构建与调试 ················ 116
　　　　任务 4　多执行元件控制回路的构建与调试 ············· 128
　　　生产学习经验 ······························ 134
　　　思维导图 ································ 135
　　　巩固练习 ································ 136

模块二　气动技术强基篇

◎ **项目八　气压传动基础认知** ························ 140
　　　　任务 1　认识气压传动系统 ····················· 140
　　　　任务 2　气动元件的选用与维护 ··················· 145
　　　生产学习经验 ······························ 170
　　　思维导图 ································ 171
　　　巩固练习 ································ 171

◎ **项目九　气动系统基本控制回路的构建与调试** ················ 173
　　　　任务 1　单缸气动回路的构建与调试 ················ 173
　　　　任务 2　双缸控制回路的构建与调试 ················ 185
　　　生产学习经验 ······························ 192
　　　思维导图 ································ 192
　　　巩固练习 ································ 193

◎ **项目十　电气气动程序控制系统的构建与调试** ················ 195
　　　　任务 1　单缸电气气动控制回路的构建与调试 ············ 195
　　　　任务 2　双缸电气气动控制回路的构建与调试 ············ 206
　　　　任务 3　PLC 控制气动系统的构建与调试 ·············· 213

生产学习经验 …………………………………………………………………… 217
思维导图 ……………………………………………………………………… 217
巩固练习 ……………………………………………………………………… 218

模块三 综合应用重能篇

◎ **项目十一 典型液压气动系统的分析与维护** ……………………………… 221
  任务 1 组合机床动力滑台液压系统的分析与维护 …………………… 221
  任务 2 数控加工中心气动换刀系统的分析与维护 …………………… 232
  任务 3 自动生产线供料单元气动系统设计与实现 …………………… 239
  生产学习经验 ………………………………………………………………… 246
  思维导图 ……………………………………………………………………… 246
  巩固练习 ……………………………………………………………………… 247

◎ **参考文献** ………………………………………………………………………… 249

二维码索引

序号	资源名称	页码	序号	资源名称	页码
动画					
1	机床工作台液压传动系统	6	35	三位四通 Y 型电磁换向阀	71
2	液压千斤顶的工作原理	8	36	三位四通液动换向阀	71
3	液体的黏性	11	37	三位四通电液换向阀	72
4	恩氏黏度计	12	38	直动式溢流阀的工作原理	74
5	恒定流动	19	39	先导式溢流阀的工作原理	75
6	非恒定流动	19	40	溢流阀的应用之一——溢流定压	77
7	雷诺实验	19	41	溢流阀的应用之二——安全保护	77
8	液压冲击	23	42	溢流阀的应用之三——使泵卸荷	77
9	液压泵工作原理	27	43	溢流阀的应用之四——远程调压	77
10	齿轮泵的工作原理	31	44	直动式顺序阀的工作原理	78
11	外啮合齿轮泵的结构	31	45	先导式减压阀的工作原理	80
12	困油现象	32	46	压力继电器	82
13	双作用叶片泵的工作原理	35	47	节流阀	85
14	单作用叶片泵的工作原理	35	48	调速阀	86
15	外反馈限压式变量叶片泵的工作原理	36	49	线隙式滤油器	93
16	斜盘式轴向柱塞泵的工作原理	38	50	纸芯式滤油器	94
17	径向柱塞泵的工作原理	40	51	烧结式滤油器	94
18	缸筒固定式双杆活塞缸	46	52	气囊式蓄能器	96
19	活塞杆固定式双杆活塞缸	46	53	冷却器	100
20	单杆活塞缸的三种连接方式	46	54	双作用缸换向回路	104
21	单柱塞缸	48	55	采用液控单向阀的锁紧回路	106
22	柱塞缸成对使用	48	56	二级调压回路	108
23	增压缸	49	57	三级调压回路	108
24	伸缩缸	49	58	双向调压回路(一)	108
25	齿条活塞液压缸	50	59	双向调压回路(二)	108
26	轴向柱塞马达的工作原理	59	60	采用换向阀中位机能的卸荷回路	110
27	叶片式液压马达的工作原理	59	61	采用电磁溢流阀的卸荷回路	110
28	径向柱塞马达的工作原理	60	62	采用二位二通阀的卸荷回路	110
29	单向阀的工作原理	66	63	单作用增压缸增压回路	111
30	液控单向阀的工作原理	67	64	双作用增压缸连续增压	111
31	换向阀工作原理	67	65	单级和二级减压回路	111
32	常用换向阀的结构原理和图形符号	68	66	利用蓄能器的保压回路	112
33	三位四通手动换向阀	70	67	自动补油保压回路	113
34	二位二通机动换向阀	70	68	采用单向顺序阀的平衡回路	113

续表

序号	资源名称	页码	序号	资源名称	页码
动画					
69	进油节流调速回路	119	87	空气压缩机	147
70	回油节流调速回路	119	88	油水分离器	148
71	旁路节流调速回路	119	89	或门型梭阀	152
72	变量泵-定量执行元件容积调速回路	120	90	与门型梭阀-双压阀	152
73	定量泵-变量马达容积调速回路	121	91	快速排气阀	152
74	限压式变量泵和调速阀的容积节流调速回路	122	92	亚德客阀组	155
			93	延时换向阀应用	156
75	差动连接快速回路	125	94	平行开合气动手指	161
76	采用蓄能器的快速回路	125	95	摆动气缸	163
77	采用增速缸的快速运动回路	126	96	按钮开关	196
78	用行程阀控制的快速与慢速换接回路	126	97	通电延时型时间继电器	197
79	采用调速阀串联的两种慢速换接回路	127	98	互锁电路	202
80	采用调速阀并联的两种慢速换接回路	127	99	延时电路	203
81	单向顺序阀控制的顺序动作回路	129	100	单缸单往复运动电气气动回路	203
82	行程阀控制的顺序动作回路	130	101	单缸连续往复运动电气气动回路	204
83	行程开关控制的顺序动作回路	130	102	具有自锁功能的连续往复运动电气气动回路	204
84	带补偿措施的串联液压缸同步回路	132			
85	双泵供油多缸快慢速互不干扰回路	132	103	不带障碍信号的双缸电气气动回路	207
86	气动剪切机	140	104	带障碍信号的双缸电气气动回路	209
视频					
1	液压传动的发展概况及应用	3	16	单向阀的工作原理及应用	66
2	液压传动的工作原理-揭开液压千斤顶四两拨千斤的奥秘	5	17	换向阀的工作原理及应用	67
			18	溢流阀的工作原理及应用	74
3	液压传动系统的组成	6	19	顺序阀的工作原理及应用	78
4	液压油的选用与维护	10	20	减压阀的工作原理及应用	80
5	帕斯卡原理及应用	17	21	几种压力控制阀的比较	81
6	液体动力学基本概念	18	22	流量控制阀的工作原理及应用	83
7	伯努利原理及应用	21	23	滤油器	92
8	液压的心房——泵的概述与性能参数	28	24	蓄能器	95
9	齿轮泵的工作原理与结构特点	31	25	蓄能器及其应用	96
10	双作用叶片泵的工作原理与结构特点	34	26	换向回路	104
11	单作用叶片泵的工作原理与结构特点	36	27	锁紧回路	105
12	柱塞泵的工作原理与结构特点	37	28	调压回路	107
13	液压泵的选用	41	29	卸荷回路	109
14	液压缸的工作原理及选用	44	30	增压回路	110
15	液压马达的工作原理与特点	56	31	减压回路	111

续表

序号	资源名称	页码	序号	资源名称	页码
视频					
32	保压回路	112	51	方向控制回路	174
33	平衡回路	113	52	速度控制回路	176
34	压力控制回路习题精讲	114	53	气动调速回路的比较	176
35	调速回路	117	54	逻辑控制回路	178
36	快速运动回路	125	55	安全保护回路	179
37	速度换接回路	126	56	顺序动作回路（气动）	181
38	顺序动作回路	129	57	真空吸附回路	183
39	同步动作回路	130	58	皮带压花机气动系统的构建与调试	184
40	互不干扰回路	131	59	如何根据位移-步进图设计气动回路	186
41	装配机械手液压系统的构建与调试	133	60	不带障碍信号的双缸控制回路设计	188
42	认识气压传动系统	141	61	双缸供料纯气动系统的构建与调试	191
43	气源装置	146	62	认识常用电气元件及基本电气回路	196
44	气动辅助元件	149	63	磁性开关的安装与接线	200
45	气动控制阀（一）——方向控制阀	151	64	NPN 型光电传感器的接线	200
46	气动控制阀（二）——压力控制阀	156	65	PNP 型光电传感器的接线	200
47	气动控制阀（三）——流量控制阀	158	66	剪料控制电气动系统的构建与调试	205
48	气动执行元件	160	67	双缸供料电气动系统的构建与调试	206
49	真空元件	168	68	组合机床动力滑台液压系统分析	221
50	压力控制回路	173	69	数控加工中心气动换刀系统分析	232
素养教育					
1	【科技之光】为北京冬奥会增光添彩的液压千斤顶	8	7	【科技之光】中国吊装——4000t 全液压履带式起重机	104
2	【素质驿站】钱学森的水力学试卷	18	8	【素质驿站】材料革命推动者 空气压缩机的鼻祖——风箱	141
3	【科技之光】"奋斗者"号载人潜水器成功坐底马里亚纳海沟	28	9	【科技之光】"国之重器"——中国新型跨声速风洞 FL-62	177
4	【科技之光】从零到世界第一，中国盾构机成为全球领先技术	56	10	【素质驿站】挖掘机上危险的"间谍"	217
5	【大国工匠】梅琳——力拔千钧的"空姐"	87	11	【大国工匠】调试工的"匠心"路——大国工匠刘文生	246
6	【科技之光】"中国天眼"——500m 口径球面射电望远镜	101			

模块一
液压技术强基篇

一部完整的机器由原动机部分、传动机构及控制部分、工作机部分组成。原动机包括电动机、内燃机等。工作机即完成该机器工作任务的直接工作部分,如剪床的剪刀、车床的刀架、磨床的工作台等。由于原动机的功率和转速变化范围有限,为了适应工作机的工作力和工作速度的变化范围以及性能的要求,在原动机和工作机之间设置了传动机构,其作用是把原动机的输出功率经过变换后传递给工作机。一切机械都有其相应的传动机构,借助于它达到对动力的传递和控制的目的。

传动机构通常分为机械传动机构、电气传动机构和流体传动机构。流体传动是以流体为工作介质进行能量转换、传递和控制的传动。它包括液压传动、液力传动和气压传动。液压传动和液力传动均是以液体作为工作介质进行能量传递的传动方式。液压传动主要是利用液体的压力能来传递能量,而液力传动则主要是利用液体的动能来传递能量。

液压是机械行业、机电行业的一个名词。液压传动有许多突出的优点,应用非常广泛,如一般工业用的压力机械、机床等;行走机械中的工程机械、建筑机械、农业机械、汽车等;钢铁工业用的冶金机械、提升装置、轧辊调整装置等;土木水利工程用的防洪闸门及堤坝装置、桥梁操纵机构等;发电厂涡轮机调速装置等;船舶用的甲板起重机械、船尾推进器等;军事工业用的火炮操纵装置、飞机起落架的收放装置和方向舵控制装置等。液压技术作为传动与控制的关键技术,是工业领域广泛应用的核心技术和基础部件技术。

液压行业已经成为装备制造业的重要基石和基础产业,为国家重大工程和重点项目配套,取得显著成就。液压产品已成功装备于宇宙飞船、嫦娥工程、海军舰船等重大装备。液压产业是国民经济的脊梁骨,工业强国,必定是液压强国。

项目一

液压传动基础认知

 学有所获

1. 理解液压传动的工作原理、系统组成及优缺点。
2. 了解液压传动在各行业中的应用及发展趋势。
3. 能初步识读液压系统图,理解液压图形符号的意义。
4. 理解液压传动中压力的形成和传动特性。

任务 1　认识液压传动系统

 任务导入

图 1-1 所示的儿童游乐设施,要把电动机的能量传递给旋转工作机构,如果不经过中间的传动环节,而用电动机直接驱动(电动机用联轴器与旋转机构相连),由于电动机转速较高并且转速和转向不易改变,就会出现图中将儿童甩出的现象,这种方式是极其危险而不可取的。

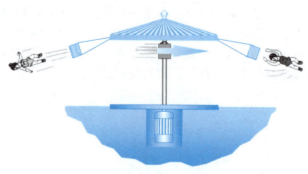

图 1-1　电动机直接驱动

合理的方法是在电动机与旋转工作机构之间安装传动装置,如图 1-2 所示,这样才可以保证安全。因此,原动机与工作机之间加装传动装置是十分必要的。

那么,设置什么样的传动装置才能实现安全、实用、方便呢?图 1-3 所示的机-液组合传动装置可以实现能量的传递。该传动装置包括了齿轮传动(直齿轮、锥齿轮)、链传动、

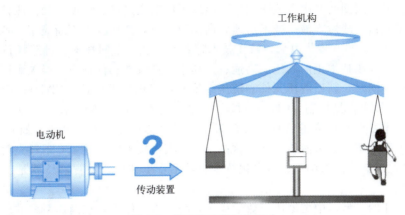

图 1-2 带有传动装置的驱动

带传动、液力传动、偏心轮机构传动等，它实现了工作机构运动的平稳。但是，由于传动装置种类较多、占用空间较大，转速、转向不易调节，因此，这种装置并不实用。能否将原动机的能量通过一种装置进行转换，再通过简便的方式传递到工作机构，使工作机构获得需要的机械能呢？液压传动技术就能很好地完成此项任务。

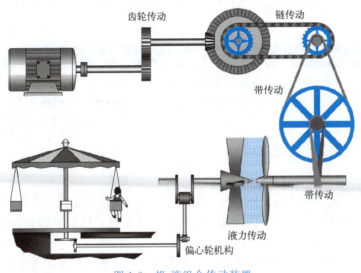

图 1-3 机-液组合传动装置

视频：液压传动的发展概况及应用

知识导航

液压传动技术是以液体作为传动介质来传递动力和运动，并且进行控制的工程技术。

一、液压传动技术的发展概况

17 世纪中叶，法国物理学家帕斯卡提出静压传递原理，即帕斯卡原理，成为液压技术的理论基础。17 世纪末期，英国著名科学家牛顿对液体黏度及其阻力研究的成果，是现代流体动力润滑理论的基础。18 世纪中叶，瑞士科学家伯努利提出了理想液体常态运动方程，即伯努利方程。18 世纪末期，英国制成世界上第一台水压机。液压传动在工业上被广泛采用和快速发展是在第二次世界大战后 50 多年的时间里。

第二次世界大战期间，由于战争需要，出现了由响应迅速、精度高的液压控制机构所装备的各种军事武器。战后，液压技术迅速转向民用工业，液压技术不断应用于各种自动机及自动生产线。20世纪60年代以后，液压技术随着原子能、空间技术、计算机技术的发展而迅速发展。当前液压技术正向高压、高速、大功率、高效率、低噪声、经久耐用、高度集成化的方向发展。同时，新型液压元件和液压系统的计算机辅助设计（CAD）、计算机辅助测试（CAT）、计算机直接控制（CDC）、机电一体化技术、可靠性技术等方面也是当前液压传动及控制技术发展和研究的方向。液压未来的发展方向来自社会需求，即碳中和、无人化、多电化、数字孪生和水液压，基于这些需求，液压技术在工业4.0下首先要实现液压元件"芯片化"，以支持智能技术、多电化技术和数字孪生技术，数智液压就是工业4.0下的必然发展途径。

经过数十年的发展，中国液压工业形成了较为完善的体系，在液压系统的运用上越来越广泛，对技术的掌握也越来越成熟，已经拥有了独特的行业经验和技术。液压技术在我国"大国重器"中发挥着重要作用，我国自主研制的C919大型客机、运-20军用大型运输机、大直径泥水平衡盾构机"春风号"等，都离不开液压技术。据统计，目前国内液压企业超过1000家，江苏恒立液压股份有限公司、烟台艾迪精密机械股份有限公司等骨干企业正快速缩短与全球领先技术的差距，其国际市场占有率日益提升。总之，国内液压产业目前正处于快速发展的黄金期，对于现代信息化及机械自动化的时代，国内液压系统的发展还有很大的空间。

小讨论

说明从何时起，我国锻造产品实现了从高端向顶级的跨越？举例说明我国液压行业为体现中华民族自豪感的C919（COMAC919）飞机的成功研制做出了哪些贡献。

二、液压传动技术的优缺点

与机械、电气传动相比，液压传动具有以下优点：

① 液压传动装置运动平稳、反应快、惯性小，能快速启动、制动和频繁换向。

② 在同等功率情况下，液压传动装置体积小、重量轻、结构紧凑。例如，同功率液压马达的质量只有电动机的10%～20%。

③ 液压传动装置能在运行中方便地实现无级调速，且调速范围最大可达1：2000（一般为1：100）。

④ 操作简单、方便，易于实现自动化。当它与电气联合控制时，能实现复杂的自动工作循环和远距离控制。

⑤ 易于实现过载保护。液压元件能自行润滑，使用寿命长。

⑥ 很容易实现工作机构的直线运动或旋转运动。

⑦ 液压元件实现了标准化、系列化、通用化，便于设计、制造和使用。

液压传动的主要缺点为：

① 液压传动不能保证严格的传动比，这是由液压油的可压缩性和泄漏造成的。

② 液压传动对油温变化较敏感，这会影响它的工作稳定性。因此液压传动不宜在很高或很低的温度下工作，一般工作温度在-15～60℃范围内较合适。

③ 为了减少泄漏，液压元件在制造精度上要求较高，因此它的造价高，且对油液的污染比较敏感。

④ 液压传动出故障时不易找出原因,要求工作人员具有较高的使用和维护技术水平。

⑤ 液压传动在能量转换的过程中,特别是在节流阀调速系统中,其压力、流量损失大,故系统效率较低。

⑥ 随着高压、高速和大流量的日趋发展,液压元件和系统的噪声会增大,需要降噪技术的发展。

三、液压传动技术的应用

液压传动以其独特的优势成为现代机械工程、机电一体化技术中的基本构成技术和现代控制工程中的基本技术要素,在国民经济各行业中得到了广泛的应用。表1-1列出了液压传动在各种行业中的一般应用。图1-4所示为液压技术的应用图片。

表1-1 液压传动的应用实例

行业名称	应用举例	行业名称	应用举例
工程机械	挖掘机、装载机、推土机、压路机等	纺织机械	织布机、纺纱机、印染机等
矿山机械	凿岩机、采煤机、提升机、液压支架等	起重运输机械	汽车吊、港口龙门吊、叉车等
建筑机械	打桩机、液压千斤顶、平地机等	汽车工业	自卸式汽车、高空作业车等
冶金机械	轧钢机、压力机、转炉弯管机等	锻造机械	砂型压实机、压铸机、加料机等
锻压机械	压力机、模锻机等	轻工机械	打包机、注塑机、造纸机等
机械制造	组合机床、冲床、加工中心等	农业机械	联合收割机、农具悬挂系统等

(a) "蛟龙号"载人潜水器

(b) C919大飞机

(c) 盾构机

(d) 汽车起重机

图1-4 液压技术的应用

视频:液压传动的工作原理-揭开液压千斤顶四两拨千斤的奥秘

任务实践

观看旋转木马的工作视频,了解液压技术在其中的应用。

任务2 揭开液压千斤顶四两拨千斤的奥秘

任务导入

项羽"力能扛鼎",古希腊物理学家阿基米德"给我一个支点,我就能撬起整个地球。"当汽车轮胎出现故障需要换胎的时候,通常会用到一个小工具——千斤顶。那么,这个小小的千斤顶为什么能像项羽一样,托举起质量超过1t的汽车?如图1-5所示,液压千斤顶工作时,只要反复扳动摇把,执行缸就能产生数十倍于摇把上的力。在本次工作任务中,需掌握液压传动的工作原理和系统组成。

图1-5 液压千斤顶轻松抬起小汽车

动画：机床工作台液压传动系统

视频：液压传动系统的组成

知识导航

一、液压传动的工作原理和组成

液压千斤顶是一种简单的液压传动装置。液压传动的工作原理，可以用机床工作台的工作原理来说明。

如图1-6所示，它由油箱、滤油器、液压泵、溢流阀、节流阀、换向阀、液压缸以及连接这些元件的油管、接头组成。其工作原理如下：液压泵由电动机驱动后，从油箱中吸油。油液经滤油器进入液压泵，油液在泵腔中从入口（低压）到泵出口（高压），在图1-6（a）所示状态下，通过开停阀、节流阀、换向阀进入液压缸左腔，推动活塞使工作台向右移动。这时，液压缸右腔的油经换向阀和回油管6排回油箱。

如果将换向阀手柄转换成图1-6（b）所示状态，则压力管中的油将经过开停阀、节流阀和换向阀进入液压缸右腔，推动活塞使工作台向左移动，并使液压缸左腔的油经换向阀和回油管6排回油箱。

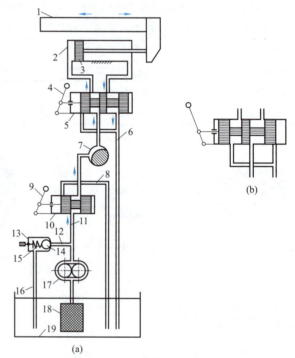

图1-6 机床工作台液压系统的工作原理
1—工作台；2—液压缸；3—活塞；4—换向手柄；5—换向阀；
6,8,16—回油管；7—节流阀；9—开停手柄；10—开停阀；
11—压力管；12—压力支管；13—溢流阀；14—钢球；
15—弹簧；17—液压泵；18—滤油器；19—油箱

小结论

液压传动系统的能量转换过程是原动机带动液压泵旋转，输出液压油，先将机械能转换为液压能；液压油驱动执行机构运动，再将液压能转换为机械能对负载做功，实现了能量的传递和转换。

工作台的移动速度是通过节流阀来调节的。当节流阀开大时，进入液压缸的油量增多，工作台的移动速度增大；当节流阀关小时，进入液压缸的油量减少，工作台的移动速度减小。这是液压传动的一个基本原理——速度取决于流量。

为了克服移动工作台时所受到的各种阻力，液压缸必须产生一个足够大的推力，这个推力是由液压缸中的油液压力所产生的。要克服的阻力越大，缸中的油液压力越高；反之压力就越低。这种现象正说明了液压传动的另一个基本原理——压力取决于负载。

从机床工作台液压系统的工作过程可以看出，一个完整的、能够正常工作的液压系统，应该由以下五个主要部分来组成：

（1）动力装置　它是供给液压系统压力油，把机械能转换成液压能的装置。最常见的形式是液压泵。

（2）执行装置　它是把液压能转换成机械能的装置。其形式有作直线运动的液压缸，有作回转运动的液压马达，它们又称为液压系统的执行元件。

（3）控制调节装置　它是对系统中的压力、流量或流动方向进行控制或调节的装置。如溢流阀、节流阀、换向阀等。

（4）辅助装置　上述三部分之外的其他装置，例如油箱、滤油器、油管等。它们对保证系统正常工作是必不可少的。

（5）工作介质　传递能量的流体，即液压油等。

二、液压传动系统图的图形符号

图 1-6 所示液压系统是一种半结构式的工作原理图。它直观性强，容易理解，但难于绘制。在工程实际中，一般用国家规定的液压元件图形符号来绘制液压系统原理图。我国制定的液压系统图形符号标准（GB/T 786.1—2021）中，对于这些图形符号有以下几条基本规定：

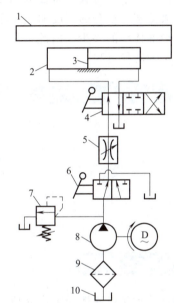

图 1-7　机床工作台液压系统的图形符号
1—工作台；2—液压缸；3—活塞；4—换向阀；
5—节流阀；6—开停阀；7—溢流阀；
8—液压泵；9—滤油器；10—油箱

① 符号只表示元件的职能，连接系统的通路，不表示元件的具体结构和参数，也不表示元件在机器中的实际安装位置。

② 符号均以元件的静止位置或中间零位置表示，当系统的动作另有说明时，可作例外。

图 1-6（a）所示的液压系统可用符号表示为图 1-7。使用这些图形符号可使液压系统图简单明了，且便于绘制。

任务实践

图 1-8 是液压千斤顶的工作原理图。大油缸 9 和大活塞 8 组成举升液压缸。杠杆手柄 1、小油缸 2、小活塞 3、单向阀 4 和 7 组成手动液压泵。如提起手柄使小活塞向上移动，小活塞下端油腔容积增大，形成局部真空，这时单向阀 4 打开，通过吸油管 5 从油箱 12 中吸油；用力压下手柄，小活塞下移，小活塞下腔压力升高，单向阀 4 关闭，单向阀 7 打开，下腔的油液经管道 6 输入大油缸 9 的下腔，迫使大活塞 8 向上移动，顶起重物。再次提起手柄吸油

时，单向阀 7 自动关闭，使油液不能倒流，从而保证了重物不会自行下落。不断地往复扳动手柄，就能不断地把油液压入举升缸（大油缸 9）下腔，使重物逐渐地升起。如果打开截止阀 11，举升缸下腔的油液通过管道 10、截止阀 11 流回油箱，重物就向下移动。这就是液压千斤顶的工作原理。

液压传动利用有压力的油液作为传递动力的工作介质。压下杠杆时，小油缸 2 输出压力油，将机械能转换成油液的压力能。压力油经过管道 6 及单向阀 7，推动大活塞 8 举起重物，将油液的压力能又转换成机械能。大活塞 8 举升的速度取决于单位时间内流入大油缸 9 中油体积的多少。由此可见，液压传动是一个不同能量的转换过程。

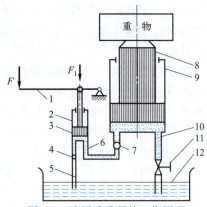

图 1-8　液压千斤顶的工作原理

1—杠杆手柄；2—小油缸；3—小活塞；4,7—单向阀；5—吸油管；6,10—管道；8—大活塞；9—大油缸；11—截止阀；12—油箱

【科技之光】　为北京冬奥会增光添彩的液压千斤顶

生产学习经验

液压传动是以液体为工作介质，利用流动液体的压力能实现运动及动力传递的传动方式。液压系统一般由动力元件、执行元件、控制元件、辅助元件、工作介质五部分组成。传动系统中，液体压力由负载决定，而运动速度由流量决定。

思维导图

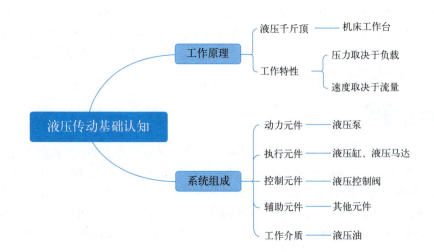

巩固练习

【填空题】

1. 液压传动利用_____为传动介质，依靠液体的_____来传递动力和运动。
2. 液压传动是以_____能来传递和转换能量的，它实现从_____能到_____能和_____能到_____能的两次转换。
3. 活塞或工作台的运动速度取决于单位时间通过节流阀进入液压缸中油液的_____，_____越大，系统执行元件的速度_____，反之亦然。流量为零，系统执行元件的速度_____。
4. 液压元件的图形符号只表示元件的_____，不表示元件的_____、_____及连接口的实际位置和元件的_____。

【判断题】

1. 液压传动装置工作平稳，能方便地实现无级调速，但不能快速启动、制动和频繁换向。（　　）
2. 液压传动能保证严格的传动比。（　　）
3. 液压传动与机械、电气传动相配合，能方便地实现运动部件复杂的自动工作循环。（　　）
4. 液压传动中，作用在活塞上的推力越大，活塞运动的速度越快。（　　）

【简答题】

1. 液压系统由哪几部分组成？说明各组成部分的作用。
2. 简述液压传动的优缺点。

项目二 液压系统的"血液"——液压油的选用与维护

学有所获

1. 能认知正确使用液压油的重要性,理解对待安全问题要防微杜渐的意义。
2. 能认知正确选择液压油牌号的意义,能正确进行液压油的日常维护。
3. 能认知液压油污染的原因、危害及防控措施。
4. 能了解日常使用液压油的相关行业规定,按要求正确使用液压油。

任务1 液压油的选用与维护

视频:液压油的选用与维护

任务导入

图 2-1 所示为液压传动系统工作图,由油箱提供的液压油,经过液压泵、控制元件等传递到执行元件,实现了机械能到液压能的转换,经过执行元件又实现了液压能到机械能的转换,从而驱动工作部件工作。在整个运行过程中,工作介质起到什么作用?其性能的优劣对系统的运行效果又有什么影响?我们需要了解液压油的一些物理性质以及传动的力学性能。

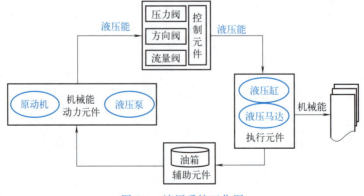

图 2-1 液压系统工作图

> 知识导航

液压油作为液压系统的工作介质,在液压系统中的作用是传递能量和信息。目前有约85%以上的液压系统采用矿油型液压油作为工作介质。液压油对液压系统的正常工作意义重大。

一、液压传动工作介质的性质

1. 密度

单位体积液体的质量称为液体的密度。体积为 V、质量为 m 的液体的密度为

$$\rho = \frac{m}{V} \tag{2-1}$$

密度随温度的上升而有所减小,随压力的提高而稍有增加,但变动值很小,可以认为是常值。

2. 可压缩性

液体受压力作用而发生体积变化的性质称为液体的可压缩性。压力为 p_0、体积为 V_0 的液体,如压力增大 Δp 时,体积减小 ΔV,则此液体的可压缩性可用体积压缩系数 k,即单位压力变化下的体积相对变化量来表示。

$$k = -\frac{1}{\Delta p} \frac{\Delta V}{V_0} \tag{2-2}$$

由于压力增大时液体的体积减小,因此式(2-2)右边须加一负号,以使 k 成为正值。液体体积压缩系数的倒数,称为体积弹性模量 K,简称体积模量。即 $K=1/k$。

在工程实际中,常用体积弹性模量来表示液体抵抗压缩能力的大小,一般液压油的体积弹性模量为 $(1.4\sim 2)\times 10^3$ MPa,而钢的体积弹性模量为 $(2\sim 2.1)\times 10^5$ MPa,可见液压油的可压缩性是钢的 100~150 倍。在一般情况下,液体体积受压力变化的影响很小,液压油的可压缩性对液压系统性能的影响不大,所以可认为液体是不可压缩的。当液体中混入空气时,其可压缩性将显著增加,并严重影响液压系统的性能,所以应将液压系统油液中的空气含量减小到最低限度。

动画,液体的黏性

3. 黏性

液压系统在工作中,常会出现油温升高、管道发热的现象,如果从能量的角度来看,一定是损失的能量转化为热能,产生能量损失的原因是摩擦阻力,也就是液压油在流动时与接触的液压件之间产生了摩擦力。那么,为什么会产生摩擦力?这就要从液体的黏性说起。

(1) 黏性的定义 液体在外力作用下流动(或有流动趋势)时,分子间的内聚力要阻止分子相对运动而产生的一种内摩擦力,这种现象叫作液体的黏性。液体只有在流动(或有流动趋势)时才会呈现出黏性,静止液体是不呈现黏性的。

黏性使流动液体内部各处的速度不相等,以图 2-2 为例,若两平行平板间充满液体,下平板不动,而上平板以速度 u_0 向右平动。由于液体的黏性作用,紧靠下平板和上平板的液体层速度分别为 0 和 u_0。通过实验测定得出,液体流动时相邻液层间的内摩擦力 F,与液层接触面积 A、液层间的速度梯度 du/dy 成正

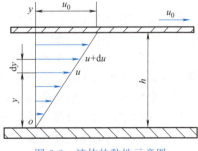

图 2-2 液体的黏性示意图

比，即

$$F = \mu A \frac{\mathrm{d}u}{\mathrm{d}y} \tag{2-3}$$

式中，μ 为比例系数，称为动力黏度。

若以 τ 表示液层间的切应力，即单位面积上的内摩擦力，则

$$\tau = \frac{F}{A} = \mu \frac{\mathrm{d}u}{\mathrm{d}y} \tag{2-4}$$

这就是牛顿的液体内摩擦定律。

（2）黏性的度量　液体黏性的强弱用黏度来衡量，黏度是表征液体流动时内摩擦力大小的系数，也是液压油最重要的性质。油液黏度高可以减少泄漏，提高润滑效果，增大压力损失，功率损耗变大；油液黏度低会增加液压系统泄漏和磨损，降低容积效率，但可以实现高效率小阻力的动作。常用的黏度有三种，即动力黏度、运动黏度和相对黏度。

① 动力黏度：又称绝对黏度，单位为 Pa·s（帕·秒）。

② 运动黏度：液体的动力黏度与其密度的比值，称为液体的运动黏度；即

$$\nu = \frac{\mu}{\rho} \tag{2-5}$$

运动黏度的单位为 m^2/s。工程单位制使用的单位为 St（斯，cm^2/s）和 cSt（厘斯，mm^2/s），$1m^2/s = 10^4 St = 10^6 cSt$。液压传动工作介质的黏度等级是以 40℃时运动黏度（mm^2/s）的中心值来划分的，如牌号为 L-HL22 的普通液压油在 40℃时运动黏度的中心值为 $22mm^2/s$。最常用的液压油名称及代号如下：基础油（HH）、普通液压油（HL）、抗磨液压油（HM）、低温液压油（HV）。

例如：L-HM32，其中 L 表示类别（润滑剂），HM 表示抗磨液压油，32 表示 40℃时液压油的平均运动黏度值。

动画：恩氏黏度计

③ 相对黏度：相对黏度又称为条件黏度，是采用特定的黏度计在规定条件下测出的液体黏度。中国、德国和俄罗斯采用恩氏黏度（°E），美国采用赛氏黏度（SSU），英国采用雷氏黏度（R）。

恩氏黏度用恩氏黏度计测定：将 200mL 某一温度的被测液体装入恩氏黏度计中，测出在自重作用下流过其底部直径为 2.8mm 小孔所需要的时间 t_A，然后测出同体积的蒸馏水在 20℃时流过同一孔所需时间 t_B，t_A 与 t_B 的比值即为流体的恩氏黏度值。恩氏黏度用符号°E表示。被测液体在温度 t℃时的恩氏黏度用符号°Et 表示。

$$°Et = t_A / t_B \tag{2-6}$$

工业上常用 20℃、50℃、100℃作为测定恩氏黏度的标准温度，其恩氏黏度分别以相应的符号°E20、°E50、°E100 表示。

（3）黏度与压力和温度的关系　液体的黏度随液体的压力和温度而变化。对液压传动工作介质来说，压力增大时，黏度增大。在一般液压系统使用的压力范围内，增大的数值很小，可以忽略不计。但液压传动工作介质的黏度对温度的变化十分敏感，温度升高，黏度下降。这个变化率的大小直接影响液压传动工作介质的使用，其重要性不亚于黏度本身。不同种类的液压油，它的黏度随温度变化的规律也不同，图 2-3 所示为几种典型液压油的黏温特性曲线。在液压技术中，希望工作液体的黏度随温度变化越小越好。

项目二 液压系统的"血液"——液压油的选用与维护 13

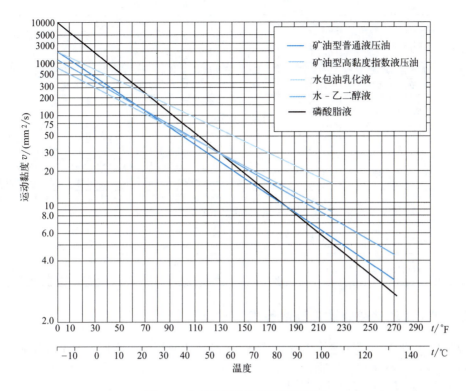

图 2-3 典型液压油的黏温特性曲线

4. 其他性质

液压传动工作介质还有其他一些性质，如稳定性（热稳定性、氧化稳定性、水解稳定性、剪切稳定性等）、抗泡沫性、抗乳化性、防锈性、润滑性以及相容性（对所接触的金属、密封材料、涂料等的作用程度）等，它们对工作介质的选择和使用有重要影响。这些性质需要在精炼的矿物油中加入各种添加剂来获得。

> **小讨论**
>
> 在国家碳达峰、碳中和的大背景下，中国石化长城润滑油 AE5000 宽温长效液压油在性能指标上再次突破，在注重使用成本的同时，进一步降低了废油产生量，具备"降本增效"和"绿色低碳"的双重优势。请说说"宽温长效"的意义。

二、液压油的种类

液压油的种类很多，主要分为三大类型：矿油型、乳化型、合成型，见表 2-1。矿油型液压油润滑性和防锈性好，黏度等级范围也较宽，因而在液压系统中应用很广。为了改善液压油的特性，矿油型液压油往往加入抗氧化剂、防锈剂、增黏剂、降凝剂、消泡剂、抗磨剂等添加剂，形成各种类别的液压油。

矿油型液压油具有可燃性，为了安全起见，在一些高温、易燃、易爆的工作环境，常用水包油、油包水乳化液或水-乙二醇、磷酸酯等合成液。

表 2-1 液压油的主要品种、特性和用途

类型	名称	ISO 代号	特性和用途
矿油型	全损耗系统用油	L-HH	无添加剂的纯矿物油,抗氧化性、抗泡沫性较差,主要用于机械润滑,可用于要求不高的低压系统
	普通液压油	L-HL	HH+抗氧化剂、防锈剂,适用于室内一般设备的中低压系统
	抗磨液压油	L-HM	HL+抗磨剂,适用于工程机械、车辆液压系统
	高黏度指数液压油	L-HR	HL+增黏剂,适用于对黏温特性有特殊要求的低压系统,如数控机床液压系统
	低温液压油	L-HV	HM+增黏剂,低温液压油,可用于环境温度在-20~40℃的高压系统
	液压导轨油	L-HG	HM+抗黏滑剂,适用于机床中的液压和导轨润滑系统
乳化型	水包油乳化液	L-HFA	又称高水基液,特点是难燃、黏温特性好,有一定的防锈能力,润滑性差,易泄漏。适用于有抗燃要求、油液用量大且泄漏严重的系统
	油包水乳化液	L-HFB	既具有矿油型液压油的抗磨、防锈性能,又具有抗燃性,适用于有抗燃要求的中压系统
合成型	水-乙二醇液	L-HFC	难燃,黏温特性和抗蚀性好,能在-30~60℃温度下使用,适用于有抗燃要求的中低压系统
	磷酸酯液	L-HFDR	难燃,润滑抗磨性能和抗氧化性能良好,能在-54~135℃范围内使用;缺点是有毒,适用于有抗燃要求的高压精密液压系统

三、液压传动系统对液压油的要求

不同的工作机械、不同的使用情况对液压油的要求有很大的不同;为了很好地传递运动和动力,液压油应具备如下性能:

① 合适的黏度,较好的黏温特性。
② 润滑性能好。
③ 质地纯净,杂质少。
④ 对金属和密封件有良好的相容性。
⑤ 对热、氧化、水解和剪切都有良好的稳定性。
⑥ 抗泡沫性好,抗乳化性好,腐蚀性小,防锈性好。
⑦ 体积膨胀系数小,比热容大。
⑧ 流动点和凝固点低,闪点(明火能使油面上油蒸气闪燃,但油本身不燃烧时的温度)和燃点高。
⑨ 无毒性,成本低。

四、液压油的选用

1. 液压油品种的选择

选择液压油的品种,可根据液压系统特点、工作环境和液压油的特性等因素综合考虑。

2. 液压油牌号的选择

在液压油品种已定的情况下,选择液压油的牌号时,首先应该考虑液压油的黏度,如果黏度太低,会使泄漏增加,从而降低效率,降低润滑性,增加磨损;如果黏度太高,液体流动的阻力就会增大,磨损增大,液压泵的吸油阻力增大,易产生吸空现象和噪声。因此选择液压油时要注意以下几点:

(1) 工作环境　当液压系统工作环境温度较高时,应采用黏度较大的液压油。
(2) 工作压力　工作压力较高的液压系统宜选用黏度较大的液压油,以减少泄漏。
(3) 运动速度　当液压系统的工作部件运动速度较高时,宜选用黏度较小的液压油,以减小液流的摩擦损失。

（4）液压泵的类型　在液压系统的所有元件中，以液压泵对油液的性能最为敏感。因为泵内零件的运动速度最快，工作压力也最大，且承压时间长，温升高，因此，常根据液压泵的类型及其要求来选择液压油的黏度，见表2-2。

表2-2　各类液压泵推荐用的液压油

液压泵类型	运动黏度/(mm^2/s)		适用液压油的种类和黏度牌号
	系统工作温度 5～40℃	系统工作温度 40～80℃	
叶片泵	30～50	40～75	L-HM32、L-HM46、L-HM68
	50～70	55～90	L-HM46、L-HM68、L-HM100
齿轮泵	30～70	95～165	中、低压时用：L-HL32、L-HL46、L-HL68、L-HL100、L-HL150
径向柱塞泵	30～50	65～240	中、高压时用：L-HM32、L-HM46、L-HM68、L-HM100、L-HM150
轴向柱塞泵	30～70	70～150	

小讨论

从绿色发展的角度出发，探讨未来液压传动介质的发展方向。如果将来水逐步替代石油作为液压系统的工作介质。你认为水用作液压传动工作介质还要解决哪些问题？

五、液压油的污染与防护

液压油的污染是造成系统故障的主要原因。对液压油造成污染的物质有：固体颗粒物、水、空气及有害化学物质，其中最主要的是固体颗粒物。

液压油防护要做到以下几点：

① 液压系统首次使用液压油前，必须彻底清洗干净；在更换同一品种液压油时，也要用新换的液压油冲洗1～2次。

② 液压油不能随意混用。

③ 加入新油时，必须按要求过滤。

④ 根据换油指标及时更换液压油。

⑤ 使液压系统保持良好的密封性，防止泄漏和外界灰尘、杂物、水等进入。

任务实践

在液压系统中，工作介质为液压油，它有以下作用：

① 传递运动和动力。

② 润滑液压元件，减少摩擦和能量损失。

③ 散热冷却，减少系统因能量损失而产生的热量。

④ 密封元件，对元件之间细小的间隙起到密封作用。

⑤ 防锈，防止液压系统中各种金属部件的锈蚀。

经年累月使用的液压油会积累污染物，污染的液压油会造成恶性循环，大大降低液压系统元件的使用寿命并导致设备性能降低，污染严重时会造成设备故障，导致设备无法工作。因此，液压油的日常维护与定期更换绝非小事，不容忽视。认真对待日常维护中的每项操作，按照要求正确维护并及时检查和更换液压油，才能保证设备的正常运转，避免事故或灾难的发生。

任务 2　认识流体的力学特性

任务导入

观察图 2-4 所示机床底部液压装置中的压力表,了解其度量单位;观察液压泵的吸油高度,比较吸油管与排油管的直径大小,本次任务需要了解流体的力学特性。

图 2-4　机床底部液压装置

知识导航

一、了解液体静力学基础知识

液体静力学主要是讨论液体静止时的平衡规律以及这些规律的应用。"液体静止"指的是液体内部质点间没有相对运动,不呈现黏性。至于盛装液体的容器,不论它是静止的或是处于匀速、匀加速运动状态,都没有关系。

（一）液体静压力及其特性

当液体静止时,液体质点间没有相对运动,不存在摩擦力,所以静止液体的表面力只有法向力。液体内某点处单位面积 ΔA 上所受到的法向力 ΔF 之比,叫作压力 p（静压力）,即

$$p = \lim_{\Delta A \to 0} \frac{\Delta F}{\Delta A} \tag{2-7}$$

如果法向力 F,均匀地作用于面积 A 上,则压力可表示为

$$p = \frac{F}{A} \tag{2-8}$$

液体的静压力具有两个重要特性:
① 液体静压力的方向总是作用面的内法线方向。
② 静止液体内任一点的液体静压力在各个方向上都相等。

（二）压力的表示方法及单位

压力的表示方法有两种:一种是以绝对真空作为基准所表示的压力,称为绝对压力;另

一种是以大气压作为基准所表示的压力，称为相对压力。由于大多数测压仪表所测得的压力都是相对压力，故相对压力也称表压力。

绝对压力与相对压力的关系为：绝对压力＝相对压力＋大气压

绝对压力小于大气压时，负相对压力数值部分叫作真空度。即

$$真空度＝大气压－绝对压力＝－（绝对压力－大气压）$$

由此可知，当以大气压为基准计算压力时，基准以上的正值是表压力，基准以下的负值就是真空度。绝对压力、相对压力和真空度的相互关系如图 2-5 所示。

压力的法定单位是 Pa（N/m^2）或 MPa（10^6 Pa），但工程中为了应用方便，也采用 bar（10^5 Pa）、液柱高和工程大气压来表示，其换算关系为

1 标准大气压(atm)＝760 毫米水银柱＝10.33 米水柱＝101325 Pa

1 工程大气压(at)＝735.5 毫米水银柱＝10 米水柱＝9.81×10^4 Pa

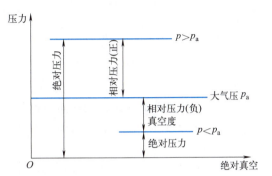

图 2-5　绝对压力、相对压力和真空度

（三）静压力的传递原理及其对固体壁面的作用力

1. 静止液体内压力的传递

在重力作用下的静止液体，其受力情况如图 2-6 所示。图中 F_G 为液柱自身重力。则 A 点所受的压力为

$$p=p_0+\rho gh \tag{2-9}$$

式中，p_0 为液面压力，g 为重力加速度，ρ 为液体的密度，此表达式即为液体静压力的基本方程，由此式可知：

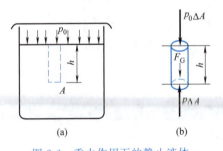

图 2-6　重力作用下的静止液体

① 静止液体内任一点处的压力由两部分组成，一部分是液面上的压力，另一部分是由自身重力所引起的压力。

② 同一容器中同一液体内的静压力随液体深度 h 的增加而线性地增加。

③ 连通器内同一液体中深度 h 相同的各点压力都相等。由压力相等的点组成的面称为等压面。重力作用下静止液体中的等压面是一个水平面。

液体在受外界压力作用的情况下，由液体自重所形成的那部分压力相对于外力引起的压力要小得多，在液压系统中常可忽略不计，因而近似认为整个液压系统内部各点的压力相等。以后在液压系统中，可以认为静止液体内各处的压力相等。

2. 帕斯卡原理

如图 2-7 所示，在密闭容器内，施加于静止液体任一点的压力将以等值传递到液体各点，这就是帕斯卡原理或静压传递原理。即

$$p=\frac{W}{A_2}=\frac{F}{A_1} \tag{2-10}$$

由式（2-10）可知，若 $W=0$，则 $p=0$，$F=0$，反之，W 越大，p 就越大，即液压系统的工作压力 F 取决于外负载重力 W。

视频：帕斯卡原理及应用

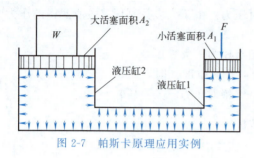

图 2-7　帕斯卡原理应用实例

3. 液体静压力对固体壁面的作用力

液体和固体壁面相接触时，固体壁面将受到总液压力的作用。

当固体壁面为平面时，液体压力在该平面上的总作用力 F 等于液体压力 p 与该平面面积 A 的乘积，其作用方向与该平面垂直，即

$$F = pA \tag{2-11}$$

如图 2-8（a）所示，压力油对活塞的作用力为

$$F = pA = p\frac{\pi D^2}{4}$$

当固体壁面是曲面时，作用在曲面各点的液体静压力是不平行的，曲面上液压作用力在某一方向上的分力等于液体静压力和曲面在该方向的垂直面内投影面积 A_x 的乘积。即

$$F = pA_x \tag{2-12}$$

如图 2-8（b）所示，压力油作用在固体壁面上的总作用力为

$$F = pA_x = p\frac{\pi d^2}{4}$$

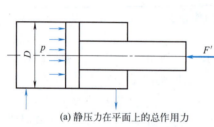
(a) 静压力在平面上的总作用力

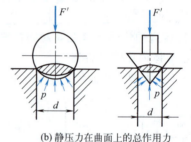
(b) 静压力在曲面上的总作用力

图 2-8　液压力作用在壁面上的力

视频：液体动力学基本概念

 小讨论

水坝的横截面为什么要设计成上小下大的梯形形状？

 二、了解液体动力学基础知识

本节主要讨论三个基本方程式，即液流的连续性方程、伯努利方程和动量方程。它们是刚体力学中的质量守恒、能量守恒及动量守恒原理在流体力学中的具体应用。前两个方程描述了压力、流速与流量之间的关系，以及液体能量相互间的变换关系，后者描述了流动液体与固体壁面之间作用力的情况。

【素质驿站】　上海交大校史博物馆镇馆之宝——钱学森的水力学试卷

（一）基本概念

1. 理想液体与恒定流动

液体具有黏性，并在流动时表现出来，因此，研究流动液体时就要考虑其黏性，而液体的黏性阻力问题是一个很复杂的问题，这就使流动液体的研究变得困难。因此，引入理想液体和恒定流动的概念。

理想液体就是指没有黏性、不可压缩的液体。而实际液体是既具有黏性又可压缩的液体。

液体流动时，若液体中任何一点的压力、速度和密度都不随时间而变化，则这种流动就称为恒定流动（定常流动或非时变流动），如图2-9（a）所示。

在流体的运动参数中，只要有一个运动参数随时间而变化，液体的运动就是非恒定流动，如图2-9（b）所示。

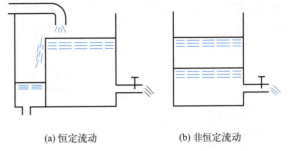

(a) 恒定流动　　　　(b) 非恒定流动

图2-9　恒定流动与非恒定流动

动画：恒定流动

动画：非恒定流动

2. 过流断面、流量和平均流速

过流断面：液体在管道中流动时，其垂直于流动方向的截面为过流断面（或称通流截面）。

流量：单位时间内通过过流断面的液体的体积称为流量，用 q 表示，工程实际中流量的常用单位为 L/min 或 mL/s。

平均流速：在实际液体流动中，由于黏性摩擦力的作用，通流截面上流速的分布规律难以确定，因此引入平均流速的概念，即认为通流截面上各点的流速均为平均流速，用 v 来表示，则平均流速就等于通流截面的流量除以通流截面积。

$$v = q/A \tag{2-13}$$

3. 流态和雷诺数

液体在流动时，受到的阻力有黏性力与惯性力，因此，所表现出的流动状态也不同。实验表明，液体流动时有层流和紊流两种状态。

（1）层流状态　当液体流速较低，黏性力占主导，惯性力处于次要地位时，液体质点没有横向脉动，互不干涉，层次分明，液体呈线性或层状，这种流动状态称为层流。

（2）紊流状态　当液体流速较高，液体的惯性力占主导，液体质点具有脉动速度，引起流层间质点相互错杂交换，这种流动称为紊流。图2-10所示为雷诺实验时水平玻璃管显示的流动状态。

（3）流动状态的判断方法——雷诺数　液体流动时究竟是层流还是紊流，凭外观是看不到的，需用雷诺数来判别。

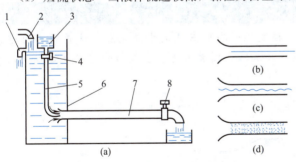
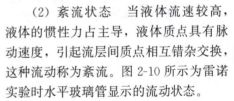
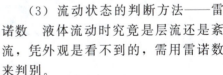

图2-10　雷诺实验装置

1—溢流管；2—进水管；3—水杯；4—开关；5—细导管；6—水箱；7—水平玻璃管；8—调节阀门

动画：雷诺实验

大量实验表明，液体在圆管中的流动状态不仅与管内的平均流速有关，还和管道的内径大小以及液体的运动黏度有关。

判定液流状态的是上述三个参数所组成的一个无量纲的数——雷诺数，即

$$Re = \frac{vd}{\nu} \tag{2-14}$$

式中　v——液体在管道中的平均流速，m/s；
　　　d——管道的内径，m；
　　　ν——液体的运动黏度，m^2/s。

管道中液体的流态随雷诺数的不同而改变，并且液体从层流变为紊流的雷诺数和从紊流变为层流的雷诺数是不相同的，后一种情况雷诺数较小，一般以其作为判断液体流态的依据，称其为临界雷诺数，用 Re_c 表示。当液体的实际雷诺数 $Re<Re_c$ 时为层流，反之为紊流。

各种管道的临界雷诺数可以用实验测出。常见管道的临界雷诺数见表 2-3。

表 2-3　常见液流管道的临界雷诺数

管道性质	临界雷诺数 Re_c	管道性质	临界雷诺数 Re_c
光滑金属管	2320	带沉割槽的同心环状缝隙	700
橡胶软管	1600~2000	带沉割槽的偏心环状缝隙	400
光滑的同心环状缝隙	1100	圆柱形滑阀阀口	260
光滑的偏心环状缝隙	1000	锥阀阀口	20~100

（二）流量连续性方程

流量连续性方程是质量守恒定律在流体力学中的一种表达形式。如图 2-11 所示，不可压缩流体作恒定流动，若任意选择两个通流截面 A_1 和 A_2，平均流速分别为 v_1 和 v_2，液体密度为 ρ，根据质量守恒则有单位时间流入的质量等于流出的质量，即

$$\rho v_1 A_1 = \rho v_2 A_2 \quad (2-15)$$

则有连续性方程：

$$q = v_1 A_1 = v_2 A_2 = 常数 \quad (2-16)$$

式（2-16）表明通过流管内任一通流截面上的流量相等，则有任一通流断面上的平均流速 $v=q/A$，即执行元件运动速度取决于流量。

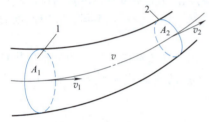

图 2-11　液体的流量连续性示意图

小链接

"两岸猿声啼不住，轻舟已过万重山"描述的是当时三峡的水流湍急。这是因为河道被两岸绝壁所限，通流面积狭窄，江水只得快马加鞭，增大流速。在液压管道中也是如此，如图 2-12 所示。

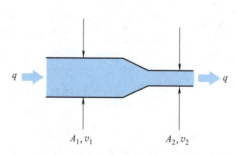

图 2-12　封闭管道中液体的流速

（三）伯努利方程

伯努利方程是能量守恒定律在流体力学中的一种表达形式。

(1) 理想液体的伯努利方程　为研究方便，以在管道内作恒定流动的理想液体为研究对象。如图 2-13 所示，在管路中任选两个通流截面 a 和 b，并选定基准水平面 $O—O$，通流截面 a 和 b 的中心距基准水平面 $O—O$ 的高度分别为 h_1 和 h_2，平均流速分别为 v_1 和 v_2，由能量守恒定律可得理想液体的伯努利方程

$$p_1+\frac{\rho v_1^2}{2}+\rho g h_1=p_2+\frac{\rho v_2^2}{2}+\rho g h_2 \quad (2\text{-}17)$$

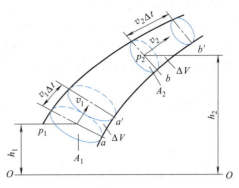

图 2-13　理想液体伯努利方程示意图

理想液体伯努利方程的物理意义为：在密封管道内作恒定流动的理想液体在任意一个通流断面上具有三种形式的能量，即压力能、势能和动能。三种能量的总和是一个恒定的常量，而且三种能量之间是可以相互转换的，即在不同的通流断面上，同一种能量的值会是不同的，但各断面上的总能量值都是相同的。

小讨论

伯努利原理是什么？请举例生活中可用伯努利原理解释的现象。

(2) 实际液体的伯努利方程　由于液体存在着黏性，当液体流动时，液流的总能量在不断地减少。所以，实际液体的伯努利方程为

$$p_1+\alpha_1\frac{\rho v_1^2}{2}+\rho g h_1=p_2+\alpha_2\frac{\rho v_2^2}{2}+\rho g h_2+\Delta p_\mathrm{W} \quad (2\text{-}18)$$

式中　α_1、α_2——动能修正系数，层流时 $\alpha=2$，紊流时 $\alpha=1$；

Δp_W——能量损失。

【例 2-1】 如图 2-14 所示，液压泵的安装高度 $h=0.5\mathrm{m}$，泵出口流量为 $q=40\mathrm{L/min}$，吸油管直径 $d=10\mathrm{mm}$，设液压油运动黏度为 $\nu=40\mathrm{mm}^2/\mathrm{s}$，密度 $\rho=900\mathrm{kg/m}^3$，不计能量损失。试计算液压泵吸油口处的真空度。

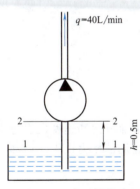

图 2-14　液压泵装置

解：(1) 计算吸油管内液体流速 v

$$v=\frac{4q}{\pi d^2}=\frac{4\times 40\times 10^{-3}}{3.14\times 40^2\times 10^{-6}\times 60}\mathrm{m/s}=0.53\mathrm{m/s}$$

(2) 判断流动状态

$$Re=\frac{vd}{\nu}=\frac{0.53\times 0.04}{40\times 10^{-6}}=530<Re_\mathrm{c}$$

故液体为层流，取 $\alpha_1=\alpha_2=2$。

(3) 选取 1-1 和 2-2 截面，以 1-1 截面为能量基准，列出两截面的伯努利方程为

$$p_1+\alpha_1\frac{\rho v_1^2}{2}+\rho g h_1=p_2+\alpha_2\frac{\rho v_2^2}{2}+\rho g h_2$$

式中，$h_1=0$，$h_2=h=0.5\mathrm{m}$，$p_1=p_\mathrm{a}$，$v_1\approx 0$，$v_2=v=0.53\mathrm{m/s}$，上式变为

$$p_2-p_\mathrm{a}=-\left(\alpha_2\frac{\rho v_2^2}{2}+\rho g h\right)=-\left(\frac{1}{2}\times 2\times 900\times 0.53^2+900\times 9.8\times 0.5\right)\mathrm{Pa}=-4663\mathrm{Pa}$$

所以泵吸油口处的真空度为 4663Pa。

由此可以得出，液压泵吸油口处的真空度是油箱液面压力与吸油口处压力之差。液压泵吸油口处的真空度不能太大，实际中一般要求液压泵的吸油口高度不超过 0.5m。为了减少液体的流动速度和吸油管的压力损失，液压泵吸油管直径应较粗。

（四）动量方程

动量方程是动量定理在流体力学中的具体应用，常用来研究液体运动时作用在液体上的外力与其动量的变化之间的关系，如图 2-15 所示。在液压传动中，计算液流作用在固体壁面上的力时，应用动量方程去解决就比较方便。

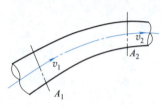

图 2-15 动量方程示意图

在恒定流动的圆管中取一流束。设流束流量为 q，密度为 ρ，A_1 和 A_2 截面的液流速度分别为 v_1 和 v_2，β_1、β_2 为相应截面的动量修正系数，对圆管来说，工程上常取 $\beta=1.00\sim1.33$，紊流时 $\beta=1$，层流时 $\beta=1.33$。

流动液体的动量方程为

$$F=\rho q(\beta_2 v_2 - \beta_1 v_1) \tag{2-19}$$

三、压力损失的计算

（一）沿程压力损失

液体在等径直管中流动时，由于摩擦而产生的压力损失称为沿程压力损失。经理论推导及实验验证，沿程压力损失计算公式为

$$\Delta p_\lambda = \lambda \frac{l}{d} \frac{\rho v^2}{2} \tag{2-20}$$

式中　λ——沿程阻力系数，层流时：对金属圆管取 $\lambda=75/Re$，对橡胶圆管取 $\lambda=80/Re$；紊流时：$\lambda=f\left(Re, \dfrac{\Delta}{d}\right)$，$\Delta$ 为管壁的绝对粗糙度，具体计算公式可查阅液压传动设计手册；

　　　　l——液体流过的管道长度，m；

　　　　d——管道内径，m；

　　　　v——流体平均流速，m/s；

　　　　ρ——液体密度，kg/m³。

（二）局部压力损失

液体流经阀口、弯管、突变截面以及滤网等局部位置时，由于液流方向和速度发生急剧变化，形成漩涡，并发生强烈的紊动现象，由此造成的压力损失称为局部压力损失。局部压力损失的计算公式为

$$\Delta p_\xi = \xi \frac{\rho v^2}{2} \tag{2-21}$$

式中　ξ——局部阻力系数，由实验测得，也可查阅有关手册。

液体流经各种阀的局部压力损失亦满足式（2-21），但因阀内的通道结构复杂，按此公式实际计算时比较困难，因此计算阀类元件局部压力损失 Δp_v 常采用的公式为

$$\Delta p_v = \Delta p_n \left(\frac{q}{q_n}\right)^2 \tag{2-22}$$

式中　q_n——阀的额定流量，L/min；

Δp_n——阀在额定流量 q_n 下的压力损失（可从阀的产品样本中查出），Pa；

q——通过阀的实际流量，L/min。

（三）管路系统的总压力损失

管路系统的总压力损失等于所有沿程压力损失和所有局部压力损失之和，即

$$\sum \Delta p = \sum \Delta p_\lambda + \sum \Delta p_\xi + \sum \Delta p_v = \sum \lambda \frac{l}{d} \frac{\rho v^2}{2} + \sum \xi \frac{\rho v^2}{2} + \sum \Delta p_n \left(\frac{q}{q_n}\right)^2 \qquad (2\text{-}23)$$

动画：液压冲击

在液压系统中，绝大部分压力损失转变为热能，从而造成系统温度升高，泄漏增大，使液压元件因受热膨胀而"卡死"。因此，应尽量减少压力损失。从式（2-23）可以看出，减小流速、缩短管路长度、减小管路截面的突变、提高管路内壁的加工质量等都可使压力损失减小。其中以减小流速效果最为明显，因此液体在管路系统中流速不宜过大。但流速过低，也会使管路和阀类元件的尺寸加大，并使成本增高。

四、认识液压冲击和空穴现象

（一）液压冲击现象

在液压系统中，当快速换向或关闭液压回路时，液流速度急速地改变（变向或停止），由于流动液体或运动部件的惯性，会使系统内的压力发生突然升高，这种现象称为液压冲击（水力学中称为水锤现象）。

液压冲击的危害是很大的。发生液压冲击时管路中的冲击压力往往急剧变化为原来的很多倍，而使按工作压力设计的管道破裂。此外，所产生的液压冲击波会引起液压系统的振动和冲击噪声。因此应当尽量减少液压冲击的影响。为此，一般可采用如下措施：

① 缓慢关闭阀门，削减冲击波的强度；

② 在阀门前设置蓄能器，以减小冲击波传播的距离；

③ 应将管中流速限制在适当范围内，或采用橡胶软管，也可以减小液压冲击；

④ 在系统中装置安全阀，可起卸载作用。

（二）空穴现象

一般液体中溶解有空气，水中溶解有约 2%体积的空气，液压油中溶解有（6%~12%）体积的空气。空气的溶解度与压力成正比。当压力降低时，原先压力较高时溶解于油液中的气体成为过饱和状态，于是就要分解出游离状态的微小气泡，其速率是较低的。但当压力低于空气分离压时，溶解的气体就要以很快的速度分解出来，成为游离微小气泡，并聚合长大，使原来充满油液的管道变为混有许多气泡的不连续状态，这种现象称为空穴现象。

空穴多发生在阀口和液压泵的进口处。由于阀口的通道狭窄，液流的速度增大，压力则大幅度下降，以致产生空穴。当泵的安装高度过大，吸油管直径太小，吸油阻力过大，造成泵进口处的真空度过大，也会产生空穴。

空穴现象引起系统的振动，产生冲击、噪声、气蚀，使工作状态恶化，应采取如下预防措施：

① 限制泵吸油口离油面的高度，泵吸油口要有足够的管径，滤油器压力损失要小，自吸能力差的泵需配以辅助供油。

② 管路密封要好，防止空气渗入。

③ 节流口压力降要小，一般控制节流口前后压差比 $p_1/p_2 < 3.5$。

> **小讨论**
>
> 气蚀现象是什么？为什么一股柔弱的气泡，竟然能摧毁掉一艘巨轮？

任务实践

观察机床液压装置的压力表，可以看到标识的压力单位 kg/cm² 和 psi。液压压力表常用的单位有兆帕（MPa）、巴（bar）、千帕（kPa）和磅力/平方英寸（psi）。它们之间的换算关系：

$$1\text{MPa}=1000\text{kPa}=10\text{bar}=10.197\text{kg/cm}^2=145.038\text{psi}$$

观察液压泵，发现吸油管比排油管粗一些。液压泵靠真空度进行吸油，但液压泵吸油口处的真空度却不能太大，实际中一般要求液压泵的吸油口高度不超过 0.5m。因当吸油口处压力小于空气分离压时，会产生大量的气穴现象，破坏连续性，噪声过大。同时为了减少液体的流动速度和吸油管的压力损失，液压泵吸油管直径应较粗。

生产学习经验

液压油是液压系统使用的液压介质，在液压系统中起着能量传递、抗磨、系统润滑、防腐、防锈、冷却等作用。目前有约 85% 以上的液压系统采用矿油型液压油作为工作介质。黏度是液压油最主要的物理属性。黏度随温度的不同而有显著变化，但通常随压力的不同而发生的变化较小。液体黏度随着温度升高而减小。

液压油日常维护时尤其要注意污染控制，因为液压系统 70%～80% 的故障是由工作介质污染造成的。

思维导图

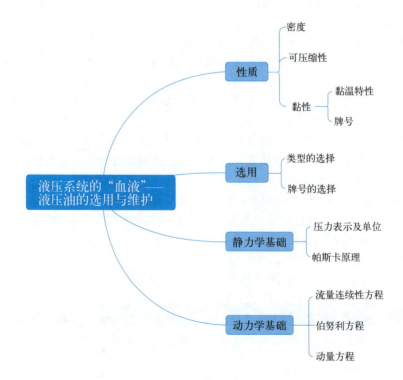

巩固练习

【填空题】

1. HM-32 液压油表示在 40℃时，其运动黏度的平均值为_____ mm^2/s。
2. 当液压系统的工作压力高，环境温度高或运动速度较慢时，为了减少泄漏，宜选用黏度较_____的液压油；当工作压力低，环境温度低或运动速度较大时，为了减少功率损失，宜选用黏度较_____的液压油。
3. 雷诺数的物理意义：影响液体流动的力主要是惯性力和黏性力，雷诺数大，说明_____力起主导作用，这样的液流呈紊流状态；雷诺数小，说明_____力起主导作用，液流呈层流状态。
4. 流体的连续性方程表明：在恒定流动下，流过各个截面的流量是_____的。
5. 流体的伯努利方程表明：压力能、势能和动能三者总和_____。
6. 液压系统工作时，液压阀突然关闭或运动部件迅速制动，常会引起_____。
7. 如果液压泵的吸油高度大于 0.5m，则在泵的吸油口处会出现_____现象。

【判断题】

1. 相对压力又称真空度，相对压力与表压力互为相反数。（ ）
2. 工作压力大或温度高时，宜采用黏度较大的液压油以减少泄漏。（ ）
3. 沿程压力损失与液体的流速有关，而与液体的黏度无关。（ ）

【简答题】

1. 什么是真空度？某点的真空度为 $0.4×10^5 Pa$，其绝对压力和相对压力分别是多少？
2. 在图 2-16 中，液压缸直径 $D=150mm$，活塞直径 $d=100mm$，负载 $F=50000N$。若不计油液自重及活塞或缸体重量，求（a）、（b）两种情况下的液压缸内部的油液压力。
3. 如图 2-17 所示的液压装置中，已知 $d_1=20mm$，$d_2=50mm$，$D_1=80mm$，$D_2=130mm$，$q_1=30L/min$。求 v_1、v_2 和 q_2 各是多少？

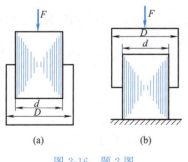

图 2-16 题 2 图

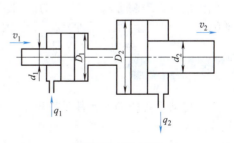

图 2-17 题 3 图

项目三

液压系统的"心脏"——动力元件的选用与维护

学有所获

1. 能叙述容积式液压泵的工作原理及特点,提升沟通和交流能力。
2. 能认真观察液压泵的铭牌,理解液压泵的性能及其参数计算。
3. 能认知齿轮泵、叶片泵、柱塞泵的工作原理及结构特点。
4. 能根据液压系统的工作要求合理选择和使用液压泵。
5. 能正确拆装液压泵,对液压泵进行更换、维护及保养。
6. 能对液压泵出现的具体问题展开具体分析,解决一般实际问题。
7. 树立安全生产意识,提升岗位技能水平。

任务 1 认识液压系统的"心脏"——液压泵

 任务导入

汽车报废处理装置(图 3-1)的活动压板左右移动挤压汽车,那么它的动力来自液压系统的哪一部分?是由什么元件来提供动力的?它是如何工作的呢?

 知识导航

液压传动系统的动力元件是液压泵,其作用是将电动机(或其他原动机)输入的机械能转换成液体的压力能,为液压系统提供压力油。液压泵的性能好坏直接影响到液压系统的工作性能和可靠性,在液压传动中占有极其重要的地位。

一、液压泵的工作原理及特点

1. 液压泵的工作原理

图 3-2 所示的是单柱塞液压泵的工作原理,图中柱塞 2 装在泵体 3 中形成一个密封容积 a,柱塞在弹簧 4 的作用下始终压紧在偏心轮 1 上。原动机驱动偏心轮 1 旋转使柱塞 2 作往

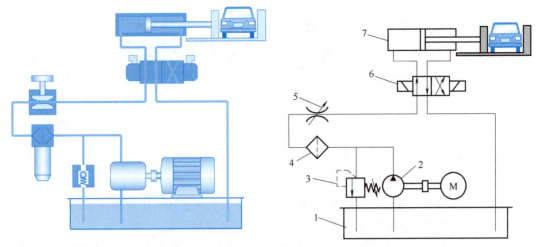

图 3-1 汽车报废处理装置的液压系统
1—油箱；2—液压泵；3—溢流阀；4—滤油器；5—节流阀；6—电磁换向阀；7—液压缸

复运动，使密封容积 a 的大小发生周期性的交替变化。当 a 由小变大时就形成部分真空，使油箱中油液在大气压作用下，经吸油管顶开单向阀 6 进入密封容积 a 而实现吸油；反之，当 a 由大变小时，a 腔中吸满的油液将顶开单向阀 5 流入系统而实现压油。这样液压泵就将原动机输入的机械能转换成液体的压力能，原动机驱动偏心轮不断旋转，液压泵就不断地吸油和压油。由此可见，容积式液压泵是靠密封容积的变化来实现吸油和压油的，其排油量的大小取决于密封腔容积的变化量。

动画：液压泵工作原理

2. 液压泵的特点

单柱塞液压泵具有一切容积式液压泵的基本特点。

① 具有若干个周期性变化的密封容积，密封容积由小变大时吸油，由大变小时压油。液压泵输出油液的多少只取决于此密封容积的变化量及其变化频率。这是容积式液压泵的一个重要特性。

图 3-2 液压泵的工作原理
1—偏心轮；2—柱塞；3—泵体；4—弹簧；5,6—单向阀

② 油箱内液体的绝对压力必须恒等于或大于大气压力。这是容积式液压泵能够吸入油液的外部条件。因此，为保证液压泵正常吸油，油箱必须与大气相通，或采用密闭的充压油箱。

③ 具有相应的配流机构，将吸油腔和排油腔隔开，保证液压泵有规律地、连续地吸、排油液。液压泵的结构原理不同，其配油机构也不相同。如图 3-2 中的单向阀 5、6 就是配油机构。

液压泵的密封工作腔处于吸油时称为吸油腔，处于压油时称为压油腔。吸油腔的压力取决于液压泵吸油口至油箱液面高度和吸油管路压力损失；压油腔的压力则取决于外负载和排油管路的压力损失。

输出的理论流量只取决于工作腔的几何尺寸和柱塞的往复次数，而与压油腔压力无关。

液压泵按排量能否调节分为定量泵和变量泵；按结构形式可分为齿轮式、叶片式、柱塞式和螺杆式等类型；按泵的输油方向能否改变分为单向泵和双向泵。其图形符号如图 3-3 所示。

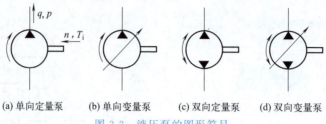

图 3-3　液压泵的图形符号
(a) 单向定量泵　(b) 单向变量泵　(c) 双向定量泵　(d) 双向变量泵

二、液压泵的主要性能参数

1. 压力

（1）工作压力 p　液压泵实际工作时的输出压力称为工作压力。工作压力的大小取决于外负载的大小和排油管路上的压力损失，而与液压泵的流量无关。

（2）额定压力 p_n　液压泵在正常工作条件下，按试验标准规定连续运转的最高压力称为液压泵的额定压力。额定压力是工作压力的"底线"，当泵的工作压力超过额定压力时，泵就会过载。泵的额定压力受泵本身的泄漏和结构强度制约。

视频：液压的心房——泵的概述与性能参数

> **小讨论**
>
> 额定压力涉及液压系统的安全压力问题，简述液压泵额定压力的物理意义。讨论工作时坚持底线思维的重要性。

（3）最高允许压力 p_{max}　在超过额定压力的条件下，根据试验标准规定，允许液压泵短暂运行的最高压力值，称为液压泵的最高允许压力。

> **小知识**
>
> 当代液压技术，一般称 7MPa 以下为低压，7～21MPa 为中压，21～31MPa 为高压，31MPa 以上为超高压（各行业有所不同，无严格规定）。所以，低压大致相当于水深 700m 以内的压力，中压则为水深 700～2100m 的压力，超高压则为水深 3100m 以上的压力。

> **【科技之光】** "奋斗者"号载人潜水器成功坐底马里亚纳海沟

2. 排量和流量

（1）排量 V　液压泵每转一周，由其密封容积几何尺寸变化计算而得的排出液体的体积叫液压泵的排量。

（2）理论流量 q_t　理论流量是指在不考虑液压泵的泄漏流量的情况下，在单位时间内所排出的液体体积的平均值。显然，如果液压泵的排量为 V，其主轴转速为 n，则该液压泵的理论流量 q_t 为：

$$q_t = Vn \tag{3-1}$$

式中　V——液压泵的排量，mL/r；

　　　n——主轴转速，r/min。

（3）实际流量 q　液压泵在某一具体工况下，单位时间内所排出的液体体积称为实际流量。它等于理论流量 q_t 减去泄漏流量 Δq，即：

$$q = q_t - \Delta q \tag{3-2}$$

（4）额定流量 q_n　液压泵在正常工作条件下，按试验标准规定（如在额定压力和额定转速下）必须保证的流量。

3. 功率和效率

（1）泵的功率损失　液压泵的功率损失有容积损失和机械损失两部分。

① 容积损失。容积损失是指液压泵流量上的损失，液压泵的实际输出流量总是小于其理论流量，其主要原因是液压泵内部高压腔的泄漏、油液的压缩以及在吸油过程中由吸油阻力太大、油液黏度大以及液压泵转速高等原因而导致油液不能全部充满密封工作腔。液压泵的容积损失用容积效率 η_V 来表示，它等于液压泵的实际输出流量 q 与其理论流量 q_t 之比，即：

$$\eta_V = \frac{q}{q_t} = \frac{q_t - \Delta q}{q_t} = 1 - \frac{\Delta q}{q_t} \tag{3-3}$$

式中，Δq 为泄漏量，与工作压力有关，工作压力越大泄漏量越大，如图3-4所示。因此容积效率随压力的升高而降低。

② 机械损失。机械损失是指液压泵在转矩上的损失。液压泵的实际输入转矩总是大于理论上所需要的转矩，其主要原因是液压泵体内存在相对运动部件之间因机械摩擦而引起的摩擦转矩损失以及液体的黏性而引起的摩擦损失。液压泵的机械损失用机械效率 η_m 表示，它等于液压泵的理论转矩 T_t 与实际输入转矩 T_i 之比，即：

$$\eta_m = \frac{T_t}{T_i} \tag{3-4}$$

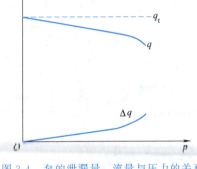

图3-4　泵的泄漏量、流量与压力的关系

由于泵的理论机械功率应无损耗地全部变换为泵的理论液压功率，则得

$$2\pi T_t n = pVn \tag{3-5}$$

于是

$$T_t = \frac{pV}{2\pi} \tag{3-6}$$

得

$$\eta_m = \frac{PV}{2\pi T_i} \tag{3-7}$$

（2）液压泵的功率

① 输入功率 P_i　液压泵输入的是机械能，表现形式为输入转矩 T_i 和转速 n。

$$P_i = 2\pi T_i n \tag{3-8}$$

② 输出功率 P_o　液压泵输出的是压力能，表现形式为输出流量 q 和工作压力 p。

$$P_o = pq \tag{3-9}$$

（3）液压泵的总效率　液压泵的总效率是指液压泵的实际输出功率与其输入功率的比值，即：

$$\eta = \frac{P_o}{P_i} = \frac{pq}{2\pi T_i n} = \frac{q}{Vn} \cdot \frac{pV}{2\pi T_i} = \eta_V \eta_m \tag{3-10}$$

即泵的总效率等于机械效率和容积效率的乘积。

【例 3-1】 某液压泵的输出压力 $p=10\text{MPa}$，转速 $n=1450\text{r/min}$，排量 $V=46.2\text{mL/r}$，容积效率 $\eta_V=0.95$，总效率 $\eta=0.9$。求液压泵的输出功率和驱动泵的输入功率各是多少？

解：（1）求液压泵的输出功率

液压泵的实际流量：

$$q=\eta_V Vn=46.2\times10^{-3}\times1450\times0.95\text{L/min}=63.64\text{L/min}$$

液压泵的输出功率：

$$P_o=pq=\frac{10\times10^6\times63.64\times10^{-3}}{60}\text{W}=10.6\times10^3\text{W}=10.6\text{kW}$$

（2）求驱动泵的输入功率

$$P_i=\frac{P_o}{\eta}=\frac{10.6}{0.9}\text{kW}=11.77\text{kW}$$

任务实践

要使活动压板有足够的动力去挤压汽车，推动它运动的液压缸中就要有足够压力的工作介质，工作介质的压力就来自动力元件。

液压泵是液压系统的动力元件，其作用是将电动机输出的机械能转换为油液的压力能，为系统提供具有压力和流量的液压油。液压泵对液压系统的作用可以用心脏对人体供血的功用来比喻。

容积式液压泵是靠密封容积的变化来实现吸油和压油的，密封容积由小变大时吸油，由大变小时压油。泵轴在原动机的带动下旋转，液压泵就能源源不断地输出液压油。

任务 2　液压泵的选用与维护

任务导入

液压机是目前应用广泛的压力加工设备，适合于可塑性材料的压制工艺，如冲压弯曲、翻边等。巨型模锻液压机，是象征重工业实力的国宝级战略装备，是衡量一个国家工业实力和军工能力的重要标志，世界上能研制它的国家屈指可数。目前世界上拥有 4 万吨级以上模锻压机的国家，只有中国、美国、俄罗斯和法国。图 3-5 所示为中国第二重型机械集团建成的世界最大模锻液压机，这台 8 万吨级模锻液压机，地上高 27m、地下 15m，总高 42m，设备总重 2.2 万吨，是中国国产大飞机 C919 试飞成功的重要功臣之一，当之无愧的"大国重器"。

不同类型的液压机的工作压力有高有低，对液压系统的要求也各不相同，因此选用合适的液压泵是保证整个系统可靠、有效工作的关键。在本次工作任务中，将学习各种液压泵的工作原理、结构特点及应用，并根据实际要求正确选用液压泵，能够正确使用

图 3-5　力锻金刚——世界最大模锻液压机

工具拆装液压泵,分析和排除液压泵的常见故障。

> 知识导航

液压机一般由主机和动力系统两部分组成。主机包括机身、液压缸及充液装置等。动力系统由油箱、液压泵、电动机及各种液压阀等组成。动力系统在电气装置的控制下,通过液压泵、液压缸及各种液压阀实现能量的转换、调节和输送,完成各种工艺动作的循环。

一、齿轮泵的结构及工作原理

齿轮泵用字母 CB 表示,它是液压系统中广泛采用的一种液压泵,一般做成定量泵。齿轮泵结构简单,制造方便,价格低廉,体积小,重量轻,自吸性好,对油液污染不敏感,工作可靠;其主要缺点是流量和压力脉动大,噪声大,排量不可调。齿轮泵被广泛地应用于采矿设备、冶金设备、建筑机械、工程机械、农林机械等各个行业。

按结构不同,齿轮泵分为外啮合齿轮泵和内啮合齿轮泵,而以外啮合齿轮泵应用最广。下面以外啮合齿轮泵为例来剖析齿轮泵。

(一) 齿轮泵的工作原理

图 3-6 所示是外啮合齿轮泵的工作原理。在泵体内有一对齿数、模数都相同的外啮合渐开线齿轮。齿轮两侧有端盖(图中未示出)。泵体、端盖和齿轮之间形成了密封腔,并由两个齿轮的齿面接触线将左右两腔隔开,形成了吸、压油腔。当泵的主动齿轮按图示箭头方向旋转时,齿轮泵右侧(吸油腔)齿轮脱开啮合,使密封容积增大,形成局部真空,油箱中的油液在外界大气压的作用下进入吸油腔,并随着旋转的轮齿进入左侧压油腔。这时轮齿进入啮合,使密封容积逐渐减小,油液被挤出,形成了齿轮泵的压油过程。齿轮啮合时齿面接触线把吸油腔和压油腔分开,起配油作用。当齿轮泵的主动齿轮由电动机带动不断旋转时,轮齿脱开啮合的一侧,由于密封容积变大则不断从油箱中吸油,轮齿进入啮合的一侧,由于密封容积减小则不断地排油,这就是齿轮泵的工作原理。

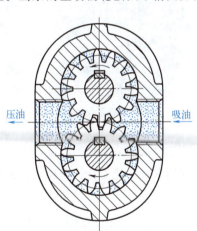

图 3-6 齿轮泵的工作原理

(二) 齿轮泵的排量和流量

齿轮泵的排量可近似看作两个齿轮的齿槽容积之和。因齿槽容积略大于轮齿体积,故其排量等于一个齿轮的齿槽容积和轮齿体积的总和再乘以一个大于 1 的修正系数 n,即相当于以有效齿高($h=2m$)和齿宽构成的平面所扫过的环形体积,于是泵的排量为

$$V = n\pi dhb = 2\pi n z m^2 b \tag{3-11}$$

式中 d——节圆直径,$d=mz$;
$\quad\quad h$——有效齿高,$h=2m$;
$\quad\quad b$——齿宽;
$\quad\quad m$——齿轮模数;
$\quad\quad z$——齿轮齿数;
$\quad\quad n$——修正系数,$n=1.06$。
则有

$$V = 6.66zm^2 b \tag{3-12}$$

齿轮泵的实际输出流量为

$$q = 6.66zm^2 bn\eta_V \tag{3-13}$$

式（3-13）中，q 是齿轮泵的平均流量。实际上，随着啮合点位置的改变，齿轮啮合过程中压油腔的容积变化率是不均匀的，因此齿轮泵的瞬时流量是脉动的。设 q_{max}、q_{min} 分别表示最大、最小瞬时流量，流量脉动率 σ 可用式（3-14）表示：

$$\sigma = \frac{q_{max} - q_{min}}{q} \times 100\% \tag{3-14}$$

齿数越少，脉动率 σ 就越大，其值最高可达 20% 以上。流量脉动引起压力脉动，随之产生振动与噪声，所以高精度机械不宜采用齿轮泵。

（三）齿轮泵的结构要点

1. 泄漏

齿轮泵的泄漏是其容积效率低的原因。如图 3-7 所示，泄漏主要发生在三个部位：一是轮齿啮合线处的间隙（齿侧间隙）——啮合线泄漏；二是泵体内表面和齿顶间的径向间隙（齿顶间隙）——径向泄漏；三是齿轮两端面和侧板间的间隙（端面间隙）——轴向泄漏。

轴向泄漏量最大，约占总泄漏量的 75%~80%，径向间隙的泄漏量约占总泄漏量的 15%~20%。因此，为了提高齿轮泵的压力和容积效率，实现齿轮泵的高压化，在设计、制造和装配时要严格控制泵的轴向间隙。一般采用轴向间隙自动补偿装置的办法，如图 3-8 所示。这些装置有能整体移动的浮动轴套 1、浮动侧板 5 和能产生一定挠度的弹性侧板 6。其工作原理是将与齿轮端面接触的这些部件制作成轴向可移动的，并将压油腔的压力油经专门的通道引入这个可动部件背面的油腔里，使该部件始终受到一个与工作压力成比例的轴向力压向齿轮端面，从而保证泵的轴向间隙能与工作压力自动适应，具有良好的密封性能而且长期稳定，并且还可以补偿齿轮侧面和该部件间的磨损量。

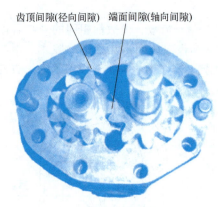

图 3-7 齿轮泵泄漏途径

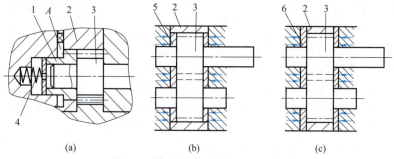

图 3-8 轴向间隙补偿装置示意图

1—浮动轴套；2—泵体；3—齿轮轴；4—弹簧；5—浮动侧板；6—弹性侧板

2. 困油现象

齿轮泵要能连续地供油，就要求齿轮啮合的重叠系数大于 1，也就是当一对轮齿尚未脱开啮合时，另一对轮齿已进入啮合，这样，就出现同时有两对轮齿啮合的瞬间，在两对轮齿的齿向啮合线之间形成了一个封闭容积，一部分油液也就被困在这一封闭容积中，如图 3-9

所示。这个封闭容积先随齿轮转动逐渐减小，由图 3-9（a）到图 3-9（b），以后又逐渐增大，由图 3-9（b）到图 3-9（c）。

封闭容积减小时，被困油液受到挤压，压力急剧上升，使轴承上突然受到很大的冲击载荷，使泵剧烈振动，这时高压油从一切可能泄漏的缝隙中挤出，造成功率损失，使油液发热等。当封闭容积增大时，由于没有油液补充，因此形成局部真空，使原来溶解于油液中的空气分离出来，形成了气泡，引起噪声、气蚀等一系列恶果。以上情况就是齿轮泵的困油现象，这种困油现象极为严重地影响着泵的工作平稳性和使用寿命。

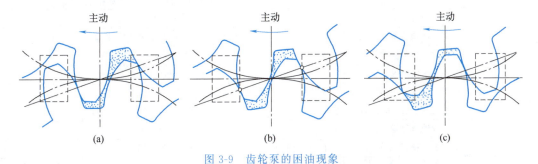

图 3-9　齿轮泵的困油现象

消除困油现象的方法，通常是在端盖（或轴套或侧板）上开卸荷槽，如图 3-10 所示。当密封容积减小时，通过右边的卸荷槽与压油腔相通，而当密封容积增大时，通过左边的卸荷槽与吸油腔相通，两卸荷槽的间距必须确保在任何时候都不能使压油腔和吸油腔互通。

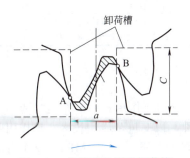 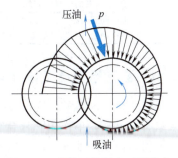

图 3-10　齿轮泵的困油卸荷槽　　　　图 3-11　齿轮泵的径向不平衡力

3. 径向不平衡力

在齿轮泵中，油液作用在轮齿外缘的压力是不均匀的，如图 3-11 所示。从低压腔到高压腔，压力沿齿轮旋转的方向逐齿递增，因此，齿轮和轴受到径向不平衡力的作用，工作压力越高，径向不平衡力越大。径向不平衡力很大时，能使泵轴弯曲，导致齿顶压向定子的低压端，使定子偏磨，同时也加速轴承的磨损，降低轴承的使用寿命。因此，这种泵又称为不平衡泵。为了减小径向不平衡力的影响，常采取缩小压油口、增大吸油口的办法，使压油腔的压力仅作用在一个齿到两个齿的范围内，同时，适当增大径向间隙，使齿顶不与定子内表面产生金属接触，并在支撑上采用滚针轴承或滑动轴承。

 小知识

CB 型齿轮泵的吸、压油口尺寸大小通常不一致，吸油口大、压油口小，安装齿轮泵时，两个油口不允许反接！泵的驱动电动机控制电路也不允许反接，故泵标牌上用箭头标有泵轴转向（箭头为从轴端看的方向）。

(四) 齿轮泵的常见故障及排除方法

齿轮泵的常见故障及排除方法见表 3-1。

表 3-1 齿轮泵的常见故障及排除方法

故障现象	产生原因	排除办法
噪声大	1. 吸油管接头、泵体与泵盖的接合面、堵头和泵轴密封圈等处密封不良,有空气被吸入	1. 用涂脂法查出泄漏处。用密封胶涂敷管接头并拧紧;修磨泵体与泵盖结合面,保证平面度误差不超过 0.005mm;用环氧树脂黏结剂涂敷堵头配合面再压紧;更换密封圈
	2. 泵盖螺钉松动	2. 适当拧紧
	3. 泵与联轴器不同轴或松动	3. 重新安装,使其同轴,紧固连接件
	4. 齿轮齿形精度太低或接触不良	4. 更换齿轮或研磨修整
	5. 齿轮轴向间隙过小	5. 配磨齿轮、泵体和泵盖
	6. 齿轮内孔与端面垂直度或泵盖上两孔平行度超差	6. 检查并修复有关零件
	7. 泵盖修磨后,两卸荷槽距离增大,产生困油	7. 修整卸荷槽,保证两槽距离
	8. 滚针轴承等零件损坏	8. 拆检,更换损坏件
	9. 装配不良,如主轴转一周有时轻时重的现象	9. 拆检,重装调整
流量不足或压力不能升高	1. 齿轮端面与泵盖接合面严重拉伤,使轴向间隙过大	1. 修磨齿轮及泵盖端面,并清除齿形上的毛刺
	2. 径向不平衡力使齿轮轴变形碰擦泵体,增大径向间隙	2. 校正或更换齿轮轴
	3. 泵盖螺钉过松	3. 适当拧紧
	4. 中、高压泵的密封圈破坏或侧板磨损严重	4. 更换零件
过热	1. 轴向间隙与径向间隙过小	1. 检测泵体、齿轮,重配间隙
	2. 侧板和轴套与齿轮端面严重摩擦	2. 修理或更换侧板和轴套

二、叶片泵的结构及工作原理

视频:双作用叶片泵的工作原理与结构特点

叶片泵用字母 YB 表示,按每转吸排油的次数,可分为双作用式和单作用式两种。双作用叶片泵只有定量泵,单作用叶片泵有定量和变量两种,以变量泵应用较多。单作用叶片泵转子每转一周,吸、压油各一次,故称为单作用,工作压力最大为 7.0MPa。双作用叶片泵因转子旋转一周,叶片在转子叶片槽内伸缩滑动两次,完成两次吸油和压油,故称为双作用,一般最大工作压力也为 7.0MPa,结构经改进的高压叶片泵最大的工作压力可达 16.0~21.0MPa。

叶片泵输出流量均匀,脉动小,噪声小,运转平稳,但结构比较复杂,制造工艺要求比较高,自吸能力差,对污染比较敏感,被广泛用于在中等负荷条件下工作的设备中。

(一) 双作用叶片泵

1. 双作用叶片泵的工作原理

图 3-12 所示为双作用叶片泵的外形。图 3-13 所示为双作用叶片泵的工作原理。定子 1 和转子 2 同心安装。定子内表面是由两段长半径圆弧、两段短半径圆弧和四段过渡曲线组成的。转子转动时,叶片在离心力和叶片根部油压的作用下,在转子槽内作径向滑动且压紧定子内表面。这样,在定子的内表面、转子的外表面、两侧配流盘和两相邻叶片之间形成若干个密封工作腔。当转子顺时针旋转时,密封工作腔的容积在左上角和右下角处逐渐增大,为吸油区;在右上角和左下角处逐渐减小,为压油区。泵的两个吸油区和两个压油区是径向对称的,所以作用在叶片泵转子上的径向液压力相互平衡,所以又称为卸荷式叶片泵。这种泵的排量不可调节,因此是定量泵。

图 3-12 双作用叶片泵外形

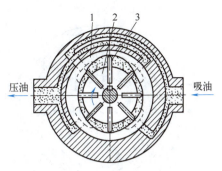

图 3-13 双作用叶片泵工作原理
1—定子；2—转子；3—叶片

动画：双作用叶片泵的工作原理

2. 双作用叶片泵的结构要点

图 3-14 所示为叶片泵的结构，有以下几个特点。

（1）叶片安放角　为了保证叶片能顺利地在叶片槽内滑动，双作用叶片泵转子的叶片常沿旋转方向向前倾斜一个角度 θ（通常为 13°）安装。因此，在使用双作用叶片泵时，应确保驱动电动机的旋转方向为规定方向。

（2）端面间隙的自动补偿　为了提高工作压力，减少端面泄漏，采取的间隙自动补偿措施是将右配流盘的右侧与压油口连通，使配流盘在液压推力作用下压向转子。泵的工作压力越高，配流盘就会更加贴紧转子，因此可实现对转子端面间隙的自动补偿。

（3）定子过渡曲线　定子内表面的曲线由四段圆弧和四段过渡曲线组成。理想的过渡曲线应使叶片在槽中滑动时的径向速度和加速度变化均匀，而且应使过渡曲线与圆弧的连接处圆滑过渡，以减小冲击和噪声。目前双作用叶片泵一般使用综合性能较好的等加速、等减速曲线作为过渡曲线。

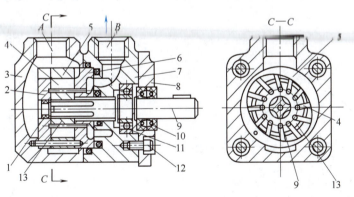

图 3-14 双作用叶片泵结构
1,11—轴承；2,6—左右配流盘；3,7—前、后盖体；4—叶片；
5—定子；8—端盖；9—传动轴；10—防尘圈；12—螺钉；13—转子

动画：单作用叶片泵的工作原理

（二）单作用叶片泵

1. 单作用叶片泵的工作原理

图 3-15 所示为单作用叶片泵的工作原理。它是由转子 1、定子 2、叶片 3、配流盘和泵体等组成的。与双作用叶片泵不同，定子 2 内表面是圆柱面，转子 1 和定子中心之间有一定的偏心量 e，两侧的配流盘上开有两个配流窗口，一个为吸油窗口，另一个为压油窗口。转

视频：单作用叶片泵的工作原理与结构特点

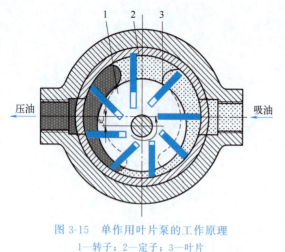

图 3-15 单作用叶片泵的工作原理
1—转子；2—定子；3—叶片

子旋转一周，叶片在转子槽内往复运动一次，每相邻两叶片间的密封容积发生一次增大和减小的变化，并完成一次吸油、压油过程，故称为单作用叶片泵，又因其转子、轴和轴承等零部件承受的径向力不平衡，因此这类泵又称为非卸荷式叶片泵。

对于单作用叶片泵，只要改变其偏心量 e 的大小，就可改变泵的排量和流量。偏心量可通过手动或自动的方式来调节。自动调节的变量泵根据其工作特性的不同分为限压式、恒压式及恒流量式三类，其中以限压式应用较多。

2. 限压式变量叶片泵的工作原理

图 3-16 为外反馈限压式变量叶片泵的工作原理。转子的中心固定不动，定子在反馈液压缸和弹簧的作用下可左右移动。图 3-17 是限压式变量叶片泵的流量-压力特性曲线。泵刚开始工作时，泵还未建立起工作压力 p（即 $p=0$），则定子在限压弹簧的作用下被推向最左端，此时有最大偏心量 e_{max}，它决定了泵最大流量 q_{max}。在泵工作时，反馈液压缸对定子施加向右的反馈力 pA（A 为活塞面积）。当泵的工作压力 p 达到调定压力 p_B 时，定子所受反馈力和弹簧力相平衡，即 $p_B A = kx_0$（k 为弹簧刚度，x_0 为弹簧预压缩量），则 p_B 称为泵的限定压力。当泵的工作压力 $p < p_B$ 时，$pA < kx_0$，定子不动，最大偏心量 e_{max} 保持不变，泵的流量也维持最大值 q_{max}（图中曲线 AB 段下降是由泵泄漏引起的）；当泵的工作压力 $p > p_B$ 时，$pA > kx_0$，限压弹簧被压缩，定子右移，偏心距 e 减小，泵的流量也随之迅速减小；当泵的工作压力 p 达到某一极限值 p_C 时，限压弹簧被压缩至最小，定子移动到最右端，偏心距趋近于 0，这时泵的输出流量为 0。

动画：外反馈限压式变量叶片泵的工作原理

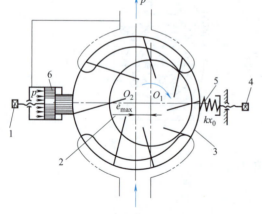

图 3-16 外反馈限压式变量叶片泵的工作原理
1,4—调节螺钉；2—转子；3—定子；
5—限压弹簧；6—反馈液压缸

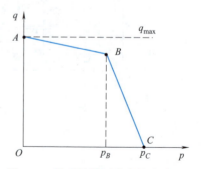

图 3-17 外反馈限压式变量叶片泵的流量-压力特性曲线

限压式变量叶片泵常用于对执行机构有快慢速要求的机床液压系统。执行机构快速时需要叶片泵提供低压大流量，慢速时需要叶片泵提供高压小流量。

> **小问题**
>
> 液压系统中，在叶片泵吸油管路上接滤油器的目的是什么？请根据叶片泵的特点进行思考。

（三）叶片泵的常见故障及排除方法

叶片泵的常见故障及排除方法见表 3-2。

表 3-2 叶片泵的常见故障及排除方法

故障现象	产生原因	排除办法
吸不上油液，没有压力	回转方向错误（顺、逆时针方向）	更正电动机的回转方向
	泵无法转动	确认电动机电源是否通电，确认联轴器或键是否损坏
	泵轴断裂，转子没有转动	确认电动机转速是否过高，轴和转子是否同轴
	吸入管堵住	检查吸入管路
	吸入过滤网堵住	清洗吸入过滤网
	油箱过滤器通过流量不足	更换更大吸入过滤网，至少为泵流量的 2.2 倍
	油的黏度过高	更换规定黏度的油（根据样本）
	回转数不够	按泵规定最低转速选择电动机转速（根据样本）
	吸入管气密性不够	检查吸入管路
	油箱过滤器在油面之上	加油至油面计基准点之上
	叶片不能从转子槽中滑出	修理泵
噪声大	吸入管过小	吸入真空度至少为 26.7kPa
	吸入过滤网堵塞	清洗吸入过滤网
	油箱过滤器通过流量不足	更换吸入过滤网，通过流量至少为泵流量的 2.2 倍
	油的黏度过高	更换规定黏度的油（根据样本）
	吸入管吸入空气	锁紧泵吸入口法兰，并检查其他吸入管路是否锁紧
	泵轴油封处吸入空气	检查轴和油封是否同轴
	油箱中的油有气泡	检查回油管路配置及长度是否正常
	油箱过滤器在油面之上	加油至油面计基准点之上
	油箱空气过滤器堵塞或规格太小	清洗空气过滤器或更换适当规格的过滤器
	转速过高	按泵规定最高转速选择电动机转速（根据样本）
	设定压力过高	检查压力表是否压力设定正常
	泵轴承损坏	更换并检查轴心是否同轴
	凸轮环磨损	油的清洁度太差，更换清洁液压油
	泵严重磨损（转子、叶片）	油液太脏，更换泵及液压油
流量不足	吸入真空度过大，因吸入空气引起气蚀现象	检查吸入过滤网，尽量使用软管或直管
	转子、分流板磨损	修理泵
	泵盖上紧不良	以扭力扳手重新装配泵
	油的黏度过低	更换油，加装冷却器

三、柱塞泵的结构及工作原理

柱塞泵用字母 ZB 表示，它是利用柱塞在缸体柱塞孔内的往复运动，使密封工作容积发生变化来实现吸油和压油的。由于柱塞与缸体内孔均为圆柱表面，加工方便，可得到较高的配合精度，因此柱塞泵密封性能好，泄漏小，在高压状况下仍有较高的容积效率。柱塞泵具有压力高、结构紧凑、效率高、流量调节方便等优点，故广泛应用于高压、大流量和流量需要调节的场合，如龙门刨床、拉床、液压机、起重设备、船舶等的液压系统。

视频：柱塞泵的工作原理与结构特点

其缺点是：结构较复杂，零件数较多；自吸性能差；制造工艺要求较高，成本较高；油液对污染较敏感，要求油的过滤精度高，对使用和维护要求较高。

柱塞泵按柱塞的排列和运动方向不同，可分为径向柱塞泵和轴向柱塞泵两大类。轴向柱塞泵又分为斜盘式和斜轴式两种。

（一）斜盘式轴向柱塞泵

1. 斜盘式轴向柱塞泵的工作原理

图 3-18 所示为斜盘式轴向柱塞泵的外形，其工作原理如图 3-19 所示。其柱塞 3 平行于缸体 1 轴线安装，并均匀分布在缸体的圆周上。斜盘 4 和配流盘 2 固定不动，斜盘法线与缸体轴线夹角为斜盘倾角 γ。缸体由传动轴 5 带动旋转，柱塞在底部弹簧的作用下始终紧贴斜盘。当缸体按图示方向旋转时，由于斜盘和弹簧的共同作用，柱塞产生往复运动，各柱塞与缸体孔间的密封腔容积便发生增大或缩小的变化，通过配流盘上的窗口 a 吸油，通过窗口 b 压油。

图 3-18 斜盘式轴向柱塞泵的外形

显然，改变斜盘的倾角 γ，就可以改变柱塞往复运动的行程，也就改变了泵的排量。若改变斜盘倾角的方向，就能改变吸油和压油的方向，而使其成为双向变量泵。

动画：斜盘式轴向柱塞泵的工作原理

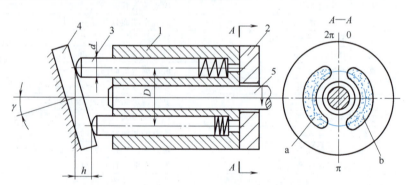

图 3-19 斜盘式轴向柱塞泵的工作原理
1—缸体；2—配流盘；3—柱塞；4—斜盘；5—传动轴；
a—吸油窗口；b—压油窗口；d—柱塞直径；D—柱塞孔的分布圆直径；γ—斜盘倾角；h—单个柱塞行程

2. 斜盘式轴向柱塞泵的结构要点

图 3-20 为 SCY14-1B 型斜盘式轴向柱塞泵的结构，它由滑履机构和变量机构两部分组成。

（1）滑履机构　在图 3-19 中，泵在工作时，各柱塞球形头部直接接触斜盘并滑动，柱塞头部与斜盘之间理论上为点接触。泵工作时，柱塞头部接触应力大，极易磨损，故一般轴向柱塞泵都在柱塞头部装一滑履（见图 3-20），改点接触为面接触，并且在相对运动表面间通过小孔引入压力油，实现可靠的润滑，从而大大减小了相对运动零件表面的磨损。

（2）变量机构　在变量轴向柱塞泵中均设置有专门的变量机构，用来改变斜盘倾角 γ 的大小，以调节泵的排量。图 3-20 中，手动变量机构在泵的左侧。变量时，转动手轮 18，使丝杠 17 随之转动，带动变量柱塞 16 沿导向键作轴向移动，通过销轴 13 使支承在变量壳体上的斜盘 15 绕其中心转动，从而改变了斜盘倾角 γ。手动变量机构结构简单，但操纵力较大，通常只能在泵停机或泵压较低的情况下才能实现变量。

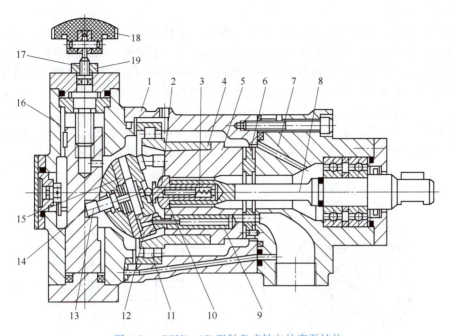

图 3-20 SCY14-1B 型斜盘式轴向柱塞泵结构

1—泵体；2—内套；3—定心弹簧；4—缸套；5—缸体；6—配流盘；7—前泵体；
8—轴；9—柱塞；10—套筒；11—轴承；12—滑履；13—销轴；14—压盘；
15—斜盘；16—变量柱塞；17—丝杠；18—手轮；19—螺母

(二) 斜轴式轴向柱塞泵

斜轴式轴向柱塞泵的工作原理如图 3-21 所示。法兰传动轴 1 与缸体 4 的轴线倾斜了一个角度 γ，故称为斜轴式泵。连杆两端为球头，一端铰接于柱塞上，另一端与法兰轴形成球铰，它既是连接件又是传动件，利用连杆的锥体部分与柱塞内的接触带动缸体旋转。配流盘固定不动，中心轴 6 起支承缸体的作用。

当传动轴沿图示方向旋转时，连杆就带动柱塞连同缸体 4 一起转动，柱塞 3 同时也在孔内作往复运动，使柱塞孔底部的密封容积不断发生增大和缩小的周期性变化，再通过配流盘 5 上的窗口 a 和 b 实现吸油和压油。改变角度 γ 可以改变泵的排量。

与斜盘式泵相比较，斜轴式泵转速较高，自吸性能好，结构强度较高，允许的倾角 $γ_{max}$ 较大，变量范围较大。一般斜盘式泵的最大斜盘角度为 20°左右，而斜轴式泵的最大倾角可达 40°。但斜轴式泵体积较大，结构更为复杂。

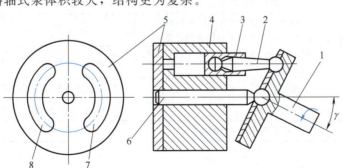

图 3-21 斜轴式轴向柱塞泵的工作原理

1—法兰传动轴；2—连杆；3—柱塞；4—缸体；5—配流盘；6—中心轴；7—窗口 a；8—窗口 b

动画：径向柱塞泵的工作原理

（三）径向柱塞泵

径向柱塞泵的工作原理如图 3-22 所示。这种泵由柱塞 1、转子 2、衬套 3、配油轴 5、定子 4 等主要零件组成。衬套紧配在转子孔内，随转子一起旋转，而配油轴则不动。在转子周围的径向孔内装有可以自由移动的柱塞。当转子顺时针旋转时，柱塞靠离心力或在低压油的作用下伸出，紧压在定子的内表面上。由于定子和转子之间有偏心距 e，柱塞在上半周时向外伸出，其底部的密封容积逐渐增大，形成局部真空，于是通过配油轴上的 b 腔吸油。柱塞在下半周时，其底部的密封容积逐渐减小，通过配油轴上的 c 腔把油液排出。转子每转一转，各柱塞吸油和压油各一次。移动定子可改变偏心量 e，泵的输出流量也改变。

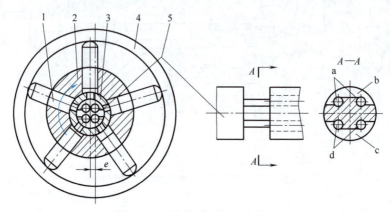

图 3-22　径向柱塞泵的工作原理
1—柱塞；2—转子；3—衬套；4—定子；5—配油轴

径向柱塞泵的优点是流量大，工作压力较高，便于做成多排柱塞形式，轴向尺寸小，工作可靠等。其缺点是径向尺寸大，自吸能力差，且配流轴受到径向不平衡液压力的作用，易于磨损，泄漏间隙不能自动补偿，这些缺点限制了泵的转速和压力的提高。

（四）柱塞泵的常见故障及排除方法

柱塞泵的常见故障及排除方法见表 3-3。

表 3-3　柱塞泵的常见故障及排除方法

故障现象	产生原因	排除办法
噪声大或压力波动大	1. 变量柱塞因油脏或污物卡住而运动不灵活 2. 变量机构偏角太小，流量过小，内泄漏增大 3. 柱塞头部与滑履配合松动	1. 清洗或拆下配件，更换 2. 加大变量机构偏角，消除内泄漏 3. 可适当铆紧
容积效率低或压力提升不高	1. 泵轴中心弹簧折断，使柱塞回程不够或不能回程，缸体与配流盘间密封不良 2. 配流盘与缸体间接合面不平或有污物卡住以及拉毛 3. 柱塞与缸体孔间磨损或拉伤 4. 变量机构失灵 5. 系统泄漏及其他元件故障	1. 更换中心弹簧 2. 清洗或研磨、抛光配流盘与缸体接合面 3. 研磨或更换有关零件，保证其配合间隙 4. 检查变量机构，纠正其调整误差 5. 逐个检查，逐一排除

四、液压泵的选用

液压泵是为液压系统提供一定流量和压力的动力元件，它是每个液压系统不可缺少的核心元件，合理地选择液压泵对于降低液压系统的能耗、提高系统的效率、降低噪声、改善工作性能和保证系统的可靠工作都十分重要。

液压泵选择的原则是：根据主机工况、功率大小和系统对工作性能的要求，首先确定液压泵的类型，然后按系统所要求的压力、流量大小确定其规格型号。

为了便于合理地选用液压泵，表 3-4 列出了上述各类泵的主要性能。

视频：液压泵的选用

表 3-4　各类液压泵的性能比较

性能	外啮合齿轮泵	双作用叶片泵	限压式变量叶片泵	径向柱塞泵	轴向柱塞泵	螺杆泵
输出压力	低压	中压	中压	高压	高压	低压
流量调节	不能	不能	能	能	能	不能
效率	低	较高	较高	高	高	较高
输出流量脉动	很大	很小	一般	一般	一般	最小
自吸特性	好	较差	较差	差	差	好
对油的污染敏感性	不敏感	较敏感	较敏感	很敏感	很敏感	不敏感
噪声	大	小	较大	大	大	最小

柱塞泵是目前性能比较完善、压力和效率最高的液压泵，在负载大、功率大的设备上可选用柱塞泵，如工程机械、压力机械、船舶机械、冶金机械等；在负载较大且有快慢速进给的机械设备（如组合机床、专用机床等）上，往往选用双联叶片泵、限压式变量叶片泵；齿轮泵最大的特点是抗污染，可用于工作条件比较恶劣的环境，如在筑路机械、港口机械以及小型工程机械中，机械设备的辅助装置（如补油装置、送料及夹紧机构）也往往选用齿轮泵。

任务实践

拆装齿轮泵、叶片泵、柱塞泵，观察其结构组成，比较三类液压泵的区别。

① 观察外啮合齿轮泵的吸油口和压油口有什么不同；观察卸荷槽的形状及开设的位置，思考卸荷槽起什么作用。

② 观察叶片泵叶片安装角度，数一数叶片的个数，思考为什么这样做。

③ 观察斜盘式轴向柱塞泵如何调节斜盘倾角，数一数柱塞个数；仔细观察滑履的结构，思考为什么要做出这样的形状。

生产学习经验

液压泵吸油不足会使泵吸入的油液中带有大量空气，这种现象称为吸空，吸空的主要原因有：吸油管路内径太小或有异物；吸油过滤器堵塞；液压油黏度过高或油温过低；油液发生气化；油泵转速过高；油箱通气孔发生堵塞；油液液位太低。

泵按内部结构分为齿轮泵、叶片泵、柱塞泵等；按排量能否调节分为变量泵和定量泵。单作用叶片泵、柱塞泵是变量泵；齿轮泵、双作用叶片泵是定量泵。齿轮泵依靠两齿轮的啮合进行吸压油；叶片泵依靠两叶片和缸体之间的密封区域进行吸压油；柱塞泵依靠柱塞和柱塞缸之间的空间变化进行吸压油。

思维导图

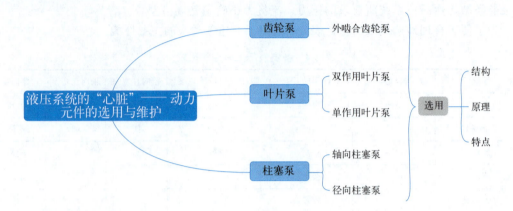

巩固练习

【填空题】

1. 液压泵是一种将原动机输入的_____转换为液体_____的能量转换装置。
2. 由于泄漏的影响，液压泵的理论流量_____实际流量。当压力增大时，泵的_____减小。
3. 单作用变量叶片泵是通过调整_____的方法而调整泵的流量大小。
4. 斜盘式轴向柱塞泵是通过调整_____的方法而调整泵的流量大小。

【判断题】

1. 齿轮泵的吸油口比压油口大，目的是减小径向不平衡力。（   ）
2. 双作用叶片泵可以做成变量泵。（   ）
3. 在一定转速下，液压泵的排量越大，流量越大。（   ）
4. 齿轮泵、叶片泵和柱塞泵相比较，柱塞泵最高压力最大，齿轮泵容积效率最低，双作用叶片泵噪声最小。（   ）
5. 单作用叶片泵转子中的叶片槽有一个与旋转方向相反的倾斜角。（   ）
6. 在齿轮泵中，为了消除困油现象，在泵的端盖上开卸荷槽。（   ）

【简答题】

1. 液压泵要实现吸油和压油必须具备哪三个条件？
2. 齿轮泵工作中的主要问题有哪些？齿轮泵哪个部位的泄漏最严重？如何解决齿轮泵的径向作用力不平衡问题？
3. 选择液压泵的原则是什么？

【计算题】

1. 图 3-23 中，若不计管路压力损失，试确定如图所示各工况下，泵的工作压力 p（压

力表的读数）各为多少？[已知图（c）中节流阀的压差为 Δp]

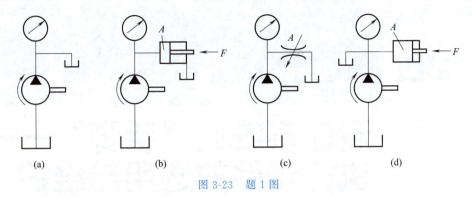

图 3-23 题 1 图

2. 某液压泵的工作压力为 5MPa，转速为 1450r/min，排量为 40mL/r，容积效率为 0.93，总效率为 0.88，求泵的实际输出功率和驱动该泵所用电动机的功率。

项目四

液压系统的"手脚"——执行元件的选用与维护

 学有所获

1. 能认知常见液压缸的类型、工作原理及结构特点。
2. 能分析活塞缸速度及推力的影响因素，灵活应用力和速度的输出特性。
3. 能认真观察液压马达图形符号及用途与液压泵的不同之处，培养观察和思考能力。
4. 能根据液压系统的工作要求合理选择和使用液压泵/液压马达。
5. 能正确拆装液压缸/液压马达、对液压缸/液压马达进行必要的维护及保养。
6. 能对液压缸/液压马达出现的具体问题展开具体分析，解决一般实际问题。
7. 培养良好的职业习惯和精益求精的工匠精神。

视频：液压缸的工作原理及选用

任务 1 液压缸的选用与维护

 任务导入

在汽车报废处理装置液压系统（图 3-1）中，是什么元件带动活动压板实现左右移动的呢？它是如何工作的，又该如何选择这一元件呢？

从图 3-1 中可知，这个元件就是液压传动系统中的执行元件。在液压系统中，执行元件一般有液压缸和液压马达。液压缸将压力能转化为直线运动的机械能，液压马达将压力能转化为旋转运动的机械能。在本次工作任务中，将学习各种液压缸的工作原理、结构特点及应用，并根据实际要求正确选用液压缸，能够正确使用工具拆装液压缸，分析和排除液压缸的常见故障。

 知识导航

液压执行元件的功用是将液压系统中的压力能转换为机械能，以驱动外部工作部件运动。常见的液压执行元件有液压缸和液压马达。液压缸可以实现往复直线运动或往复摆动。输入液压缸的油必须具有压力和流量。压力用来克服负载，流量用来形成一定的运动速度。

液压缸的能量关系如图 4-1 所示。

一、液压缸的类型和特点

液压缸种类很多，按其结构特点可分为活塞式、柱塞式和摆动式三大类；按作用方式可分为单作用式和双作用式两种。单作

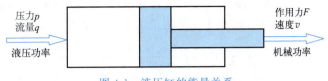

图 4-1 液压缸的能量关系

用式液压缸的油液压力只能使活塞（或柱塞）做单方向运动，反方向运动必须靠外力（如弹簧力或自重）实现；双作用式液压缸可由油液压力实现两个方向的运动。单作用缸只有一个油口，双作用缸有两个油口。

（一）活塞式液压缸

活塞式液压缸有双杆式和单杆式两种结构形式。其安装方式有缸筒固定和活塞杆固定两种。

1. 双杆活塞式液压缸

图 4-2 为双杆活塞式液压缸参数示意。两活塞杆直径相同时，缸两腔的有效面积也相等（$A_1=A_2$）。当分别向左、右腔输入相同压力和相同流量的油液时，液压缸左、右两个方向的推力和速度相等。

$$v=\frac{q}{A}=\frac{4q}{\pi(D^2-d^2)} \tag{4-1}$$

$$F=F_1-F_2=(p_1-p_2)A=\frac{\pi}{4}(D^2-d^2)(p_1-p_2) \tag{4-2}$$

式中　v——活塞（或缸体）的运动速度；
　　　q——输入液压缸的流量；
　　　F——活塞（或缸体）上的液压推力；
　　　p_1——液压缸的进油压力；
　　　p_2——液压缸的回油压力；
　　　A——活塞的有效作用面积；
　　　D——活塞直径；
　　　d——活塞杆直径。

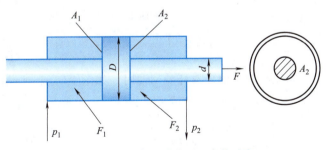

图 4-2 双杆活塞式液压缸参数示意

图 4-3 所示为缸筒固定式，其缸筒固定在机床身上，缸筒的两端设有进、出油口，活塞杆左右都可以运动。活塞杆的动作长度称为液压缸行程。活塞杆的移动范围约等于活塞有效行程 L 的 3 倍，占地面积大，常用于中、小型设备。

图 4-4 所示为活塞杆固定式，其活塞杆常做成空心的，固定在机床床身的两个支架上，

动画：缸筒固定式双杆活塞缸

缸筒则与机床工作台相连。进、出油口可以做成活塞杆的两端，油液从空心的活塞杆中进出，也可以做在缸筒两端。液压缸的动力由缸筒传出。缸筒的移动范围约等于缸筒有效行程 L 的 2 倍，占地面积小，常用于大、中型设备。

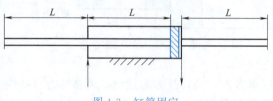

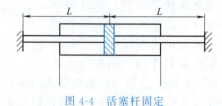

图 4-3　缸筒固定　　　　　　　　　图 4-4　活塞杆固定

动画：活塞杆固定式双杆活塞缸

小结论

当分别向左、右腔输入相同压力和相同流量的液压油时，双杆活塞缸左、右两个方向的速度和推力相等，常用于正、反两个方向工况相同的场合，比如磨床工作台往复运动的液压系统。

2. 单杆活塞式液压缸

单杆活塞式液压缸可以是缸筒固定或活塞杆固定，无论采用哪一种形式，液压缸运动所占空间长度都是两倍行程。

图 4-5 所示为单杆活塞式液压缸。活塞只有一侧连活塞杆，因而两腔的有效面积不同。当向缸的两腔分别供油，且供油压力和流量不变时，活塞（或缸体）在两个方向上的速度和推力不相等。

动画：单杆活塞缸的三种连接方式

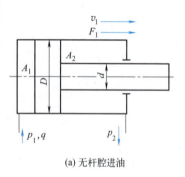
(a) 无杆腔进油

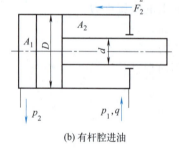
(b) 有杆腔进油

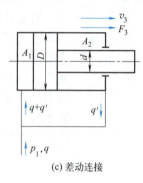
(c) 差动连接

图 4-5　单杆活塞式液压缸的三种连接形式

（1）无杆腔进油　当无杆腔进油，有杆腔回油时，如图 4-5（a）所示，活塞推力和运动速度分别为

$$v_1 = \frac{q}{A_1} = \frac{4q}{\pi D^2} \tag{4-3}$$

$$F_1 = p_1 A_1 - p_2 A_2 = \frac{\pi}{4}[(p_1 - p_2)D^2 + p_2 d^2] \tag{4-4}$$

（2）有杆腔进油　当有杆腔进油，无杆腔回油时，如图 4-5（b）所示，活塞推力和运动速度分别为

$$v_2 = \frac{q}{A_2} = \frac{4q}{\pi(D^2 - d^2)} \tag{4-5}$$

$$F_2 = p_1 A_2 - p_2 A_1 = \frac{\pi}{4}[(p_1 - p_2)D^2 - p_1 d^2] \tag{4-6}$$

比较上述公式，由于 $A_1 > A_2$，因此 $v_1 < v_2$，$F_1 > F_2$，即无杆腔进油工作时，推力大而速度低；有杆腔进油工作时，推力小而速度快。因而单杆活塞式液压缸常用于伸出时承受工作载荷，缩回时为空载或轻载的场合。如各种切削机床、压力机、工程机械等的液压系统中，经常使用单杆活塞式液压缸。

（3）差动连接　当单杆活塞缸两腔同时通入压力油时，如图4-5（c）所示，由于无杆腔的有效面积 A_1 大于有杆腔的有效面积 A_2，使得作用在活塞两侧向右的作用力大于向左的作用力，因此活塞杆向外伸出，并将有杆腔的油液挤出，流进无杆腔，从而加快了活塞杆的伸出速度。单杆液压缸两腔都通入压力油的这种油路连接形式称为差动连接。

差动连接时，活塞推力和运动速度分别为

$$F_3 = p_1(A_1 - A_2) = p_1 \frac{\pi}{4} d^2 \tag{4-7}$$

$$v_3 = \frac{q + q'}{A_1} = \frac{q + q'}{\frac{\pi}{4}D^2} = \frac{q + \frac{\pi}{4}(D^2 - d^2)v_3}{\frac{\pi}{4}D^2}$$

即

$$v_3 = \frac{4q}{\pi d^2} \tag{4-8}$$

由式（4-7）和式（4-8）可知，差动连接时液压缸的推力比非差动连接时的小，但运动速度比非差动连接时的大。

小结论

在实际应用中，液压系统常通过方向控制阀来改变单杆缸的油路连接，使其有不同的工作方式，从而实现"快进-工进-快退"的工作循环。在此工作循环中，"快进"由差动连接方式完成，"工进"由无杆腔进油方式完成，"快退"则由有杆腔进油方式完成。差动连接是在不增加液压泵流量的前提下实现快速运动的有效方法，广泛应用于组合机床的动力滑台和各类专业机床的液压系统中。

当"快进"和"快退"的速度相等，即 $v_3 = v_2$ 时，由式（4-8）和式（4-5）可得

$$D = \sqrt{2} d \tag{4-9}$$

【例4-1】　向一差动连接液压缸供油，液压油的流量为 q，压力为 p，当活塞杆直径变小时，其活塞运动速度 v 及作用力 F 将如何变化？要使 $v_3/v_2 = 2$，则活塞与活塞杆直径之比应为多少？

解：（1）差动连接时活塞杆截面积为其有效工作面积，故活塞杆直径减小时，作用力减小，速度提高。

（2）根据式（4-8）和式（4-5）

$$\frac{v_3}{v_2} = \frac{D^2 - d^2}{d^2} = 2，那么，\frac{D}{d} = \sqrt{3}。$$

【例4-2】　一单杆活塞缸，无杆腔进油时为工作行程，此时负载为55000N。有杆腔进油

时为快速退回，要求速度提高一倍。液压缸工作压力为 7MPa，不考虑背压。计算选用的活塞和活塞杆直径。

解： 根据式 (4-4) 及不考虑背压

$$F_1 = p_1 A_1 = p_1 \frac{\pi}{4} D^2 = 55000\text{N} \quad p_1 = 7\text{MPa}$$

所以 $D = \sqrt{\dfrac{4F_1}{\pi p_1}} = \sqrt{\dfrac{4 \times 5.5 \times 10^4}{\pi \times 7 \times 10^6}} = 0.1$ （m），取 $D = 100\text{mm}$。

根据式 (4-3) 和式 (4-5)，$\dfrac{v_2}{v_1} = \dfrac{D^2}{D^2 - d^2} = 2$，$D = \sqrt{2}\,d$，取 $d = 70\text{mm}$。

(二) 柱塞式液压缸

柱塞式液压缸是一种单作用液压缸，其工作原理如图 4-6 所示。柱塞与工作部件相连，缸筒固定在机架上。当压力油进入缸筒时，推动柱塞带动工作部件向右移动，但反向退回时必须靠其他外力或自重来实现。为了实现双向运动，柱塞缸常成对使用，如图 4-6 (b) 所示。如柱塞的直径 d，输入油液的流量为 q，压力为 p 时，柱塞上产生的推力 F 和速度 v 为

$$F = pA = p \frac{\pi}{4} d^2 \tag{4-10}$$

$$v = \frac{q}{A} = \frac{4q}{\pi d^2} \tag{4-11}$$

动画：单柱塞缸

动画：柱塞缸成对使用

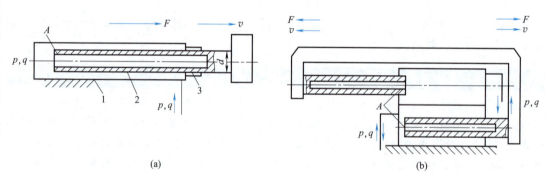

图 4-6 柱塞式液压缸
1—缸筒；2—柱塞；3—导向套

为了保证柱塞的刚度和得到较大的输出力，柱塞一般较粗，重量较大。在水平安装时易产生单边磨损，故柱塞缸适宜于垂直安装。必须水平安装时，为减轻自重，可把柱塞做成空心的。

柱塞式液压缸结构简单，制造容易，维修方便。由于柱塞和缸筒内壁不接触，因此缸筒内表面不需要精加工。缸体的加工工艺性好，特别适用于行程较长的设备，如龙门刨床、导轨磨床、大型拉床等。

(三) 摆动式液压缸

摆动式液压缸是一种输出转矩并实现往复摆动的执行元件，又称为摆动液压马达。结构上有多种形式，常用的有单叶片和双叶片两种。它适用于半回转（小于 360°）机械的回转机构。

如图 4-7 所示，定子块 3 固定在缸体 2 上，回转叶片 4 和叶片轴 1 连接在一起。单叶

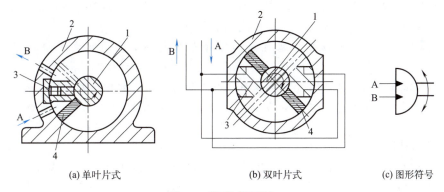

(a) 单叶片式　　　(b) 双叶片式　　　(c) 图形符号

图 4-7　摆动式液压缸

1—叶片轴；2—缸体；3—定子块；4—回转叶片

片缸输出轴摆角可达 300°，双叶片缸输出轴摆角小于 150°，但输出转矩是单叶片缸的两倍。

摆动式液压缸结构紧凑，输出转矩大，但密封性较差，一般用于夹紧装置、送料装置、转位装置等中低压系统。

（四）组合式液压缸

上述液压缸为液压缸的三种基本形式，为了满足特定的工作需要，三种液压缸以一定的传动方式的组合，还可以分别设计成特种液压缸。

1. 增压缸

增压缸是将输入的低压油转变为高压油，供液压系统中的高压支路使用。增压缸有单作用式和双作用式两种。如图 4-8 所示，它由活塞缸和柱塞缸串接组合而成，若输入增压缸大端油的压力为 p_1，由小端输出油的压力为 p_2（中间腔油液的压力为 0）。则有

$$p_2 = \left(\frac{D}{d}\right)^2 p_1 = K p_1 \tag{4-12}$$

式中，$K = \dfrac{D^2}{d^2}$，称为增压比，代表其增压能力。

单作用增压缸只能在单方向行程中输出高压油，不能连续输出高压油，为克服这一缺点，可采用双作用增压缸，由两个高压端连续向系统供油。

动画：增压缸

动画：伸缩缸

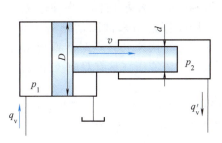

图 4-8　单作用式增压缸　　　图 4-9　伸缩缸

2. 伸缩缸

伸缩缸又称为多级缸，是由二级或多级活塞缸套装而成的，如图 4-9 所示。前一级活塞缸的活塞是后一级活塞缸的缸筒，当各级活塞依次伸出时可获得很长的工作行程。伸出的顺序从大到小，相应的推力也是从大到小，而伸出速度由慢变快；空载缩回的顺序一般是从小

到大。缩回时液压缸的总长度较短，结构紧凑。伸缩缸适用于安装空间有限而行程要求很长的场合，如起重机伸缩臂液压缸、自卸式汽车举升液压缸等。

【例 4-3】 为什么说伸缩缸活塞伸出的顺序是从大到小，而空载缩回的顺序是由小到大？

解：如果活塞上的负载不变，大活塞运动所需压力较低，故伸出时大活塞先动。但一般大活塞（及活塞杆）上的摩擦力比小活塞大得多，故空载缩回时推动小活塞所需的压力较低，小活塞先动。

3. 齿条活塞缸

齿条活塞缸又称无杆式活塞缸，它由带有齿条的双活塞缸 1 和齿轮齿条机构 2 组成，如图 4-10 所示。压力油推动活塞左右往复运动时，经齿轮齿条机构变成齿轮轴往复转动。它多用于自动线、组合机床等的转位和分度机构中。

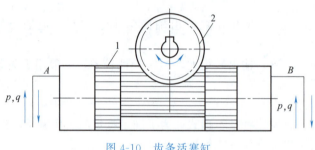

图 4-10　齿条活塞缸
1—双活塞缸；2—齿轮齿条机构

动画：齿条活塞液压缸

二、液压缸的结构和组成

液压缸一般由缸体组件、活塞组件、密封装置等基本部分组成，此外，根据需要，液压缸还设有缓冲装置和排气装置。

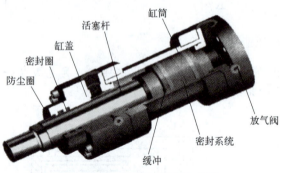

图 4-11　单杆活塞式液压缸结构

图 4-11 是单杆活塞式液压缸的结构。为防止油液向外泄漏，或由高压腔向低压腔泄漏，在缸筒与缸盖、活塞与活塞杆、活塞与缸筒、活塞杆与缸盖之间均设置密封装置。为了防止活塞杆把脏物带入液压缸内部，在前端盖外侧装有防尘圈，用来刮除活塞杆上的脏物。为了防止快速到终点时活塞撞击缸头与缸盖，该液压缸具有双向缓冲功能。

（一）缸体组件

缸体组件通常由缸筒、缸底、缸盖、导向套等组成。缸体组件与活塞组件构成密封的容腔，承受压力，因此，要有足够的强度、较高的表面精度和可靠的密封性。

常见的缸体组件连接形式及其特点见表 4-1。

（二）活塞组件

活塞组件由活塞、活塞杆和连接件等组成。活塞通常制成与活塞杆分离的形式，目的是易于加工和选材。根据缸的工作压力、安装方式和工作条件的不同，活塞组件有多种结构形式。

活塞与活塞杆的连接方式及其特点见表 4-2。

表 4-1 缸体与缸盖的连接方式

连接方式		结构简图	特点
螺纹连接	外螺纹		径向尺寸小,质量较轻,使用广泛。装拆时如密封圈需通过螺纹,注意密封圈的防护
	内螺纹		
焊接连接			结构简单,质量轻,尺寸小,缸体焊后可能变形,且内径不易加工,主要用于柱塞缸
法兰连接			结构简单,易加工,易装拆,使用广泛,质量比螺纹连接的大,但比拉杆连接的小,外径较大
半环连接			质量比拉杆连接的轻,承载能力较大,半环槽削弱了缸体,为此缸体壁厚要增加
拉杆连接			结构通用性好,缸体加工容易,拆装方便,应用较广,外形尺寸大,质量大,用于载荷较大的双作用缸

表 4-2 活塞与活塞杆的连接方式

连接方式	结构简图	特点
整体式		用于工作压力较高,活塞直径较小的情况
半环连接	1—半环;2—半环帽;3—轴用弹性挡圈(轴卡)	用于工作压力、机械振动较大的情况
螺纹连接		常用的连接方式

（三）密封装置

液压缸中的压力油可能通过固定部件的连接处和相对运动部件的配合处泄漏。泄漏使液压缸的容积效率降低和油液发热，外泄漏还会污染工作环境。泄漏严重时会影响到液压缸的工作性能，甚至使液压缸不能正常工作。因此，采用适当的密封装置来防止和减少泄漏，是液压缸设计的一个很重要的问题。当然，密封装置还有防止空气和污染物侵入的作用。在液压缸中，相对往复运动部件间的泄漏问题较为突出。如图 4-12 所示，它既有

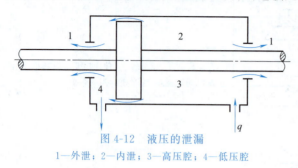

图 4-12　液压的泄漏
1—外泄；2—内泄；3—高压腔；4—低压腔

内泄漏，又有外泄漏。因此，要求液压缸所选用的密封元件具有良好的密封性能，并且密封性能应随工作压力的提高而自动提高。此外，还要求密封元件结构简单、寿命长、摩擦力小、成本低，密封件与液压油有良好的相容性等。

常用的密封方法有以下两种。

1. 间隙密封

间隙密封如图 4-13 所示，它是利用运动部件的配合间隙起密封作用的。图中活塞外缘表面上开有若干个环形槽，其目的主要是使活塞四周都有压力油的作用，这有利于活塞的对中以减小活塞移动摩擦力。为了减少泄漏，相对运动部件间的配合间隙必须足够小，但不能妨碍相对运动的进行，故对配合面的加工精度和表面粗糙度提出了较高的要求。合理的配合间隙（0.02～0.05mm）可使这种密封形式的摩擦力较小且泄漏也不大。这种密封形式主要用于速度较高、压力较小、尺寸较小的液压缸与活塞配合处，此外也广泛应用于各种泵、阀的柱塞配合中。

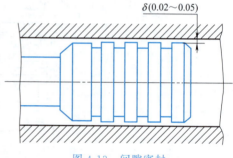

图 4-13　间隙密封

2. 密封圈密封

密封圈密封是液压系统中应用最广泛的一种密封方法，它通过密封圈本身的受压变形来实现密封，橡胶密封圈的断面通常做成 O 形、Y 形和 V 形。

（1）O 形密封圈　O 形密封圈是一种截面为圆形的橡胶圈，一般用丁腈橡胶制成，如图 4-14 所示。这种密封圈结构简单，密封性能良好，摩擦阻力较小，制造容易，成本低，体积小，安装沟槽尺寸小，使用非常方便。其使用工作压力为 0～30MPa，工作温度为 -40～120℃。它应用比较广泛，可用于直线往复运动和回转运动的密封，也可用于无相对运动的静密封，还可用于外径密封、内径密封及端面密封。图 4-15 表示 O 形密封圈在液压缸密封中的应用。

O 形密封圈安装时要有合适的预压缩量 δ_1 和 δ_2，如图 4-14（b）所示，这样既可保证良好的密封性，又不至于因摩擦力过大而加快磨损。O 形密封圈在沟槽中还受到油压的作用变形而紧贴横槽和缸的内壁，从而起到密封的作用。因此，它的密封性能可随压力的增加而有所提高。这种密封圈的缺点是，当压力较高或沟槽尺寸选择不妥时，密封圈容易被挤出，如图 4-16（a）所示，从而造成密封圈损坏。为了避免这种情况发生，当工作压力 p 大于 10MPa 时，在 O 形圈的一侧或两侧（决定于压力油作用于一侧或两侧）增加一个挡圈，挡圈用比橡胶硬的聚四氟乙烯制成，如图 4-16（b）和（c）所示。

项目四 液压系统的"手脚"——执行元件的选用与维护 53

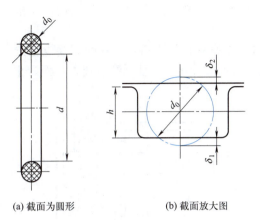

图 4-14 O 形密封圈
δ_1、δ_2—预压缩量

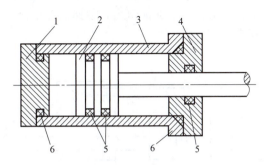

图 4-15 O 形密封圈在液压缸密封中的应用
1—后盖；2—活塞；3—缸体；4—前盖；5—动密封；6—静密封

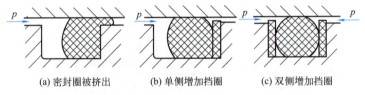

图 4-16 O 形密封圈保护挡圈的使用

(2) Y 形密封圈　Y 形密封圈横截面的形状为 Y 形，属唇形密封圈，如图 4-17 所示。其材料为耐油橡胶。工作时利用油的压力使两唇边张开紧压在配合偶件的两接合面上实现密封。其密封能力可随压力的升高而提高，并且在磨损后有一定的自动补偿能力。

Y 形密封圈安装时，其唇口应对着压力高的一侧。当工作压力变化较大时要加支承环以防止密封圈翻转。Y 形密封圈密封性能良好，摩擦力小，稳定性好，适用于工作压力小于 20MPa，工作温度 $-30 \sim +80$℃，工作速度小于 0.5m/s 的场合。

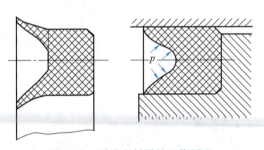

图 4-17 唇形密封圈的工作原理

(3) V 形密封圈　V 形密封圈的截面为 V 形，也属于唇形圈，如图 4-18 所示。它由支撑环、密封环和压环组合在一起使用。当工作压力高于 10MPa 时，可增加密封环的数量。安装时 V 形环开口应面向压力高的一侧。此种密封能够耐高压，密封性能良好，寿命长，但密封处的摩擦阻力较大，拆换不便。它主要用于大直径、高压、相对运动速度不高的场合。

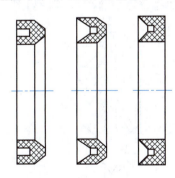

图 4-18 V 形密封圈

(四) 缓冲装置

当液压缸所驱动的工作部件质量较大，运动速度较大（如大于 0.2m/s）时，由于具有的动量大，以至于在行程终了时，活塞与缸盖发生撞击，造成液压冲击和噪声，甚至

严重影响工作精度和引起液压系统及元件的损坏，因此在大型、高速或要求较高的液压缸中，往往要设置缓冲装置。

缓冲装置的结构形式很多，如图 4-19 所示，但工作原理都是当活塞行程快到终点接近缸盖时，增大液压缸回油阻力，使回油腔中产生足够大的缓冲压力，使活塞减速，从而防止活塞撞击缸盖。

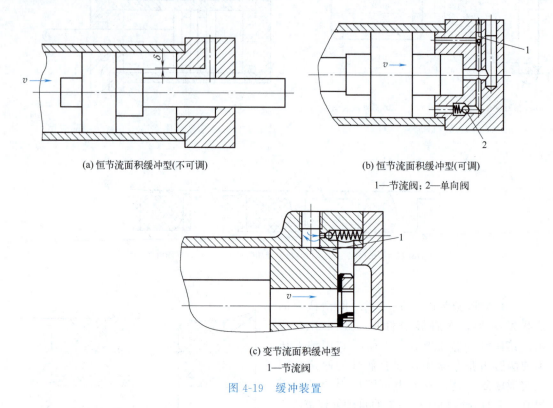

(a) 恒节流面积缓冲型(不可调)

(b) 恒节流面积缓冲型(可调)
1—节流阀；2—单向阀

(c) 变节流面积缓冲型
1—节流阀

图 4-19　缓冲装置

（五）排气装置

液压系统混入空气后会使其工作不稳定，产生振动、噪声、爬行或前冲等现象，严重时会使系统不能正常工作。因此设计液压缸时必须考虑空气的排出。

对要求不高的液压缸，往往不设专门的排气装置，而是将油口布置在缸筒两端的最高处，见图 4-20（a），这样可以使空气随液流排往油箱，再从油箱中逸出。对工作平稳性要求较高的液压缸，常在液压缸的最高处设置专门的排气装置，如排气塞、排气阀等，如图 4-

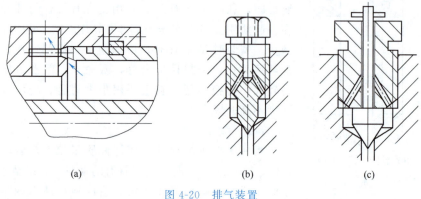

图 4-20　排气装置

20（b）、(c) 所示。在液压系统正式工作前松开排气装置的螺钉，让液压缸全行程空载往复运动几次排气，排气完毕后拧紧螺钉，液压缸便可正常工作。

三、液压缸常见故障分析

液压缸的常见故障及排除方法见表 4-3。

表 4-3 液压缸常见故障及排除方法

故障现象	原因分析	排除方法
外泄漏	(1)密封件咬边、拉伤或破坏 (2)密封件方向装反 (3)缸盖螺钉未拧紧 (4)运动零件之间有纵向拉伤和沟痕	(1)更换密封件 (2)改正密封件方向 (3)拧紧螺钉 (4)修理或更换零件
爬行	(1)混入空气 (2)运动密封件装配过紧 (3)活塞杆与活塞不同轴 (4)导向套与缸筒不同轴 (5)活塞杆弯曲 (6)液压缸安装不良，其中心线与导轨不平行 (7)缸筒内径圆柱度超差 (8)缸筒内孔锈蚀、拉毛 (9)活塞杆两端螺母拧得过紧，使其同轴度降低 (10)活塞杆刚性差 (11)液压缸运动件之间间隙过大 (12)导轨润滑不良	(1)排除空气 (2)调整密封圈，使之松紧适当 (3)校正、修整或更换 (4)修正调整 (5)校直活塞杆 (6)重新安装 (7)研磨修复，重配活塞或增加密封件 (8)除去锈蚀、毛刺或重新研磨 (9)略松螺母，使活塞杆处于自然状态 (10)加大活塞杆直径 (11)减小配合间隙 (12)保持良好润滑
冲击	(1)缓冲间隙过大 (2)缓冲装置中的单向阀失灵	(1)减小缓冲间隙 (2)修理单向阀
推力不足或工作速度下降	(1)缸体和活塞的配合间隙过大，或密封件损坏，造成内泄漏 (2)缸体与活塞的配合间隙过小，密封过紧，运动阻力大 (3)运动零件制造存在误差或装配不良，引起不同心或单面剧烈摩擦 (4)活塞杆弯曲，引起剧烈摩擦 (5)缸体内孔拉伤或与活塞咬死，或缸体内孔加工不良 (6)液压油中杂质过多，使活塞或活塞杆卡死 (7)油温过高，加剧泄漏	(1)修理或更换不合精度要求的零件，重新装配、调整或更换密封件 (2)增加配合间隙，调整密封件的压紧程度 (3)修理误差较大的零件并重新装配 (4)校直活塞杆 (5)研磨修复缸体或更换缸体 (6)清洗液压系统，更换液压油 (7)分析温升原因，改进密封结构，避免温升过高

 任务实践

汽车报废处理装置液压系统中，液压缸带动活动压板实现左右移动。拆装单杆活塞缸，观察其结构组成。

1. 观察液压缸的结构，判断其安装方式。
2. 分析单杆活塞缸差动连接的特点。
3. 讨论液压缸在工程机械、磨床等设备中的类型和作用。

任务 2　液压马达的选用与维护

任务导入

上天有"神舟",下海有"蛟龙",入地有"春风",盾构机(图4-21)是集液压、机械、电气、传感、信息、力学、导向研究等技术于一体的高端装备,我国液压技术的发展对盾构机的研制起到了重要的作用。盾构机能够穿山越海,离不开液压执行元件提供的强大驱动力。盾构机依靠液压缸的推力向前推进、利用液压马达旋转驱动刀盘切割岩石或土壤。可以说,液压系统是盾构机的"心脏"。在本次工作任务中,将学习各种液压马达的工作原理、结构特点及应用,并根据实际要求正确选用液压马达,能够正确使用工具拆装液压马达,分析和排除液压马达的常见故障。

图 4-21　盾构机

【科技之光】 从零到世界第一,中国盾构机成为全球领先技术

知识导航

一、液压马达工作特点与参数

(一)液压马达的工作特点

液压马达是将液体的压力能转换为机械能,输出转矩和转速的液压执行元件。从原理上讲,马达和泵是可逆的。即液压马达可以当作液压泵使用,液压泵也可以当作液压马达使用。但由于两者的使用目的不同,所以在实际结构上存在某些差异。

① 泵是能源装置,马达是执行元件。

② 泵的吸油腔压力一般低于大气压,通常进口尺寸大于出口尺寸,马达排油腔的压力稍高于大气压力,没有特殊要求,进出油口尺寸可相同。

③ 泵的结构需保证自吸能力，而马达无此要求。

④ 马达需要正反转（内部结构需对称），泵一般是单向旋转。

⑤ 马达的轴承结构、润滑形式需保证在很宽的速度范围内使用，而泵的转速变化小，故无此苛刻要求。

⑥ 马达启动时需克服较大的静摩擦力，因此要求启动扭矩大，扭矩脉动小，内部摩擦小（如齿轮马达的齿数不能像齿轮泵那样少）。

⑦ 泵希望容积效率高；马达希望机械效率高。

⑧ 叶片泵的叶片倾斜安装，叶片马达的叶片则径向安装（考虑正反转）。

⑨ 叶片马达的叶片依靠根部的扭转弹簧，使其压紧在定子表面上，而叶片泵的叶片则依靠根部的压力油和离心力压紧在定子表面上。

⑩ 泵与原动机装在一起，主轴不受额外的径向负载。而马达直接装在轮子上或与皮带、链轮、齿轮相连接时，主轴将承受较高的径向负载。

（二）液压马达的分类

液压马达按结构分为齿轮式、叶片式和柱塞式等形式。

液压马达按排量大小能否变化分为定量马达、变量马达。

液压马达按额定转速分为高速马达（$n_s>500$r/min）和低速马达（$n_s \leqslant 500$r/min）。高速马达的基本形式有齿轮马达、叶片马达和轴向柱塞马达。径向柱塞马达多为低速马达。高速马达主要特点是转速较高、转动惯量小，便于启动和制动，调节（调速及换向）灵敏度高。

高速液压马达输出转矩不大，所以又称为高速小转矩液压马达。低速液压马达输出转矩较大，所以又称为低速大转矩液压马达。低速液压马达的主要特点是排量大、体积大、转速低，因此可直接与工作机构连接，不需要减速装置，使传动机构大为简化。

常用的轴向柱塞式液压马达具有单位功率质量轻、工作压力高、效率高和容易实现变量等优点；其缺点是结构比较复杂，对油液污染敏感、过滤精度要求较高、价格较贵。

液压马达的图形符号如图 4-22 所示。

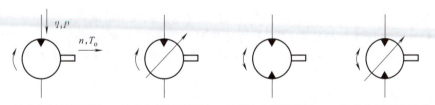

(a) 单向定量液压马达　(b) 单向变量液压马达　(c) 双向定量液压马达　(d) 双向变量液压马达

图 4-22　液压马达的图形符号

p—工作压力；q—实际输入流量；n—转速；T_o—实际输出转矩

小问题

观察液压马达和液压泵的符号有什么不同？

（三）液压马达的主要性能参数

1. 工作压力和额定压力

（1）工作压力 p　工作压力是指液压马达入口处油液的实际压力。其大小取决于它所驱动的负载转矩，负载转矩越大，液压马达的工作压力就越高，反之越低。

液压马达入口压力和出口压力的差值称为液压马达的工作压差 Δp。在液压马达出口直接连接油箱的情况下，通常近似认为液压马达的工作压力就等于工作压差（$\Delta p \approx p$）。

(2) 额定压力 p_n 是指液压马达在正常工作条件下,按试验标准规定的连续运转的最高工作压力。其大小和马达的结构强度及泄漏量大小有关。

2. 液压马达的容积效率和转速

因为液压马达存在泄漏,输入马达的实际流量 q 必大于理论流量 q_t,故液压马达的容积效率为

$$\eta_V = \frac{q_t}{q} \tag{4-13}$$

将 $q_t = Vn$ 代入上式,可得液压马达的转速为:

$$n = \frac{q\eta_V}{V} \tag{4-14}$$

3. 液压马达的机械效率和转矩

因液压马达存在摩擦损失,使液压马达输出的实际转矩 T_o 小于理论转矩 T_t,液压马达的机械效率为

$$\eta_m = \frac{T_o}{T_t} \tag{4-15}$$

液压马达的理论功率表达式为

$$P_t = 2\pi n T_t = pq_t = pVn \tag{4-16}$$

液压马达的理论输出转矩为

$$T_t = \frac{pV}{2\pi} \tag{4-17}$$

4. 液压马达的总效率

液压马达的总效率 η 为液压马达的输出功率 P_o 和输入功率 P_i 之比,即

$$\eta = \frac{P_o}{P_i} = \frac{2\pi n T_o}{pq} = \eta_V \eta_m \tag{4-18}$$

可见,液压马达的总效率为液压马达的机械效率和容积效率的乘积。

【例 4-4】 某齿轮液压马达铭牌标示的排量 $V=10\text{mL/r}$,供油压力 $p=10\text{MPa}$,流量 $q=24\text{L/min}$,总效率 $\eta=0.75$。求(1)该液压马达的理论输出转矩;(2)理论转速;(3)实际输出功率。

解: (1)液压马达的理论输出转矩

$$T_t = \frac{pV}{2\pi} = \frac{10\times10^6 \times 10\times10^{-6}}{2\times3.14} \text{N·m} = 15.9 \text{N·m}$$

(2) 理论转速

$$n = \frac{q}{V} = \frac{24\times10^{-3}}{10\times10^{-6}} \text{r/min} = 2400 \text{r/min}$$

(3) 实际输出功率

$$P_o = pq\eta = \frac{10\times10^6 \times 24\times10^{-3} \times 0.75}{60} \text{W} = 3\text{kW}$$

二、液压马达结构及工作原理

(一)轴向柱塞式液压马达

1. 工作原理

轴向柱塞式液压马达的工作原理如图 4-23 所示,缸体 3 和柱塞 2 可绕缸体的水平轴线

转动，而斜盘 1 和配流盘 4 固定不动。柱塞 2 受其根部油压的作用，施加给斜盘 1 一推力 F，则斜盘 1 也给柱塞 2 一反作用力 F。斜盘有一倾斜角 γ，所以 F 可分解为两个分力：一个是平行于柱塞轴线分力 F_x，其大小等于压力油给柱塞的推力；另一个为垂直于柱塞轴线的分力 F_y。它们的大小分别为：

$$F_x = p \frac{\pi}{4} d^2 \tag{4-19}$$

$$F_y = F_x \tan\gamma = p \frac{\pi}{4} d^2 \tan\gamma \tag{4-20}$$

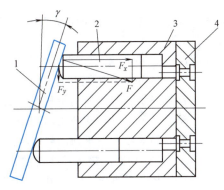
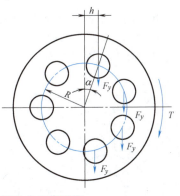

图 4-23 轴向柱塞式液压马达的工作原理
1—斜盘；2—柱塞；3—缸体；4—配流盘

分力 F_x 和缸体轴线平行，其对缸体的力矩为零，但 F_y 对缸体轴线产生力矩，带动缸体转动，缸体再通过输出轴向外输出转矩和转速。由图 4-23 可知，在压油区（半周）内每个柱塞上的 F_y 对缸体产生的瞬时转矩 T_i 为：

$$T_i = F_y h = F_y R \sin\alpha = p \frac{\pi}{4} d^2 R \tan\gamma \sin\alpha \tag{4-21}$$

式中　d——柱塞直径；
　　　R——柱塞在缸体上的分布圆半径；
　　　h——F_y 与缸体轴线的垂直距离；
　　　α——压油区内柱塞对缸体轴线的瞬时方位角；
　　　p——马达的工作压力；
　　　γ——斜盘倾角。

2. 结构特点及应用

处在马达压力腔半周内各柱塞瞬时转矩 T_i 之和即是液压马达的输出转矩。由于柱塞的瞬时方位角是变化的，T_i 值是 α 角的正弦函数，所以液压马达输出的转矩是脉动的。如果改变斜盘倾角 γ 的大小，就可以改变马达的排量；如果改变斜盘倾角的方向，就可改变马达的转动方向，这时就成为双向变量马达。

（二）叶片式液压马达

1. 工作原理

叶片式液压马达的工作原理如图 4-24 所

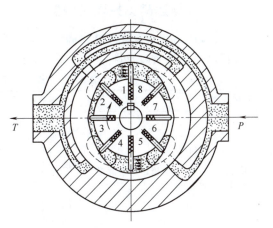

图 4-24 叶片式液压马达的工作原理

示。当压力油通入压油腔后,在叶片 1、3(或 5、7)上,一面作用有压力油,另一面为低压油。由于叶片 1 伸出的面积比叶片 3 要大,因此作用于叶片 1 上的总液压力大于叶片 3 上的总液压力,于是压力差使叶片带动转子作顺时针方向转动。作用在叶片 5、7 上的液压力和 1、3 相同。叶片 2、4、6、8 两面所受液压力相等,不产生作用力矩。

2. 结构特点及应用

与叶片泵相比,叶片式马达具有以下几个特点:

① 叶片式液压马达的叶片根部应设置预紧弹簧,保证在启动时叶片贴近定子内表面,形成密封容积。

② 为了使叶片的底部始终都通压力油,不受液压马达回转方向的影响,在吸、压油腔通入叶片根部的通路上应设置单向阀。

③ 叶片在转子中是径向放置的,这是因为液压马达要求双向旋转。

叶片式液压马达体积小,转动惯量小,动作灵敏,但其泄漏量较大,低速工作时不平稳。所以叶片式液压马达一般适用于转速高、转矩小和要求换向频率较高的场合。

(三)径向柱塞液压马达

图 4-25 所示为多作用内曲线径向柱塞液压马达的结构原理。液压马达的配流轴 2 是固定的,其上有进油口和排油口。压力油经配流窗口穿过衬套 5 进入缸体 1 的柱塞孔中,并作用于柱塞 3 的底部。柱塞 3 和横梁 4 之间无刚性连接,在液压力的作用下,柱塞 3 的顶部球面与横梁 4 的底部相接触,从而使横梁 4 两端的滚轮 6 压向定子 7 的内壁。

由于定子内壁由多段曲面构成,滚轮每经过一段曲面,柱塞就往复运动一次,故称为多作用式。这种液压马达的优点是输出转矩大,转速低,平稳性好。其缺点

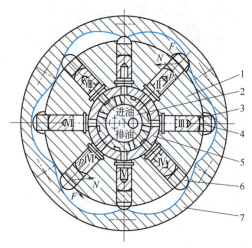

图 4-25 多作用内曲线径向柱塞
液压马达的结构原理
1—缸体;2—配流轴;3—柱塞;4—横梁;
5—衬套;6—滚轮;7—定子

动画:径向柱塞马达的工作原理

是配流轴磨损后不能补偿,使效率下降。

三、液压马达常见故障及应用

(一)液压马达常见故障及排除方法

液压马达常见故障及排除方法见表 4-4。

表 4-4 液压马达常见故障及排除方法

故障现象	原因分析	排除方法
转速低,转矩小	1. 液压泵供油量不足 (1)电动机转速不够 (2)吸油过滤器滤网堵塞 (3)油箱中油量不足或吸油管径过小造成吸油困难 (4)密封不严,油液泄漏,空气侵入内部 (5)油的黏度过大 (6)液压泵轴向及径向间隙过大、内泄增大	(1)找出原因,进行调整 (2)清洗或更换滤芯 (3)加足油量,适当加大管径,使吸油通畅 (4)拧紧有关接头,防止泄漏或空气侵入 (5)选择黏度小的油液 (6)适当修复液压泵

续表

故障现象		原因分析	排除方法
转速低，转矩小	2. 液压泵输出油压不足	(1)液压泵效率太低 (2)溢流阀调整压力不足或发生故障 (3)油管阻力过大(管道过长或过细) (4)油的黏度较小，内部泄漏较大	(1)检查液压泵故障，并加以排除 (2)检查溢流阀故障，重新调高压力 (3)更换大径管道或尽量减少长度 (4)检查内泄漏部位的密封情况，更换油液或密封
	3. 液压马达泄漏	(1)液压马达接合面没有拧紧或密封不好，有泄漏 (2)液压马达内部零件磨损，泄漏严重	(1)拧紧接合面，检查密封情况或更换密封圈 (2)检查其损伤部位，并修磨或更换零件
	4. 失效	配流盘的支承弹簧疲劳，失去作用	检查、更换支承弹簧
泄漏	1. 内部泄漏	(1)配流盘磨损严重 (2)轴向间隙过大 (3)配流盘与缸体端面磨损，轴向间隙过大 (4)弹簧疲劳 (5)柱塞与缸体磨损严重	(1)检查配流盘接触面，并加以修复 (2)检查并将轴向间隙调至规定范围 (3)修磨缸体与配流盘端面 (4)更换弹簧 (5)研磨缸体孔，重配柱塞
	2. 外部泄漏	(1)油端密封，磨损 (2)盖板处的密封圈损坏 (3)接合面有污物或螺栓未拧紧 (4)管接头密封不严	(1)更换密封圈并查明磨损原因 (2)更换密封圈 (3)检查、清除并拧紧螺栓 (4)拧紧管接头
噪声		(1)密封不严，有空气侵入内部 (2)液压油被污染，有气泡混入 (3)联轴器不同轴 (4)液压油黏度过大 (5)液压马达的径向尺寸严重磨损 (6)叶片已磨损 (7)叶片与定子接触不良，有冲撞现象 (8)定子磨损	(1)检查密封，紧固各连接处 (2)更换清洁的液压油 (3)校正同轴 (4)更换黏度较小的油液 (5)修磨缸孔，重配柱塞 (6)进行修复或更换 (7)进行修整 (8)进行修复或更换

(二) 各类液压马达的应用范围

各类液压马达的应用范围见表 4-5。

表 4-5 各类液压马达的应用范围

类型			适用工况	应用实例
高速小转矩液压马达	齿轮式液压马达	外啮合	适用于高速小转矩、速度平稳性要求不高、对噪声限制不大的场合	钻床、风扇转动、工程机械、农业机械、林业机械的回转机液压系统
		内啮合	适用于高速小转矩、对噪声限制大的场合	
	叶片式液压马达		适用于转矩不大、噪声要小、调速范围宽的场合。低速平稳性好，可作伺服马达	磨床回转工作台、机床操纵机构、自动线及伺服机构的液压系统
	轴向柱塞式液压马达		适用于负载速度大、有变速要求或中高速小转矩的场合	起重机、绞车、铲车、内燃机床、数控机床等的液压系统
低速大转矩液压马达	径向液压马达	曲轴连杆式	适用于低速大转矩的场合，启动性较差	塑料机械、行走机械、挖掘机、拖拉机、起重机、采煤机牵引部件等的液压系统
		内曲线式	适用于低速大转矩、速度范围较宽、启动性好的场合	
		摆缸式	适用于低速大转矩的场合	

任务实践

1. 拆装三类液压马达，观察其结构组成。
2. 比较液压马达与液压泵的异同点。
3. 观察液压马达的进油口与出油口。
4. 思考液压马达为什么要加制动器。

生产学习经验

单杆活塞缸常用于一个方向有较大负载，需要大推力，而运行速度较低；另一个方向为空载或轻载，要求快速的场合。例如，各种金属切削机床、压力机、注射机、起重机的液压系统。有些场合，需要先快进再工进，这时快进就经常采用差动连接，比如组合机床快速送刀的动作。单杆活塞缸可完成"快进（差动连接）→工进（无杆腔进油）→快退（有杆腔进油）"的工作循环。

液压缸缸筒内表面一般要求尽量光滑，但如果表面粗糙度过低会造成与活塞间的完全密封，表面无法形成油膜，反而加剧了活塞与缸筒的磨损。水平放置的液压缸进出油口应尽量朝上，便于液压缸内气体的排出。

液压马达在运行过程中内部有频繁的高低压变化过程，如果进入马达内的液压油含有空气，会在压力突变处产生气蚀现象，使马达很快损坏。

思维导图

巩固练习

【填空题】

1. 液压马达是液压_____元件，输入的是压力油，输出的是_____和_____。
2. 对于差动液压缸，若使其往返速度相等，则活塞面积应为活塞杆面积的_____。
3. 当工作行程较长时，采用_____缸较合适。
4. 液压缸设置缓冲装置的目的是_____。
5. 负载转矩不大、速度平衡性要求不高的场合，可选用_____。

【判断题】

1. 液压马达的工作压力取决于负载，而与自身的强度和密封性能无关。（　　）

2. 由于泄漏的影响，液压马达的理论流量大于实际流量。　　　　　　（　　）
3. 压力一定时，液压马达的输出转矩正比于马达的输入流量。　　　（　　）
4. 双作用单杆活塞缸处于两种不同的安装状态时，其作用力和运动速度不变。（　　）
5. 单杆活塞式液压缸和柱塞式液压缸都是双作用缸。　　　　　　　（　　）

【简答题】

什么是液压缸的差动连接？如何计算液压缸差动连接时的运动速度和推力？

【计算题】

1. 某液压马达的排量 $V=70\text{mL/r}$，供油压力 $p=10\text{MPa}$，输入流量 $q=100\text{L/min}$，液压马达的容积效率 $\eta_V=0.92$，机械效率 $\eta_m=0.94$，液压马达回油背压 0.2MPa。试求：

（1）液压马达的输出转矩。

（2）液压马达的转速。

2. 如图 4-26 所示，三个液压缸的缸筒和活塞杆直径均为 D 和 d，当输入油液的压力和流量都分别为 p 和 q 时，试分析各液压缸的运动方向、运动速度和推力大小。

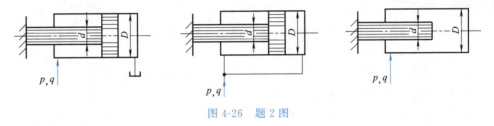

图 4-26　题 2 图

3. 已知单杆液压缸的内径 $D=100\text{mm}$，活塞杆直径 $d=35\text{mm}$，泵的流量为 $q=10\text{L/min}$，试求：

（1）液压缸差动连接时的运动速度。

（2）若液压缸在差动阶段所能克服的外负载为 $F=1000\text{N}$，无杆腔内油液的压力有多大？（不计管路压力损失）

项目五

液压系统的"大脑"——控制元件的选用与维护

  学有所获

1. 能识别方向阀、压力阀和流量阀，能认识各种阀的图形符号。
2. 能阐述各类阀的工作原理及适用条件。
3. 会分析节流阀与调速阀、溢流阀与减压阀和顺序阀的区别。
4. 能进行液压控制阀的基本操作和调试。
5. 能遵守岗位操作规程，掌握安全防护技能。

任务 1　方向控制阀的选用与维护

  任务导入

M7130 平面磨床（图 5-1）的液压系统能实现工作台的自动往复运动，便于砂轮进行打

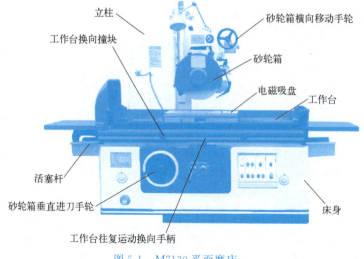

图 5-1　M7130 平面磨床

磨。为保障加工精度，要求工作台换向平稳，启动制动迅速，换向精度高。那么，该机床的液压系统是如何实现工作台自动往复运动换向的？

知识导航

一、初识液压控制阀

在任何一台液压设备或装置的液压系统中，液压阀都占有相当大的比重。液压控制阀用来控制液压系统中油液的压力、流量和流动方向，以满足液压执行元件对压力、速度和换向的要求。

（一）液压控制阀的基本结构和工作原理

1. 基本结构

所有液压阀都是由阀体、阀芯和驱动阀芯动作的元件组成的。阀体上除了有与阀芯配合的阀体孔外，还有外接油管的进出油口；阀芯主要有滑阀、锥阀和球阀三种形式；驱动装置可以是手调机构，也可以是弹簧、电磁线圈或液压驱动机构。

2. 工作原理

所有液压阀都是利用阀芯在阀体内的相对运动来控制阀口的通断及开口大小，来实现压力、流量和方向控制的。液压阀的开口大小、进出口间的压力差以及通过阀的流量之间的关系都符合小孔流量公式（$q=KA_T\Delta p^m$），只是各种阀控制的参数各不相同而已。式中，K 为由小孔的形状、尺寸和液体性质决定的系数；A_T 为小孔的通流截面面积；Δp 为小孔的两端压差；m 为由小孔的长径比决定的指数，薄壁孔 $m=0.5$，细长孔 $m=1$。该式经常用于分析小孔的流量压力特性。

（二）液压控制阀的分类

1. 按功能分类

液压阀可分为方向控制阀、压力控制阀和流量控制阀。在实际应用中，这三类阀可以相互组合，成为满足多种控制要求的复合阀。如单向顺序阀、电磁溢流阀等。

2. 按操纵方式分类

液压阀可分为手动式、机动式、电磁式、液压操纵式等多种形式，并且可组合成机液、电液等控制形式。

3. 按连接形式分类

（1）管式阀　采用螺纹或法兰连接，直接串联在系统管路中，便于安装。这种连接结构简单、制造方便，但拆装不便，布置分散，占用空间大，仅用于简单液压系统。

（2）板式阀　需用专用的连接板，将阀体用螺钉装在连接板上，管子与连接板相连，板的前面安装阀，后面接油管。由于拆卸方便，连接可靠，故这种安装方式应用较广。

（3）叠加阀　叠加阀的各油口，通过阀体上下两接合面与其他阀相互叠装连接成回路。每个阀除完成其自身的功能外，还起油路通道的作用。这种连接结构紧凑，压力损失小。

（4）插装阀　插装阀无单独的阀体，由阀芯、阀套等组成的单元体插装在插装块体的预制孔中，用连接螺纹或盖板固定，并通过块内通道把各插装阀连通后组成回路，插装块体起到阀体和管路的作用。它是适应液压系统集成化而发展起来的一种新型安装连接形式。

（三）液压控制阀的性能参数和基本要求

1. 性能参数

阀的性能参数是对阀进行评价和选用的依据，它反映了阀的规格大小和工作特性。阀的规格大小用公称通径 DN 来表示。公称通径 DN 表示阀通流能力的大小，是指阀的进出油口的名义尺寸，它和实际尺寸不一定相等。公称通径对应于阀的额定流量，阀工作时的实际流量应小于或等于它的额定流量，最大不得超过额定流量的 1.1 倍。

对于不同类型的阀，还用不同的参数来表征其不同的工作性能，如最大工作压力、开启压力、允许背压、压力调整范围、额定压力损失、最小稳定流量等。必要时给出特性曲线，如压力-流量曲线、过渡过程曲线等，使参数间的对应关系更直观、更全面。

2. 对液压阀的基本要求

① 动作灵敏，使用可靠，工作时冲击和振动要小，噪声要低。
② 阀口开启时，压力损失要小，阀芯工作的稳定性要好。
③ 密封性能好，内泄漏少，无外泄漏。
④ 所控制的参数稳定，抗干扰能力强。
⑤ 结构紧凑，安装、调试、维护方便，通用性好。

二、方向控制阀的工作原理及选用

视频：单向阀的工作原理及应用

方向控制阀简称方向阀，其作用是控制流体的流动方向。它是利用阀芯和阀体之间的相对运动来实现油路的接通或断开，从而控制执行元件的启动、停止或改变运动方向。方向控制阀包括单向阀和换向阀两大类。

（一）单向阀

1. 普通单向阀

普通单向阀简称单向阀，只允许油液正向流动而反向截止，故又称逆止阀或止回阀。

图 5-2 所示为单向阀的结构、图形符号及实物图。当液压油从 P_1 流入时，克服弹簧 3 作用在阀芯 2 上的力，使阀口打开，油液从 P_1 流向 P_2。反之，当液压油从 P_2 流入时，液压力和弹簧力使阀口关闭，液流不通。对单向阀的要求是，通油方向（正向）要求液阻尽量小，保证阀的动作灵敏，因此弹簧刚度适当小些。一般单向阀开启压力为 0.035～0.05MPa。当单向阀作为背压阀使用时，可将弹簧设计得较硬，使开启压力达到 0.2～0.6MPa，以使系统回油保持一定的背压，提高执行元件的运动平稳性。

动画：单向阀的工作原理

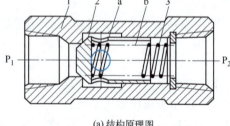
(a) 结构原理图

(b) 图形符号

(c) 实物图

图 5-2　单向阀
1—阀体；2—阀芯；3—弹簧

小讨论

生活中有哪些单向阀的应用呢？

2. 液控单向阀

液控单向阀是一种通入控制压力油后即允许油液双向流动的单向阀。图 5-3 所示为液控单向阀的结构、图形符号及实物图。当控制口 K 不通液压油时，液压油只能从 P_1 流向 P_2，

项目五 液压系统的"大脑"——控制元件的选用与维护

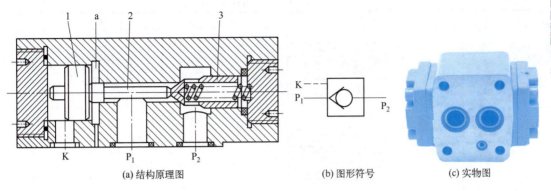

(a) 结构原理图 (b) 图形符号 (c) 实物图

图 5-3 液控单向阀
1—活塞；2—顶杆；3—阀芯

动画：液控单向阀的工作原理

不能反向流动。当控制口 K 接通液压油时，顶杆 2 顶开阀芯 3，油液即可反向流动。

（二）换向阀

换向阀是液压系统中用途较广的一种阀，主要作用是利用阀芯在阀体中的移动，来控制阀口的通断，从而改变油液流动的方向，控制执行机构开启、停止或改变运动方向。

1. 换向阀的工作原理

图 5-4 （a）所示为滑阀式换向阀的工作原理，在图示位置，液压缸两腔不通压力油，处于停止状态；若使换向阀的阀芯右移，阀体上的油口 P 和 A、B 和 T_2 连通。压力油经 P、A 进入液压缸的左腔，活塞右移，右腔油液经 B、T_2 回到油箱。反之，若阀芯左移，则 P 和 B、A 和 T_1 连通，活塞便左移。

视频：换向阀的工作原理及应用

动画：换向阀工作原理

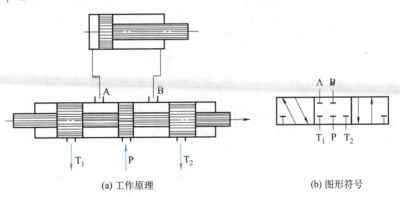

(a) 工作原理 (b) 图形符号

图 5-4 换向阀的工作原理

2. 换向阀的分类

换向阀的种类很多，其分类见表 5-1。

表 5-1 换向阀的类型

分类方法	形式
按阀芯结构类型	滑阀式、转阀式、球阀式等
按阀的工作位置数和通路数	二位二通、二位三通、二位四通、二位五通、三位四通、三位五通等
按操纵阀芯运动的方式	手动、机动、电磁动、液动、电液动等
按阀芯的定位方式	钢球定位式和弹簧复位式

3. 换向阀的结构形式

表 5-2 列出几种常见的滑阀式换向阀的结构原理以及图形符号。

动画：常用换向阀的结构原理和图形符号

表 5-2 滑阀式换向阀的结构及图形符号

名称	结构原理图	图形符号
二位二通		
二位三通		
二位四通		
二位五通		
三位四通		
三位五通		

换向阀符号的含义如下：

① 用方框表示阀的工作位置，有几个方框就表示几"位"。

② 在一个方框内，箭头或堵塞符号与方框的交点数为阀的通路数，有几个交点就是几通阀。注意，箭头表示两油口相通，但不表示实际流向；"⊥"或"⊤"表示此油口截止（堵塞）。

③ P 表示阀的进油口，T 表示回油口，A、B 表示工作油口，常与液压缸或液压马达相连。

④ 控制方式和复位弹簧的符号画在方框的两侧。

⑤ 三位阀的中位、二位阀与弹簧相连的那个方框为常态位置。

当换向阀没有受到操纵力作用时，各油口的连接方式称为常态位。在液压系统原理图上，换向阀的图形符号与油路的连接应画在常态位上。

4. 换向阀的中位机能

三位换向阀处于中位时,各油口的连通方式称为中位机能。中位机能不同,对系统的控制性能也不同。常见中位机能形式及特点见表 5-3。

表 5-3 三位四通换向阀的中位机能

型式	符号	中位油口状况、特点及应用
O 型	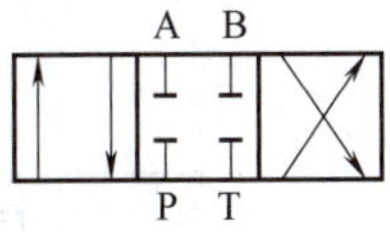 (A B / P T)	P、A、B、T 四口全封闭,液压泵不卸荷,液压缸闭锁,可用于多个换向阀的并联工作
H 型	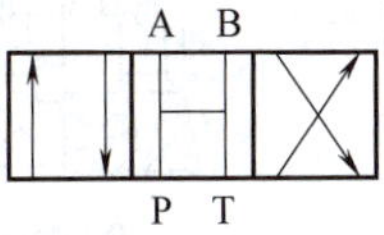 (A B / P T)	P、A、B、T 四口全通,活塞浮动,在外力作用下可移动,泵卸荷
Y 型	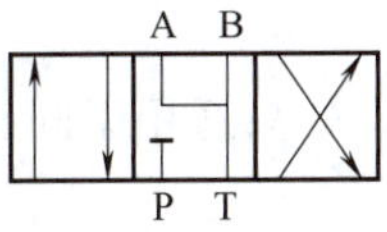 (A B / P T)	P 封闭,A、B、T 口相通,活塞浮动,在外力作用下可移动,泵不卸荷
M 型	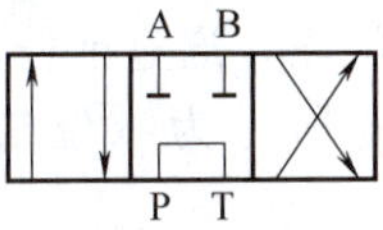 (A B / P T)	P、T 口相通,A、B 口封闭,活塞闭锁不动,泵卸荷
P 型	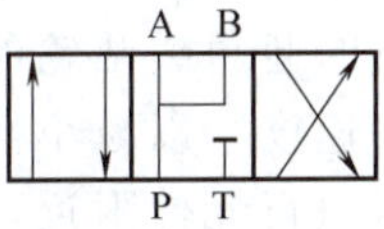 (A B / P T)	P、A、B 口相通,T 封闭,泵与缸两腔相通,可组成差动回路

> **小问题**
>
> 系统中中位机能为 P 型的三位四通换向阀处于不同位置时,可使单活塞杆液压缸实现快进—慢进—快退的动作循环。试分析:液压缸在运动过程中,如突然将换向阀切换到中间位置,此时缸的工况为(   )。

> **小问题**
>
> 系统中中位机能为 P 型的三位四通换向阀处于不同位置时,可使单活塞杆液压缸实现快进—慢进—快退的动作循环。试分析:如将单活塞杆缸换成双活塞杆缸,当换向阀切换到中间位置时,不考虑惯性引起的滑移运动,缸的工况为(   )。

5. 不同操纵方式的滑阀式换向阀

(1) 手动换向阀　手动换向阀是利用手动杠杆操作阀芯换位的换向阀。如图 5-5 所示,按换向定位方式不同,分为弹簧复位式和钢球定位式。前者在手动操纵结束后,弹簧力的作用使阀芯能够自动恢复到中间位置;后者由于定位弹簧的作用,钢球卡在定位槽中,换向后可以实现位置的保持。

动画：三位四通手动换向阀

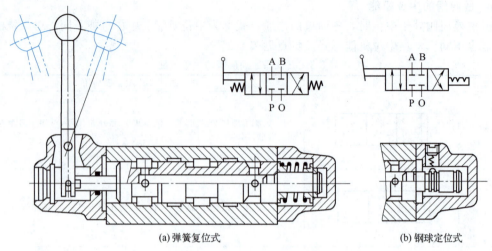

(a) 弹簧复位式　　　　　　　　　(b) 钢球定位式

图 5-5　三位四通手动换向阀

手动换向阀结构简单，操作安全，但由于依靠手动操纵，故只适用于间歇动作且要求人工控制的场合，如工程机械上。

(2) 机动换向阀　机动换向阀又称行程阀。这种阀需安装在液压缸的附近，在液压缸驱动工作部件的行程中，靠安装在预定位置的挡块或凸轮压下滚轮，通过推杆使阀芯移位，换向阀换向。图 5-6 所示为二位二通机动换向阀结构。

动画：二位二通机动换向阀

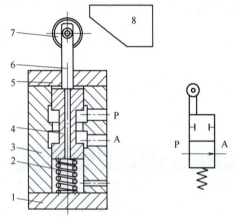

(a) 结构原理图　　　(b) 图形符号

图 5-6　二位二通机动换向阀

1,5—阀盖；2—弹簧；3—阀体；4—阀芯；
6—推杆；7—滚轮；8—挡块

机动换向阀结构简单，动作可靠，换向位置精度高。改变挡块的迎角或凸轮的形状，可使阀芯获得合适的换向速度，以减小换向冲击。但由于必须安装在液压执行元件附近，所以连接管路较长，使液压装置不紧凑。

(3) 电磁换向阀　电磁动换向阀简称电磁换向阀，是靠通电线圈对衔铁的吸引转化而来的推力操纵阀芯换位的换向阀。电磁铁按使用的电源不同，可分为交流和直流两种。交流电磁铁使用方便，吸力大，换向时间短，但换向冲击大，噪声大，换向频率不能太高（约 30 次/min），且当阀芯被卡住或电压低等原因吸合不上时，线圈易烧毁。直流电磁铁工作可靠，换向冲击小，使用寿命长，换向频率允许较高（最高可达 240 次/min），其缺点是需要直流电源，成本较高。

图 5-7 所示为阀芯是二台肩结构的三位四通 Y 型中位机能的电磁换向阀。阀体的两侧各有一个电磁铁和一个对中弹簧。图示为电磁铁断电状态，在弹簧力的作用下，阀芯处在常态位（中位）。当左侧的电磁铁通电吸合时，衔铁通过推杆将阀芯推至右端，则 P、A 和 B、T 分别导通，换向阀在图形符号的左位工作；反之，右端电磁铁通电时，换向阀就在右位工作。

电磁换向阀具有动作迅速、操作方便、易于实现自动控制等优点，但由于电磁铁的吸力有限，所以电磁阀只宜用在流量不大的场合。

(4) 液动换向阀　液动换向阀是利用控制油路的压力油来改变阀芯位置的换向阀。图

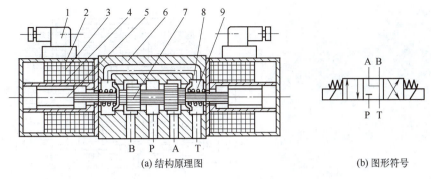

(a) 结构原理图   (b) 图形符号

图 5-7　三位四通 Y 型电磁换向阀

1—电插头；2—壳体；3—电磁铁；4—隔磁套；5—衔铁；6—阀体；7—阀芯；8—弹簧座；9—弹簧

图 5-8 为三位四通液动换向阀，当阀芯两端控制油口 K_1 和 K_2 均不通入压力油时，阀芯在两端弹簧作用下处于中间位置，此时油口 P、A、B、T 互不相通（中位）；当 K_1 口通入压力油，K_2 口接通油箱时，阀芯右移，使进油口 P 与油口 A 接通，油口 B 与回油口 T 接通（左位）；当 K_2 口通入压力油，K_1 口接通油箱时，阀芯左移，使进油口 P 与油口 B 接通，油口 A 与回油口 T 接通（右位）。

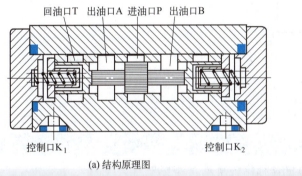

(a) 结构原理图   (b) 图形符号

图 5-8　三位四通液动换向阀

液动换向阀的优点是结构简单，动作可靠，换向平稳，并且由于液压驱动力大，故可以通过较大的流量。该阀较少单独使用，常与小电磁换向阀联合使用。

（5）电液动换向阀　电液动换向阀是电磁换向阀和液动换向阀的组合。电磁换向阀控制液动换向阀换向，称为先导阀。液动换向阀实现主油路的换向，控制液压系统中的执行元件，称为主阀。

图 5-9 所示为三位四通电液动换向阀。其动作原理是：当先导阀的两个电磁铁都不通电时，先导阀处于中位，液动阀两端控制口均不通压力油，主阀芯在两端对中弹簧的作用下，亦处于中位；当先导阀左端电磁铁通电时，其阀芯右移，先导阀换到左位，控制油路的压力油进入主阀左控制口，推动主阀阀芯右移，主阀也换到左位，此时 P 与 A 通，B 与 T 通；当先导阀右端电磁铁通电时，阀芯左移，先导阀换到右位，控制油路的压力油进入主阀右控制口，使主阀阀芯左移，主阀也换到右位，此时 P 与 B 通，A 与 T 通。调整液动阀两端阻尼调节器上的节流阀开口大小，可以改变主阀芯的移动速度，从而调整主阀换向时间。

电液动换向阀综合了电磁阀和液动阀的优点，具有控制方便、通过的流量大的特点。

动画：三位四通电液换向阀

(a) 电液动换向阀的外观

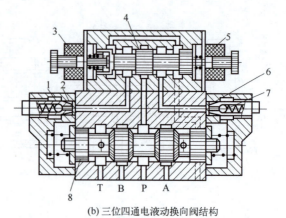

(b) 三位四通电液动换向阀结构

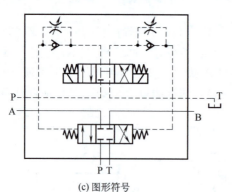

(c) 图形符号

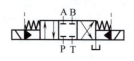

(d) 简化符号

图 5-9　三位四通电液动换向阀

1、7—单向阀；2、6—节流阀；3、5—电磁铁；4—电磁阀阀芯；8—液动阀阀芯

小讨论

为什么电液动换向阀先导阀的中位机能必须是 Y 型呢？

6. 换向阀常见故障分析

换向阀的型号、规格、种类很多，选用时要考虑最大工作压力、流量、控制方式、设备液压系统的自动化程度、经济效果等因素。换向阀的常见故障及排除方法见表 5-4。

表 5-4　换向阀的常见故障及排除方法

故障现象	原因分析	排除方法
不换向	1. 电磁铁力量不足,损坏或接线短路 2. 滑阀拉伤或卡死 3. 定位弹簧折断或力过大 4. 滑阀摩擦力过大 5. 滑阀产生不平衡力,影响液压卡紧 6. 控制油路压力过小或堵塞	1. 更换电磁铁或重新接线 2. 清洗修研滑阀 3. 更换弹簧 4. 配研阀芯 5. 在滑阀外圆开平衡槽 6. 提高控制油路压力、疏通油路
电磁铁过热或烧毁	1. 电磁铁线圈接触不良 2. 电磁铁芯与滑阀轴线不同轴 3. 电磁铁芯吸不紧 4. 电压不正常	1. 更换电磁铁 2. 拆卸、重新装配 3. 修理电磁铁 4. 改正电压
换向不灵	1. 油液混入污物,卡住滑阀 2. 弹簧太小或太大 3. 电磁铁芯接触部位有污物	1. 清洗滑阀 2. 更换弹簧 3. 清理污物

续表

故障现象	原因分析	排除方法
电磁铁动作声音大	1. 滑阀卡住或摩擦力过大 2. 电磁铁不能压到底 3. 电磁铁接触面不平或接触不良	1. 修研或更换滑阀 2. 校正电磁铁高度 3. 清除污物、修正电磁铁

任务实践

M7130 平面磨床的液压系统通过三位四通手动换向阀 4 实现工作台自动往复运动（参见图 1-7）。

液压泵 8 由电动机驱动后，从油箱中吸油。油液经滤油器 9 进入液压泵 8，油液在泵腔中从入口（低压）到泵出口（高压），换向阀 4 工作在左位，通过开停阀 6、节流阀 5、换向阀 4 进入液压缸左腔，推动活塞使工作台向右移动。这时，液压缸右腔的油经换向阀 4 和回油管排回油箱。

如果将换向阀 4 手柄转换成右位工作，则压力管中的油将经过开停阀 6、节流阀 5 和换向阀 4 进入液压缸右腔，推动活塞使工作台向左移动，并使液压缸左腔的油经换向阀 4 和回油管排回油箱。

任务 2　压力控制阀的选用与维护

任务导入

图 5-10 所示机床在切削工件时，工作台需克服很大的材料变形阻力，这就需要液压系统主供油回路中的液压油提供稳定和足够的工作压力，同时既要保证系统安全，还必须保证系统过载时能有效地卸荷。那么应选用何种液压控制元件才能实现这一功能呢？这些元件又是如何工作的呢？

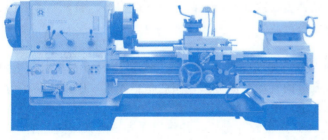

图 5-10　机床切削工件

知识导航

压力控制阀是用于控制液压系统中系统或回路压力或利用压力变化来实现某种动作的阀。这类阀的共同点是利用作用在阀芯上的油液压力和弹簧力相平衡的原理来工作的。按用途不同，可分为溢流阀、减压阀、顺序阀和压力继电器等。

一、溢流阀

视频：溢流阀的工作原理及应用

溢流阀的作用是调整并保持系统供油压力基本恒定，同时使系统多余的油液流回油箱，即溢流、稳压。常见的溢流阀有直动型和先导型两种。其中直动型溢流阀结构简单，一般用于低压、小流量系统，先导型溢流阀多用于中、高压及大流量系统中。

1. 直动型溢流阀

直动型溢流阀的结构原理图和图形符号如图 5-11 所示。当进油口 P 从系统接入的油液压力不高时，锥阀芯被弹簧紧压在阀座孔上，阀口关闭；当进口油液压力升高到能克服弹簧阻力时，便推开锥阀芯使阀口打开，油液就由进油口 P 流入，再从回油口 T 流回油箱，称为溢流，进油压力也就不再继续升高。在溢流时，溢流量随阀口的开大而增加，但溢流阀进口处的压力基本保持为定值，因此可认为溢流阀在溢流时具有稳压功能。调压手轮可以改变弹簧的预压缩量，即可调整溢流阀的溢流压力。

动画：直动式溢流阀的工作原理

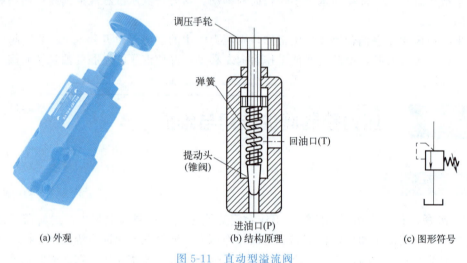

图 5-11 直动型溢流阀

直动型溢流阀是利用液压力直接和弹簧力相平衡来进行压力控制的。若系统所需压力较高，流量较大时，需要安装刚度大的硬弹簧，这样会使阀的稳压性能变差，而且调节费力，故直动型溢流阀只适用于低压小流量的系统。

2. 先导型溢流阀

先导型溢流阀的结构原理图和图形符号如图 5-12 所示。先导型溢流阀由先导阀和主阀两部分组成。先导阀实际上是一个小流量的直动型溢流阀，阀芯是锥阀式，用来控制压力；主阀阀芯端部为锥形且开有一个阻尼孔 R，用来控制溢流流量。

油液从进油口 P 进入，经阻尼孔 R 到达主阀弹簧腔，并作用在先导阀锥阀阀芯上（一般情况下，远程控制口 K 是封闭的）。当进油压力不高时，油液压力不能克服先导阀的弹簧力，先导阀口关闭，阀内无油液流动。这时，主阀芯因上下腔油液压力相同，故被主阀弹簧压在阀座上，主阀口亦关闭。当进油压力升高到先导阀弹簧的预调压力时，先导阀口打开，主阀弹簧腔的油液流过先导阀口并经阀体上的通道和回油口 T 流回油箱。这时，油液流过阻尼孔 R，产生压力损失，使主阀芯两端形成了压力差，主阀芯在此压力差作用下克服弹簧力向上移动，使进、回油口连通，达到溢流稳压的目的。调节先导阀的调压螺钉，便能调整溢流压力。更换不同刚度的调压弹簧，便能得到不同的调压范围。

先导阀的作用是控制和调节溢流压力，主阀的作用则在于溢流。先导阀阀口直径较小，

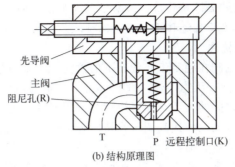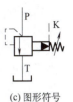

(a) 外观　　　　　　　(b) 结构原理图　　　　　　(c) 图形符号

图 5-12　先导型溢流阀

即使在较高压力的情况下，作用在锥阀芯上的油液压力也不是很大。因此，调压弹簧的刚度不必很大，压力调整也就比较轻便。主阀芯因两端均受油液压力作用，主阀弹簧只需具备很小的刚度，当溢流量变化引起弹簧压缩量变化时，进油口的压力变化不大，故先导型溢流阀恒定压力的性能优于直动型溢流阀，所以先导型溢流阀可被广泛地用于高压、大流量场合。但先导型溢流阀是两级阀，其反应不如直动型溢流阀灵敏。

小问题

（1）如图 5-13 所示，忽略其他阻力，液压缸空载向右伸出，没有挤压到车辆时压力表的读数是多少？液压缸挤压到车辆后，继续伸出时压力表的读数如何变化？

（2）如图 5-14 所示，已知溢流阀的调定压力为 5MPa，在液压缸伸出挤压车辆过程中，溢流阀什么时候打开？压力表的读数最终是多少？

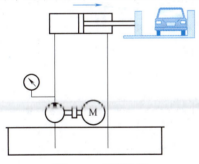 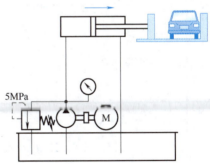

图 5-13　无溢流阀　　　　　　　　　　图 5-14　有溢流阀

小提示

溢流阀初始状态阀口关闭不溢流。液压缸空载向右运动时有效负载为零，工作压力很低，打不开溢流阀；顶上车辆后，负载增加导致工作压力增加，直至工作压力达到溢流阀的调定压力，溢流阀打开溢流后压力便不再增加，液压缸便在此调定压力下保持工作压力不变的状态顶住车辆。溢流阀一方面限制了挤压车辆的最高压力；另一方面，在工作压力达到溢流压力后，可在恒定的溢流压力下维持挤压工况不变。

小结论

溢流阀打开溢流后，液压系统的压力就不再升高，因此溢流阀有以下基本功用。

① 限压作用。起安全保护作用，用来限制液压系统的最高压力。

② 稳压作用。起稳压溢流作用，用以保持液压系统压力的恒定。

3. 溢流阀的静态特性

静态特性是指溢流阀在稳定工作状态下的性能。主要包括压力-流量特性和启闭特性等。

(1) 压力-流量特性　压力-流量特性（p-q）是指溢流阀在某一调定压力下工作时，溢流量变化与进口压力之间的关系，即稳压性能。理想的压力流量特性曲线应是一条平行于流量坐标轴的直线，即进油压力达到调压弹簧所确定的压力后立即溢流，并且无论溢流量怎样变化，压力始终保持恒定。但实际上，溢流量的增大会引起阀口开度即弹簧压缩量的增大，进口压力会随之缓慢升高。图 5-15 为直动型和先导型溢流阀的压力-流量特性曲线。图中，p_0 为溢流阀阀口刚被打开时的压力即开启压力，p_n 为溢流量为额定值 q_n 时的压力称为调定压力。调定压力 p_n 与开启压力 p_0 之差称为调压偏差，即溢流量变化时溢流阀控制压力的变化幅度。先导型溢流阀 p-q 特性曲线较平缓，调压偏差小，故其稳压性能优于直动型溢流阀。

(2) 启闭特性　启闭特性是指溢流阀阀口在开启和关闭全过程中的压力-流量特性。由于摩擦力的存在，开启和闭合时的 p-q 曲线并不重合。由于主阀芯开启时所受摩擦力和进油压力方向相反，而闭合时相同，因此在相同的溢流量下，阀的开启压力大于闭合压力，如图 5-16 所示。在某溢流量下，两曲线压力坐标的差值称为不灵敏区，进油压力在此范围内变化时，阀口开度无变化。

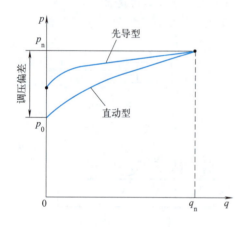

图 5-15　溢流阀压力流量特性曲线

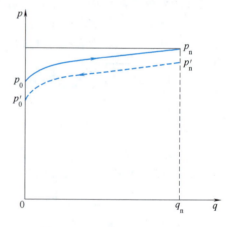

图 5-16　溢流阀启闭特性曲线

4. 溢流阀的应用

(1) 溢流稳压　一般旁接在定量泵的出口，通过溢流来调定系统压力，如图 5-17 (a) 所示。泵的一部分油液经节流阀 3 进入液压缸 4，而多余的油液从溢流阀 2 溢回油箱，而在溢流阀开启溢流的同时稳定了泵的供油压力。

(2) 过载保护　一般旁接在变量泵的出口，用来限制系统的最大压力值，避免引起过载事故，如图 5-17 (b) 所示。系统正常工作时，溢流阀阀口关闭，当系统过载时才打开，以保证系统的安全，故称其为安全阀。

(3) 使泵卸荷　由先导型溢流阀配合二位二通阀使用，可使系统卸荷，如图 5-17 (c) 所示。当电磁铁通电时，溢流阀的远程控制口通油箱，此时溢流阀阀口全开，泵输出的油液全部回油箱，使泵卸荷，以减少功耗。实际中常将溢流阀和串接在该阀外控口的微型电磁阀组合成一个元件，称为电磁溢流阀。

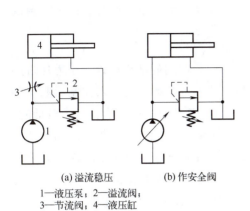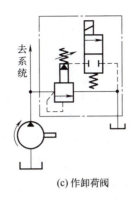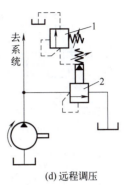

(a) 溢流稳压　　　　(b) 作安全阀　　　　(c) 作卸荷阀　　　　(d) 远程调压

1—液压泵；2—溢流阀；
3—节流阀；4—液压缸

1—直动型溢流阀；2—先导型溢流阀

图 5-17　溢流阀的应用

动画：溢流阀的应用之一——溢流定压

动画：溢流阀的应用之二——安全保护

动画：溢流阀的应用之三——使泵卸荷

动画：溢流阀的应用之四——远程调压

（4）远程调压　用直动型溢流阀1连接先导型溢流阀2的远程控制口，实现远程调压，如图5-17（d）所示。因远程调压阀1与先导型溢流阀2上的先导阀并联于主阀芯的上腔，即主阀上腔的油液同时作用在远程调压阀和先导阀阀芯上。实际使用时，主溢流阀常安装在液压泵的出口上，而远程调压阀安装在操作台上，远程调压阀的调定压力应低于先导式溢流阀的调定压力，否则调节远程调压阀无效。

5. 溢流阀常见故障分析

溢流阀的常见故障及排除方法见表5-5。

表5-5　溢流阀的常见故障及排除方法

故障现象	原因分析	排除方法
压力波动大	1. 弹簧变形或变软，使滑阀移动困难 2. 油液不清洁，阻尼孔堵塞 3. 液压系统中存在空气 4. 液压泵流量和压力波动，使阀无法起平衡作用 5. 阻尼小孔孔径太大 6. 锥阀的密封处有较大磨损	1. 更换弹簧 2. 检查油液，清除阻尼孔内污物及阀体内杂物 3. 排除系统中的空气 4. 检修液压泵 5. 将阻尼孔封闭，重新加工阻尼小孔，适当减小阻尼孔的孔径 6. 研磨阀座或修磨锥阀
噪声大	1. 弹簧弯曲变形 2. 锁紧螺母松动 3. 液压泵进油不畅 4. 阀的回油管贴近油箱底面使回油不畅	1. 更换弹簧 2. 调压后应紧固锁紧螺母 3. 清除进油口处过滤器的污物，严防泄漏，或适当增加进油面积 4. 回油管应离油箱底面50mm以上
压力提不高或压力突然升高	1. 滑阀被卡住，使系统无限升压或压力无法建立 2. 弹簧变形或断裂等 3. 阻尼孔堵塞 4. 进、出油口装反，没有压力油去推动滑阀移动 5. 压力阀的回油不畅 6. 锥阀与阀座间产生漏油 7. 调压弹簧压缩量不够 8. 调压弹簧选用不合适	1. 使滑阀在阀体孔内移动灵活 2. 更换弹簧 3. 清洗和疏通阻尼孔通道 4. 纠正进、出油管位置 5. 应尽量缩短回油管道，使回油畅通 6. 研磨阀座与修磨锥阀 7. 调节调压螺钉，增加压缩量 8. 更换合适的调压弹簧

二、顺序阀

顺序阀是利用油路中压力的变化来控制阀口通断，以实现各工作部件依次顺序动作的压力阀，故称为顺序阀。

顺序阀按结构不同，分为直动型和先导型两种；按控制液压油来源可分为内控式和外控式。

1. 顺序阀的工作原理和结构

图 5-18 所示为一种直动型顺序阀的结构原理。压力油自进油口 A 进入阀体，经阀体 4 和下盖 7 的小孔流入控制活塞 6 的下方，对阀芯 5 产生一个向上的液压推力。当进油压力较低时，阀芯在弹簧力作用下处于最下端位置，此时进油口 A 和出油口 B 不通。当进油压力升高到作用于阀芯底端的液压推力大于调定的弹簧力时，阀芯上移，使进油口 A 和出油口 B 相通，压力油就从顺序阀流过。顺序阀的开启压力可以用调压螺钉 1 来调节。

视频：顺序阀的工作原理及应用

动画：直动式顺序阀的工作原理

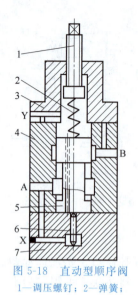

图 5-18　直动型顺序阀
1—调压螺钉；2—弹簧；3—上盖；4—阀体；5—阀芯；6—控制活塞；7—下盖

在顺序阀结构中，当控制阀芯移动的液压油直接引自进油口时（如图 5-18 所示），这种控制方式称为内控式；若控制油从外部油路引入，这种控制方式称为外控式；当阀泄漏到弹簧腔的油液（称为泄油）直接引回油箱时，这种泄油方式称为外泄式；当阀用于出口接油箱的场合时，泄油可通过内部通道进入阀的出油口，以简化管路连接，这种泄油方式则称为内泄式。顺序阀不同控制、泄油方式的图形符号如图 5-19 所示。实际应用中，不同的控制、泄油方式可通过变换阀的下盖或上盖的安装方位来实现。

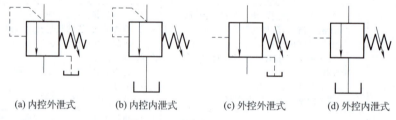

(a) 内控外泄式　　(b) 内控内泄式　　(c) 外控外泄式　　(d) 外控内泄式

图 5-19　顺序阀的图形符号

2. 顺序阀的应用

（1）实现执行元件的顺序动作　图 5-20 所示为实现定位夹紧顺序动作的液压回路。缸 A 为定位缸，缸 B 为夹紧缸。要求进程时（活塞向下运动），A 缸先动作，B 缸后动作。B 缸进油路上串联一单向顺序阀，将顺序阀的压力值调定到高于 A 缸活塞移动时的最高压力。当电磁阀的电磁铁断电时，A 缸活塞先动作，定位完成后，油路压力提高，打开顺序阀，B 缸活塞动作。回程时，两缸同时供油，B 缸的回油路经单向阀流回油箱，缸 A、B 的活塞同时动作。

（2）与单向阀组成平衡阀　如图 5-21 所示，在平衡回路上，顺序阀可与单向阀组成平衡阀，以防止垂直或倾斜放置的执行元件和与之相连的工作机构因自重而自行下落。

（3）作卸荷阀用　图 5-22 所示为实现双泵供油系统中的大流量泵卸荷的回路。大量供油时泵 1 和泵 2 同时供油，此时供油压力小于顺序阀 3 的调定压力，系统能够完成快速进给运动；少量供油时，供油压力大于顺序阀 3 的调定压力，顺序阀 3 打开，单向阀 4 关闭，泵 2 卸荷，只有泵 1 继续供油，以满足工进的流量要求。

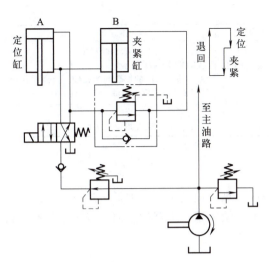

图 5-20 实现定位夹紧顺序动作的液压回路

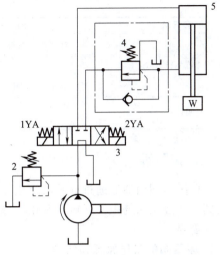

图 5-21 用单向顺序阀的平衡回路

1—液压泵；2—溢流阀；3—三位四通换向阀；
4—顺序阀；5—液压缸

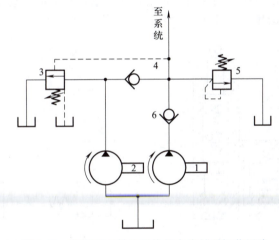

图 5-22 实现双泵供油系统的大流量泵卸荷回路

1—小流量泵；2—大流量泵；3—外控外泄式顺序阀；4,6—单向阀；5—溢流阀

3. 顺序阀常见故障分析

顺序阀的常见故障及排除方法见表 5-6。

表 5-6 顺序阀的常见故障及排除方法

故障现象	原因分析	排除方法
始终出油，不起顺序阀作用	1. 阀芯在打开位置卡死（如几何精度差，间隙太小；弹簧弯曲、断裂；油液太脏） 2. 调压弹簧断裂	1. 使配合间隙达到要求，并使阀芯移动灵活；检查油质，若不符合要求应过滤或更换 2. 更换弹簧
始终不出油，不起顺序阀作用	1. 阀芯在关闭位置上卡死 2. 控制油液流动不畅通 3. 远控压力不足，或下端盖结合处漏油严重 4. 泄油管道中背压太高，使滑阀不能移动 5. 弹簧刚度太高或压力调得太高	1. 修理使滑阀移动灵活，更换弹簧；过滤或更换油液 2. 清洗或更换管道、过滤器 3. 提高控制压力，拧紧端盖螺钉并使之受力均匀 4. 泄油管道不能接在回油管道上，应单独接回油箱 5. 更换弹簧，适当调整压力

续表

故障现象	原因分析	排除方法
调定压力值不符合要求	1. 调压弹簧调整不当 2. 调压弹簧侧向变形，最高压力调不上去 3. 滑阀卡死，移动困难	1. 重新调整所需要的压力 2. 更换弹簧 3. 检查滑阀的配合间隙，修配，使滑阀移动灵活；过滤或更换油液
振动与噪声	1. 回油阻力（背压）太高 2. 油温过高	1. 降低回油阻力 2. 控制油温在规定范围内

三、减压阀

减压阀是利用油液通过缝隙时产生压力损失的原理，使其出口压力低于进口压力的压力控制阀。在液压系统中，减压阀常用于降低或调节系统中某一支路的压力，以满足某些执行元件的需要。

1. 减压阀的工作原理和结构

减压阀根据功用的不同可分为定值减压阀、定差减压阀和定比减压阀。定值减压阀可以获得比进口压力低且稳定的出口工作压力值；定差减压阀可使阀的进出口压力差保持恒定；而定比减压阀可使阀进出口压力间保持一定的比例关系。其中定值减压阀应用最广，简称减压阀。这里只介绍定值减压阀。

视频：减压阀的工作原理及应用

动画：先导式减压阀的工作原理

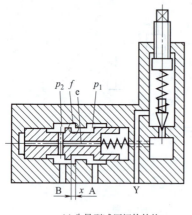

(a) 先导型减压阀的结构
p_1—进口压力；p_2—出口压力；
f—减压口；e—轴向阻尼孔

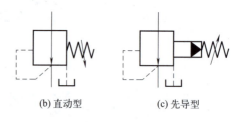

(b) 直动型　　(c) 先导型

图 5-23　减压阀的结构和图形符号

减压阀有直动型和先导型两种结构形式。图 5-23（a）为先导型减压阀的结构原理图。压力油经进油口 A 流入，经主阀阀口（减压口长度 x）减压后，从出油口 B 流出。同时，出口油液经阀芯中间小孔流到主阀芯的左腔和右腔，并作用在先导阀的下端锥面上。当出口压力未达到先导阀的调定值时，先导阀阀口关闭，主阀芯左右两端的压力相等，主阀芯被压缩弹簧推到最左端，阀口全开，不起减压作用。当出口压力升高并超过先导阀的调定压力时，先导阀阀口打开，主阀弹簧腔的油液便由泄油口 Y 回油箱。由于主阀芯的轴向孔 e 为内径很小的阻尼孔，油液在孔内流动使主阀芯两端产生压力差，主阀芯在此压力差作用下克服弹簧力右移，主阀口减小，引起出口压力降低。当出口压力等于先导阀调定压力时，先导阀阀芯和主阀阀芯同时处于受力平衡状态，出口压力保持恒定不变。通过调节调压弹簧的预压缩量，即可改变减压阀的出口压力。图5-23（b）、（c）为两种减压阀的图形符号。

可以看出，与溢流阀相比较，减压阀阀口常开；依靠出口压力控制阀口开度大小，使出口压力恒定；经先导阀阀口的少部分油液须单独排回油箱。

2. 减压阀的应用

① 在高压系统中，获得低压支路，以满足低压回路的需要。如控制回路、润滑供油回路、夹紧回路等。

② 将液压系统分成若干不同压力的油路，以满足各种执行元件需要的压力。

③ 稳定压力。减压阀输出二次压力比较稳定，可以避免一次压力的波动对执行元件的影响。

需要指出的是，应用减压阀组成的减压回路虽然可以方便地使某一分支回路压力降低，但油液流经减压阀将产生压力损失，这增加了功率损失并使油液发热，对系统的工作不利。

3. 减压阀常见故障分析

减压阀的常见故障及排除方法见表5-7。

表5-7 减压阀的常见故障及排除方法

故障现象	原因分析	排除方法
压力波动不稳定	1. 油液中混入空气 2. 阻尼孔有时堵塞 3. 滑阀与阀体内孔圆度超过规定,使阀卡住 4. 弹簧变形或在滑阀中卡住,使滑阀移动困难或弹簧太软 5. 钢球不圆,钢球与阀座配合不好或锥阀安装不正确	1. 排除油中空气 2. 清理阻尼孔 3. 修研阀孔及滑阀 4. 更换弹簧 5. 更换钢球或拆开锥阀调整
二次压力升不高	1. 外泄漏 2. 锥阀与阀座接触不良	1. 更换密封件,紧固螺钉,并保证力矩均匀 2. 修理或更换
不起减压作用	1. 泄油口不通;泄油管与回油管道相连,并有回油压力 2. 主阀芯在全开位置时卡死	1. 泄油管必须与回油管道分开,并单独回油箱 2. 修理更换零件,检查油质

4. 溢流阀、减压阀、顺序阀的比较

溢流阀、减压阀、顺序阀的比较见表5-8。

视频：几种压力控制阀的比较

表5-8 溢流阀、减压阀、顺序阀的比较

项目	溢流阀	减压阀	顺序阀
控制油路的特点	通过调整弹簧的压力来控制进油路的压力,从而保证进口压力恒定,出口压力为零	通过调整弹簧的压力控制出油口的压力,保证出口压力恒定	直动式通过调定调压弹簧的压力,控制进油路的压力；外控式由单独油路控制压力,阀芯开启或者关闭
出油口情况	出油口与油箱相连	出油口与减压回路相连	出油口与工作回路相连
泄漏形式	内泄式	外泄式	内泄式、外泄式
常态	常闭（原始状态）	常开（原始状态）	常闭（原始状态）
工作状态进油口压力值	进出油口相连,进油口的压力为调整压力,压降大	进油口压力高于出油口,出油口压力稳定在调整值上,压降大	进出油口相通,进油口压力允许继续升高,压降小
功用	定压、溢流、安全限压、稳压、保压	减压、稳压	不控制系统压力,只利用系统的压力变化控制油路的通断
控制阀口	进油腔压力控制阀芯移动,保证进口压力为定值	出油腔压力控制阀芯移动,保证出口压力为定值	进油腔压力控制阀芯移动

【例5-1】 图5-24所示液压系统液压缸有效面积$A_1=A_2=100\text{cm}^2$，缸Ⅰ负载$F=35000\text{N}$，缸Ⅱ运动时负载为零。不计摩擦阻力、惯性力和管路损失。溢流阀、顺序阀和减

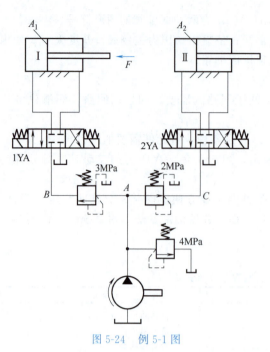

图 5-24 例 5-1 图

压阀的调整压力分别为 4MPa、3MPa 和 2MPa。求在下列三种工况下，A、B、C 三点的压力。

(1) 液压泵启动后，两换向阀处于中位。

(2) 1YA 通电，缸Ⅰ活塞运动时及活塞运动到终端后。

(3) 1YA 断电，2YA 通电，缸Ⅱ活塞运动时及活塞碰到死挡铁时。

解：(1) 液压泵启动后，两换向阀处于中位时，顺序阀处于打开状态，减压阀口关小，A 点压力升高，溢流阀打开，这时，

$p_A = 4\text{MPa}$　　$p_B = 4\text{MPa}$　　$p_C = 2\text{MPa}$

(2) 1YA 通电，缸Ⅰ活塞运动时：

$p_B = F/A_1 = 3.5 \times 10^4 / 100 \times 10^{-4} \text{Pa}$
$= 3.5 \times 10^6 \text{Pa} = 3.5 \text{MPa}$

$p_A = 3.5\text{MPa}$　　$p_C = 2\text{MPa}$

1YA 通电，缸Ⅰ活塞运动到终端后：

$p_A = p_B = 4\text{MPa}$　　$p_C = 2\text{MPa}$

(3) 1YA 断电，2YA 通电，缸Ⅱ活塞运动时：

$p_C = 0\text{MPa}$

不考虑油液流经减压阀的压力损失，则 $p_A = p_B = 0\text{MPa}$

1YA 断电，2YA 通电，缸Ⅱ活塞碰到死挡铁时：

$p_A = p_B = 4\text{MPa}$　　$p_C = 2\text{MPa}$

四、压力继电器

动画：压力继电器

压力继电器是一种将油液的压力信号转换成电信号的压力控制元件。当油液压力达到继电器的调定压力时，即可触动电气开关以控制电磁铁、电磁离合器、继电器等元件动作，实现油路卸压、换向、执行元件的顺序动作、系统安全保护等。

图 5-25 所示为压力继电器的结构和图形符号。当 P 口连接的压力油压力达到压力继电器动作的调定压力时，作用在柱塞 1 上的液压力克服弹簧力，推动顶杆 2 向上移动，使微动开关 4 触点闭合，发出电信号。改变调节螺钉的预压力，可以调整压力继电器的动作压力。

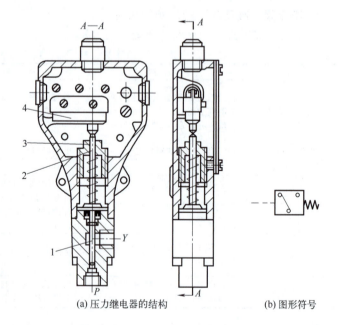

(a) 压力继电器的结构　　(b) 图形符号

图 5-25　压力继电器的结构和图形符号
1—柱塞；2—顶杆；3—调节螺钉；4—微动开关

小提示

压力继电器必须并联在工作时压力有明显变化的位置,否则捕捉不到变化的压力信号,压力继电器就不能发出电信号。

任务实践

稳定的工作压力是保证系统工作平稳的先决条件。液压系统一旦过载,而无有效的卸荷措施的话,将会使液压系统中的液压元辅件处于过载状态,很容易发生损坏。因此,液压系统必须能有效地控制系统压力。机床工作台液压系统中担负此重任的就是溢流阀,它在系统中的主要作用就是稳压和卸荷。

任务 3　流量控制阀的选用与维护

视频:流量控制阀的工作原理及应用

任务导入

实际工程中,执行元件随工作要求不同,需要获得不同的速度,那么在液压系统中采用何种元件、如何来进行速度控制呢?打码机液压系统在起模前,需要将无杆腔的油液缓慢释放掉,该过程就是利用节流阀来实现的,那么,节流阀工作原理和结构是怎样的?请分析图5-26 的工作过程。

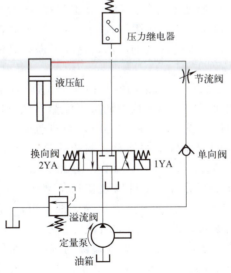

图 5-26　打码机液压系统

知识导航

流量控制阀的功用是通过改变阀口过流面积来调节输出流量,从而控制执行元件的运动速度。常用的流量阀有节流阀和调速阀等。

对流量控制阀的基本要求是：有足够的流量调节范围；能保证稳定的最小流量；温度与压力对流量的影响小及调节方便等。

一、节流口流量特性及形式

1. 节流口的流量特性

节流口的流量特性是指油液流经节流口时，通过节流口的流量所受到的影响因素，以及这些因素与流量之间的关系。分析节流口流量特性的理论依据是节流口的流量特性方程

$$q = CA_T(\Delta p)^m \tag{5-1}$$

式中 q——流经节流口的流量；
  C——由节流口形状、流动状态、油液性质等因素决定的系数，如油液黏度的变化，引起 C 值的变化，从而引起流量的变化；
  A_T——节流口过流截面积；
  Δp——节流口前后压力差；
  m——节流指数，对于薄壁孔 $m=0.5$；对于细长孔 $m=1$。

由式（5-1）可知，在压力差 Δp 一定时，改变过流截面面积 A_T，可改变通过节流口的流量。流经节流口的流量稳定性与节流口前后压力差、油温及节流口形状有关：

① 压力差 Δp 发生变化时，流量也发生变化，且 m 越大，Δp 的影响就越大，因此节流口宜制成薄壁孔（$m=0.5$）。

② 油温变化会引起工作油液黏度发生变化，从而对流量产生影响，这对细长孔式节流口是十分明显的。对薄壁孔式节流口来说，薄壁孔受温度的影响较小。

③ 当节流口的过流截面面积小到一定程度时，在保持所有因素都不变的情况下，通过节流口的流量会出现周期性的波动，甚至造成断流，这就是节流口的阻塞现象，节流口的阻塞会使液压系统中执行元件的速度不均匀。每个节流阀都有一个能正常工作的最小流量限制，称为节流阀的最小稳定流量。为减少阻塞现象，可采用水力直径大的节流口、选择化学稳定性和抗氧化性好的油液以及保持油液的清洁，这样可提高流量稳定性。

2. 节流口的形式

节流口的形式很多，图 5-27 所示为常用的几种。图（a）为针阀式节流口，针阀芯作轴向移动时，改变环形过流截面积的大小，从而调节了流量。图（b）为偏心槽式节流口，在阀芯上开有一个截面为三角形（或矩形）的偏心槽，当转动阀芯时，就可以调节过流截面大小而调节流量。这两种形式的节流口结构简单，制造容易，但节流口容易阻塞，流量不稳定，适用于性能要求不高的场合。图（c）为轴向三角槽式节流口，在阀芯端部开有一个或两个斜的三角沟槽，轴向移动阀芯时，就可以改变三角槽过流截面积的大小，从而调节流量。图（d）为周向缝隙式节流口，阀芯上开有狭缝，油液可以通过狭缝流入阀芯内孔，然后由左侧孔流出，转动阀芯就可以改变缝隙的过流截面积。图（e）为轴向缝隙式节流口，在套筒上开有轴向缝隙，轴向移动阀芯即可改变缝隙的过流截面积大小，以调节流量。这三种节流口性能较好，尤其是轴向缝隙式节流口，其节流通道厚度可薄到 0.07～0.09mm，可以得到较小的稳定流量。

二、节流阀

图 5-28 所示为节流阀的结构原理图和图形符号。当液压油从进油口 P_1 流入，经阀芯轴向三角沟槽式节流口后，从 P_2 流出。调节手轮可使阀芯轴向移动，改变节流口的过流截面面积，从而调节流量。

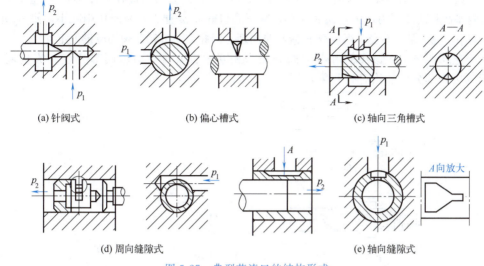

图 5-27 典型节流口的结构形式

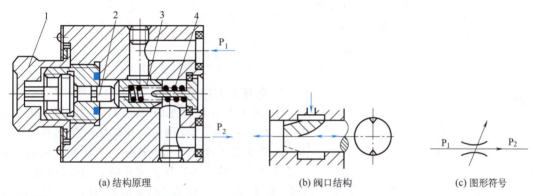

图 5-28 节流阀的结构和图形符号
1—调节手轮；2—推杆；3—阀芯；4—弹簧

动画：节流阀

理想情况下，节流阀阀口面积一经调定，通过流量即不变化，从而使执行元件速度稳定，但实际上做不到，其主要原因如下。

（1）负载变化的影响　负载变化后，工作压力随之变化，节流阀前后压力差 Δp 发生变化后，流量也随之变化。

（2）温度变化的影响　油温变化引起油的黏度变化，系数 C 值就发生变化，从而使流量发生变化。

因此，节流阀只适用于负载和温度变化不大或对速度稳定性要求不高的液压系统中。

三、调速阀

1. 调速阀的结构原理

调速阀是由定差减压阀和节流阀串联而成的组合阀，节流阀用来调节通过的流量，定差减压阀则自动补偿负载变化的影响，保证节流阀两端的压力差为定值，从而消除负载变化对流量的影响。

调速阀的结构原理和图形符号如图 5-29 所示。通过定差减压阀的油液进口压力为 p_1，出口压力为 p_2，通过节流阀后降为 p_3，并进入液压缸。当负载 F 变化时，则 p_3 和调速阀两端压差

p_1-p_3 随之变化,但节流阀两端压差 p_2-p_3 却不变。这是因为当负载 F 增大,p_3 也增大,减压阀右侧弹簧腔油液压力增大,阀芯左移,减压阀口开度 x 加大,减压作用减小,使 p_2 增大,从而压差 p_2-p_3 保持不变。当负载 F 减小时同理。因此,通过调速阀的流量恒定。

在调速阀阀体中,减压阀和节流阀一般为相互垂直安置。节流阀部分设有流量调节手轮,而减压阀部分可能附有行程限位器。

动画：调速阀

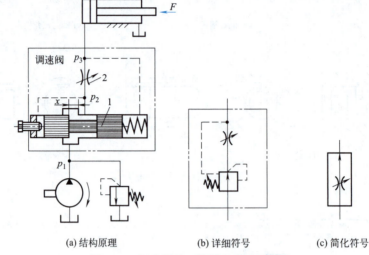

(a) 结构原理　　　　(b) 详细符号　　　　(c) 简化符号

图 5-29　调速阀的工作原理和图形符号

2. 调速阀的流量特性

图 5-30 所示为调速阀和节流阀的流量特性（q 和 Δp 的关系）曲线。通过节流阀的流量随其进出口压差变化而发生改变,而调速阀的特性曲线基本上是一条水平线,即进出口压差变化时,通过调速阀的流量基本不变。只有当压差很小时,一般 $\Delta p \leqslant 0.5\text{MPa}$,调速阀的特性曲线与节流阀的特性曲线重合。这是因为,此时调速阀中的减压阀处于非工作状态,调速阀只相当于一个节流阀。因此,要使调速阀正常工作,必须保持最小压差,此压差 $\Delta p_{\min}$ 在中压系统中为 0.5MPa,在高压系统中为 1MPa。

图 5-30　调速阀和节流阀的流量特性

调速阀和节流阀在液压系统中应用时,主要与定量泵、溢流阀等组合成节流调速系统。节流阀适用于一般的节流调速系统,而调速阀适用于执行元件负载变化大、对运动速度要求稳定的系统。

小拓展

温度补偿式调速阀

普通调速阀基本上解决了负载变化对流量的影响,但油温变化对流量的影响依然存在。当油温变化时,油液黏度随之变化,从而引起流量变化,为了减小温度对流量的影响,可采用温度补偿式调速阀,在节流阀芯和调节螺钉之间安装一个热膨胀系数较大的聚氯乙烯推杆,当油温升高时,油液黏度降低,通过的流量增加,这时温度补偿杆伸长使节流口变小,从而补偿了温度对流量的影响,其最小稳定流量可达 0.02L/min。

四、流量阀常见故障分析

流量阀的常见故障及排除方法见表 5-9。

表 5-9 流量阀的常见故障及排除方法

故障现象	原因分析	排除方法
调整节流阀手柄,无流量变化	1. 阀芯与阀套几何精度差,间隙太小 2. 弹簧侧向弯曲、变形而使阀芯卡住 3. 弹簧太弱 1. 油液过脏,使节流口堵死 2. 手柄与节流阀芯装配位置不合适 3. 节流阀阀芯上连接失落或未装键 4. 节流阀阀芯因配合间隙过小或变形而卡死 5. 调节杆螺纹被脏物堵住,造成调节不良	1. 检查精度,修配间隙达到要求 2. 更换弹簧 3. 更换弹簧 1. 检查油质,过滤油液 2. 检查原因,重新装配 3. 更换键或补装键 4. 清洗,修配间隙或更换零件 5. 拆开清洗
执行元件运动速度不稳定(流量不稳定)	1. 阀芯有卡死现象 2. 补偿阀的阻尼小孔时堵时通 3. 弹簧侧向弯曲、变形 4. 补偿阀阻尼小孔堵死 5. 阀芯与阀套几何精度差,配合间隙过小 6. 弹簧侧向弯曲、变形而使阀芯卡住 1. 节流口处积有污物,造成时堵时通 2. 外载荷变化会引起流量变化 1. 油温过高,造成通过节流口流量变化 2. 油液过脏,堵死节流口或阻尼孔 1. 系统中有空气 2. 管路振动使调定的位置发生变化	1. 修配,达到移动灵活 2. 清洗阻尼孔,若油液过脏应更换 3. 更换弹簧 4. 清洗阻尼孔 5. 修理达到移动灵活 6. 更换弹簧 1. 拆开清洗,检查油质 2. 应改用调速阀 1. 检查温升原因,降低油温 2. 清洗,检查油质 1. 应将空气排净 2. 调整后用锁紧装置锁住

任务实践

打码机可在工件表面上压出深浅合适的钢印。为使钢印更清晰,钢印印上后,需要在一定时间内保持压力,也不能快速起模,以免破坏钢印,需要先释放部分压力后,再起模。

打码机工作时,电磁铁 1YA 通电,换向阀切换至右位时,定量泵由卸荷转为液压缸无杆腔进油,活塞带动压头快速向下运动,当压头与工件接触后,系统压力开始上升,当压力上升至压力继电器的调定值时,系统开泵保压,达到保压时间后电磁铁 1YA 断电,换向阀首先切换至中位,液压缸无杆腔通高压油经节流阀、单向阀、换向阀中位回油释压,以防止液压冲击和噪声,保证钢印的清晰。

然后,电磁铁 2YA 通电,换向阀切换至左位,液压泵的压力油经换向阀进入液压缸的有杆腔,活塞杆带动压头快速返回,上升到达规定位置后电磁铁 2YA 断电,换向阀复至中位,液压泵卸荷,一个工作循环结束。

【大国工匠】 梅琳——力拔千钧的"空姐"

生产学习经验

换向阀是利用阀芯与阀体间相对位置的不同,来变换阀体上各主油口的通断关系,实现各油路连通、切断或改变液流方向的阀类。方向控制阀的"位""通"与其图形符号的对应是重点,图形符号的箭头并不代表液流方向,仅表明油路的通断;方向控制阀的中位机能是另一重点,要注意每一种中位机能所适应的使用条件,方便选用与使用方向控制阀,掌握方向控制阀的结构对于其故障判断具有决定性作用。

溢流阀是压力控制阀中的基础,其结构与功能都是最基本的,掌握了溢流阀的结构与工作原理对掌握其他压力控制阀有事半功倍的效果。安全生产是至关重要的,合理调试溢流阀,是预防液压系统过载导致事故发生的有效措施之一。我们要时刻树立安全意识,遵守职业行为规范和企业岗位的安全制度。

节流阀和调速阀,虽都是流量控制阀,但应注意其中的区别,在具体液压系统中选择两者之一时,要综合考虑性能与成本。

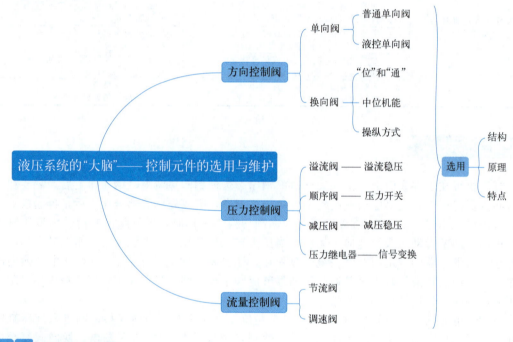

【填空题】

1. 液压阀的基本结构一般由_____、_____和_____三部分组成。
2. 液压阀按其所控制的参数不同,分为_____、_____和_____。
3. 液压阀按其操纵力不同,分为_____、_____、_____、_____和_____。
4. 单向阀的作用是_____,正向通油时应_____,反向截止时,_____。
5. 若换向阀四个油口有钢印标记"A""P""T""B",其中_____表示进油口,_____表示出油口。
6. 溢流阀的作用是_____和_____,通常并联在_____的排油口处,当它作安全阀用时,通常并联在_____的出口处。

7. 先导式溢流阀由_____和_____两部分组成。
8. 定值减压阀的作用是_____和_____。
9. 调速阀是由_____和_____串联而成的。
10. 压力继电器是一种能将_____转换为_____的压力控制元件。
11. 一水平放置双杆液压缸，采用三位四通电磁换向阀，要求阀处于中位时，液压泵卸荷，且液压缸浮动，其中位机能应选用_____；要求阀处于中位时，液压泵卸荷，液压缸闭锁不动，其中位机能应选用_____。
12. 有两个调整压力分别为 5MPa 和 10MPa 的溢流阀串联在液压泵的出口，泵的出口压力为_____；如并联在液压泵的出口，泵的出口压力为_____。

【判断题】

1. 电液换向阀由电磁换向阀和液动换向阀组成，多用于大流量系统。　　　　(　　)
2. M 型中位机能的三位四通换向阀，中位时可使泵保压。　　　　(　　)
3. 因电磁吸力有限，对液动力较大的大流量换向阀，应选用液动换向阀或电液换向阀。
(　　)
4. 单向阀可用作背压阀。　　　　(　　)
5. 因液控单向阀关闭时密封性能好，故常用在保压回路和锁紧回路中。　(　　)
6. 液控单向阀与普通单向阀一样，允许油液沿一个方向流动，不允许反向倒流。
(　　)
7. 压力控制阀决定了液压系统的压力大小。　　　　(　　)
8. 先导式溢流阀的远程控制口接油箱时，可以用作卸荷阀。　　　　(　　)
9. 顺序阀是以系统压力大小为信号而控制油路通断的阀。　　　　(　　)
10. 通过调速阀的流量不受负载变化的影响。　　　　(　　)
11. 调速阀中，减压阀的作用是维持节流阀口前后压降不变。　　　　(　　)
12. 在调速阀中，节流阀口位于减压阀的进口处。　　　　(　　)

【简答题】

1. 什么是换向阀的"位"和"通"？试画出二位二通、二位三通、二位四通、三位四通、三位五通阀的图形符号。
2. 滑阀式换向阀有哪些操纵方式？
3. 什么是换向阀的中位机能？有哪些常用的中位机能？说明它们的特点。
4. 指出图 5-31 所示各换向阀图形符号中的错误，并予以改正。
5. 从结构原理图和图形符号上，说明溢流阀、减压阀和顺序阀的异同点及各自的特点。
6. 为什么说调速阀比节流阀的调速性能好？两种阀各用在什么场合较为合理？
7. 如图 5-32 所示回路，若溢流阀的调定压力为 6MPa，判断在电磁铁断电，负载无穷大或负载压力为 4MPa 时，系统的压力分别是多少？当电磁铁通电，负载压力为 4MPa 时，系统的压力又是多少？
8. 在图 5-33 中，各溢流阀的调定压力 $p_A=4$MPa，$p_B=2$MPa，$p_C=5$MPa，当系统外负载趋于无穷大时，泵出口的压力为多少？
9. 如图 5-34 所示回路，若溢流阀的调定压力为 $p_y=5$MPa，减压阀的调定压力 $p_j=3$MPa，液压缸无杆腔面积 $A_1=60$cm^2，负载 $F=10000$N，试分析在活塞运动时和活塞运动到终点停止时，A、B 两点的压力各是多少？

10. 如图 5-35 所示两回路，已知顺序阀的调定压力为 3MPa，溢流阀的调定压力为 5MPa，当系统负载趋于无穷大时，两回路中 A 点处的压力分别是多少？

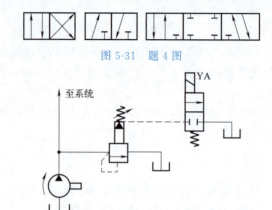

图 5-31 题 4 图

图 5-32 题 7 图

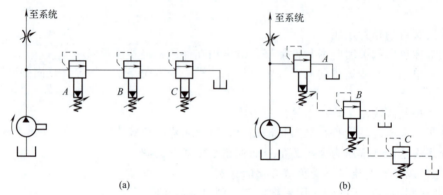

图 5-33 题 8 图

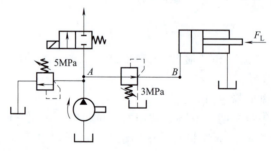

图 5-34 题 9 图

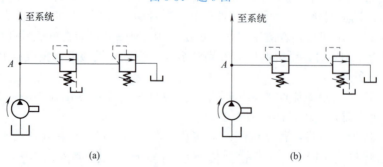

图 5-35 题 10 图

项目六

液压系统的"附件"——辅助元件的选用与维护

 学有所获

1. 提升观察能力,通过标牌能够认知常用液压辅助元件的功能及特点。
2. 能借助液压辅助元件改善液压系统性能。
3. 能对液压辅助元件进行正确的维护与保养。
4. 能进行液压辅助元件一般故障的排除。
5. 能遵守岗位操作规程,进一步提升安全防护技能水平。

任务　辅助元件的选用与维护

 任务导入

压力成型机用于将材料挤压成型,需要经过挤压、保压、快退等工作循环。图 6-1 所示是一个简易成型设备,利用了蓄能器进行快进、快退和保压。蓄能器是辅助元件中的一种,液压系统中还有哪些辅助元件?

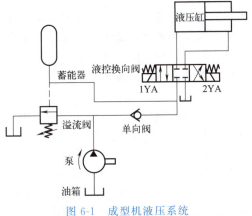

图 6-1　成型机液压系统

> 知识导航

液压系统中的辅助元件主要包括油箱、蓄能器、滤油器、热交换器、压力表、管件等，液压辅助元件的标准化、系列化和通用化程度较高，这些元件的选用与安装是否合理，对液压系统的动态性能、工作稳定性、工作可靠性、工作寿命、噪声和温升等都有直接影响，必须给予足够的重视。

"天生其人必是才，天生其才必有用"，"辅助"并非可有可无，主与辅只是岗位不同、分工不同而已。我们要树立正确的人生观、价值观和择业观，努力在平凡的岗位上做出不平凡的业绩。

一、滤油器的选用与安装

视频：滤油器

液压传动系统中所使用的液压油将不可避免地含有一定量的某种杂质。例如：有残留在液压系统中的机械杂质；有经过加油口、防尘圈等处进入的灰尘；有工作过程中产生的杂质，如密封件受液压作用形成的碎片、运动件相互摩擦产生的金属粉末、油液氧化变质产生的胶质、沥青质、炭渣等。这些杂质混入液压油中以后，随着液压油的循环作用，会导致液压元件中相对运动部件之间的间隙、节流孔和缝隙堵塞或运动部件的卡死；破坏相对运动部件之间的油膜，划伤间隙表面，增大内部泄漏，降低效率，增加发热，加剧油液的化学作用，使油液变质。根据实际统计数字可知，液压系统中 75% 以上的故障是由液压油中混入杂质造成的。因此，维护油液的清洁，防止油液的污染，对液压系统是十分重要的。

（一）滤油器的功用和基本要求

滤油器的功用在于过滤混在液压油中的杂质，使进入到液压系统中的油液的污染度降低，保证系统正常地工作。一般对滤油器的基本要求如下。

（1）有足够的过滤精度 滤油器的过滤精度是指滤芯能够滤除的最小杂质颗粒的大小，以直径 d 作为公称尺寸表示，按精度可分为四级：粗（$d \geqslant 100\mu m$），普通（$d \geqslant 10 \sim 100\mu m$），精（$d \geqslant 5 \sim 10\mu m$）和特精滤油器（$d \geqslant 1 \sim 5\mu m$）。

不同的液压系统有不同的过滤精度要求，可参照表 6-1 进行选择。

表 6-1 各种液压系统的过滤精度要求

系统类别	润滑系统	传动系统			伺服系统
工作压力/MPa	0～2.5	14	14～32	32	≤21
精度 $d/\mu m$	≤100	25～30	≤25	≤10	≤5

（2）有足够的过滤能力 过滤能力即一定压力降下允许通过滤油器的最大流量，一般用滤油器的有效过滤面积来表示。对滤油器过滤能力的要求，应结合滤油器在液压系统中的安装位置来考虑，如滤油器安装在吸油管路上时，其过滤能力应为液压泵流量的 2 倍以上。

（3）应有一定的机械强度 制造滤油器所采用材料应保证在一定的工作压力下不会因液压力的作用而受到破坏。

（4）抗腐蚀性能好 滤芯要有抗腐蚀能力，并能在规定的温度下持久地工作。

（5）滤芯 要利于清洗和更换，便于拆装与维护。

（二）滤油器的类型和特点

1. 网式滤油器

图 6-2 所示为网式滤油器，在周围开有很多窗孔的塑料或金属筒形骨架 1 上，包着一层或两层铜丝网 2。过滤精度由网孔大小和层数决定。网式滤油器结构简单、清洗方便、通油

能力强,但过滤精度低,它一般安装在液压系统的吸油口上,用作液压泵的粗滤。

2. 线隙式滤油器

图 6-3 所示为线隙式滤油器。它用铜线或铝线密绕在筒形芯架 1 的外部来组成滤芯,并装在壳体 3 内(用于吸油管路上的滤油器无壳体)。油液经线间间隙和芯架槽孔流入滤油器内,再从上部孔道流出。这种滤油器结构简单、通油能力强、过滤效果好,可用作吸滤器或回流过滤器,但不易清洗。

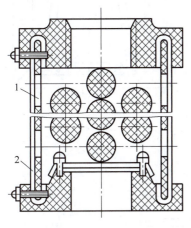

图 6-2 网式滤油器
1—筒形骨架;2—铜丝网

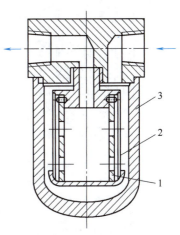

图 6-3 线隙式滤油器
1—芯架;2—滤芯;3—壳体

动画:线隙式滤油器

3. 纸芯式滤油器

纸芯式滤油器又称纸质滤油器,其结构类同于线隙式,只是滤芯为纸质。

图 6-4 所示为纸质滤油器的结构,滤芯由三层组成:外层 2 为粗眼钢板网,中层 3 为折叠成星状的滤纸,里层 4 由金属丝网与滤纸折叠组成。这样就提高了滤芯强度,延长了使用寿命。纸质滤油器的过滤精度高,可在高压下工作,它结构紧凑、通油能力强,一般配备壳体后用作压滤器。其缺点是无法清洗,需经常更换滤芯。

4. 金属粉末烧结式滤油器

图 6-5 所示为金属粉末烧结式滤油器。滤芯可按需要制成不同的形状,油液经过金属颗粒间的无规则的微小孔道进入滤芯内。选择不同粒度的粉末烧结成不同厚度的滤芯,可以获得不同的过滤精度。

烧结式滤油器的过滤精度较高,滤芯的强度高,抗冲击性能好,能在较高温度下工作,有良好的抗腐蚀性,且制造简单,它可用在不同的位置。缺点是:易堵塞,难清洗,烧结颗粒在使用中可能会脱落,再次造成油液的污染。

5. 磁性滤油器

磁性滤油器的工作原理是利用磁铁吸附油液中的铁质微粒。但一般结构的磁性滤油器对其他污染物不起作用,通常用作回流过滤器。它常被用作复式滤油器的一部分。

(三)滤油器的安装位置与使用

滤油器一般被安装在液压泵的吸油口、压油口及重要元件的前面。通常,液压泵吸油口安装粗滤油器,压油口与重要元件前装精滤油器。

① 安装在液压泵的吸油管路上(图 6-6 中的滤油器 1),可保护泵和整个系统。要求有较大的通流能力(不得小于泵额定流量的两倍)和较小的压力损失(不超过 0.02MPa),以免影响液压泵的吸入性能。为此,一般多采用过滤精度较低的网式滤油器。

动画：纸芯式滤油器

动画：烧结式滤油器

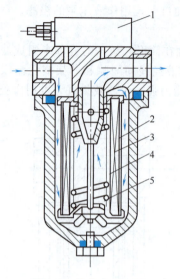

图 6-4　纸芯式滤油器
1—堵塞状态发信装置；2—滤芯外层；
3—滤芯中层；4—滤芯里层；5—支承弹簧

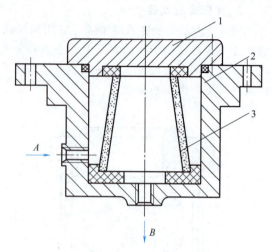

图 6-5　金属粉末烧结式滤油器
1—顶盖；2—壳体；3—滤芯

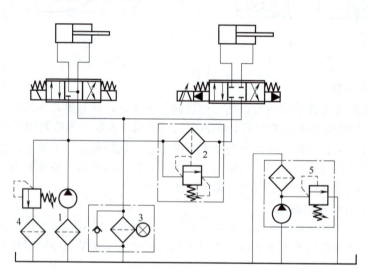

图 6-6　滤油器的安装位置
1～5—滤油器

② 安装在液压泵的压油管路上（图 6-6 中的滤油器 2），用以保护除泵和溢流阀以外的其他液压元件。要求滤油器具有足够的耐压性能，同时压力损失应不超过 0.35MPa。为防止滤油器堵塞时引起液压泵过载或滤芯损坏，应将滤油器安装在与溢流阀并联的分支油路上，或与滤油器并联一个开启压力略低于滤油器最大允许压力的安全阀。

③ 安装在系统的回油管路上（图 6-6 的滤油器 3），不能直接防止杂质进入液压系统，但能循环地滤除油液中的部分杂质。这种方式滤油器不承受系统工作压力，可以使用耐压性能低的滤油器。为防止滤油器堵塞引起事故，也需并联安全阀。

④ 安装在系统旁油路上（图 6-6 中的滤油器 4），滤油器装在溢流阀的回油路上，并与一安全阀相并联。这种方式滤油器不承受系统工作压力，又不会给主油路造成压力损失，一般只通过泵的部分流量（20%～30%），可采用强度低、规格小的滤油器。但过滤效果较差，

不宜用在要求较高的液压系统中。

⑤ 安装在单独过滤系统中（图 6-6 中的滤油器 5），它是用一个专用液压泵和滤油器单独组成一个独立于主液压系统之外的过滤回路。这种方式可以经常清除系统中杂质，但需要增加设备，适用于大型机械的液压系统。

二、蓄能器的选用与安装

蓄能器是液压系统的储能元件，它储存多余的压力油液，并在需要时释放出来供给系统。此外，蓄能器还具有缓和液压冲击及吸收压力脉动等作用。

（一）蓄能器的功能

1. 作辅助动力源

视频：蓄能器

当液压系统工作循环中所需的流量变化较大时，可采用一个蓄能器和一个较小流量的液压泵，在短期大流量中，由蓄能器与液压泵同时供油，所需流量较小时，液压泵将多余的油液充入蓄能器，这样，可节省能源，降低温升。另一方面，在有些特殊场合为防止停电或驱动液压泵的原动力发生故障时，蓄能器可作应急能源短期使用。

2. 保压补漏，维持系统压力

在液压泵停止向系统提供油液的情况下，蓄能器能把存储的压力油液供给系统，补偿系统泄漏或充当应急能源，使系统在一段时间内维持系统压力，避免停电或系统发生故障时油源突然中断所造成的机件损坏。

3. 吸收系统脉动，缓和液压冲击

当阀门突然关闭或换向时，系统中产生的冲击压力，可由安装在产生冲击处的蓄能器来吸收，使液压冲击的峰值降低，若将蓄能器安装在液压泵的出口处，可降低液压泵压力脉动的峰值。

（二）蓄能器的类型与结构

蓄能器有各种结构形状，如图 6-7 所示。重力式蓄能器由于体积庞大、结构笨重、反应迟钝，在液压传动系统中很少应用。在液压传动系统中主要应用有弹簧式和充气式两种。目前常用的是利用气体压缩和膨胀来储存、释放液压能的充气式液压蓄能器。

1. 活塞式蓄能器

活塞式蓄能器中的气体和油液由活塞隔开，其结构如图 6-8 所示。活塞 1 的上部为压缩空气，气体由气阀 3 充入，其下部经油孔 a 通向液压系统。活塞 1 随下部压力油的储存和释放而在缸筒 2 内来回滑动。为防止活塞上下两腔互通而使气液混合，在活塞上装有 O 形密封圈。这种液压蓄能器结构简单、寿命长，它主要用于大容量蓄

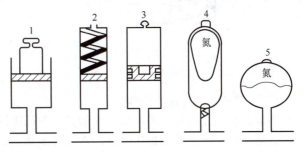

图 6-7 液压蓄能器
1—重力式；2—弹簧式；3—活塞式；4—气囊式；5—薄膜式

能器。但因活塞有一定的惯性和因 O 形密封圈的存在有较大的摩擦力，所以反应不够灵敏，因此适用于储存能量。另外，密封件磨损后，会使气液混合，影响系统的工作稳定性。

2. 气囊式蓄能器

气囊式液压蓄能器中气体和油液由气囊隔开，其结构如图 6-9 所示。气囊用耐油橡胶制成，固定在耐高压壳体内的上部。气囊内充入惰性气体（一般为氮气）。壳体下端的提升阀 A 是一个用弹簧加载的菌形阀。压力油从此通入，并能在油液全部排出时，防止气囊膨胀

挤出油口。这种结构使气液密封可靠，并且因气囊惯性小，反应灵敏，克服了活塞式蓄能器的缺点，因此，它的应用广泛，但工艺性较差。

3. 薄膜式蓄能器

薄膜式液压蓄能器利用薄膜的弹性来储存、释放压力能。主要用于小容量的场合。如用作减震器、缓冲器和用于控制油的循环等。

4. 弹簧式蓄能器

弹簧式液压蓄能器利用弹簧的压缩和伸长来储存、释放压力能。它的结构简单，反应灵敏，但容量小。可用于小容量、低压（$p \leqslant 1 \sim 1.2 \text{MPa}$）的回路缓冲；不适用于高压或高频的工作场合。

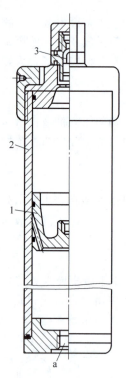

图 6-8　活塞式液压蓄能器
1—活塞；2—缸筒；3—气阀

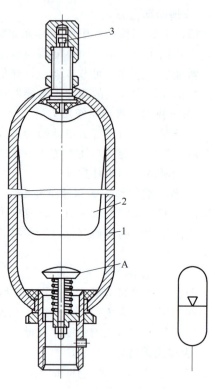

图 6-9　气囊式液压蓄能器及图形符号
1—壳体；2—气囊；3—气阀

（三）蓄能器的使用与安装

蓄能器在液压回路中的安放位置随其功用而不同：吸收液压冲击或压力脉动时宜放在冲击源或脉动源近旁；补油保压时宜放在尽可能接近有关的执行元件处。

使用蓄能器须注意如下几点。

① 充气式蓄能器中应使用惰性气体（一般为氮气），允许工作压力视蓄能器结构形式而定，例如，气囊式为 3.5~32MPa。

② 不同的蓄能器各有其适用的工作范围，例如，气囊式蓄能器的气囊强度不高，不能承受很大的压力波动，且只能在 -20~70℃ 的温度范围内工作。

③ 气囊式蓄能器原则上应垂直安装（油口向下），只有在空间位置受限制时才允许倾斜或水平安装。

④ 装在管路上的蓄能器须用支板或支架固定。

⑤ 蓄能器与管路系统之间应安装截止阀,供充气、检修时使用。蓄能器与液压泵之间应安装单向阀,防止液压泵停车时蓄能器内储存的压力油液倒流。

⑥ 搬运和拆装时应排出压缩气体,注意安全。

三、了解其他辅助元件

液压辅助元件还包含管件（Pipe）、密封件、油箱（Reservoir）和热交换器（Heat Exchanger）等。

（一）油管

1. 油管的种类及特点

液压系统中使用的油管种类很多,有钢管、铜管、尼龙管、塑料管、橡胶软管等,须按照安装位置、工作环境和工作压力来正确选用。油管的种类和适用场合见表6-2。

表6-2 油管的种类和适用场合

种类		特点及适用范围
硬管	钢管	能承受高压、价廉、耐油、抗腐蚀、刚性好,但装配时不易弯曲成形。常在装拆方便处用作压力管道。中压以上用无缝钢管,低压用焊接钢管
	紫铜管	装配时变形方便,且内壁光滑,摩擦阻力小,但易使油液氧化,耐压力较低,抗振能力差。通常用在液压装置内配接不便之处
软管	尼龙管	乳白色,半透明,可观察流动情况。加热后可任意弯曲成形和扩口,冷却后即定形。承压能力因材料而异,其值为2.8～8MPa
	塑料管	质轻耐油、价低、装配方便,长期使用会老化,只用作低于0.5 MPa 的回油管与泄油管等
	橡胶管	高压胶管由耐油橡胶夹钢丝编织网（层数越多,耐压越高）制成,价格高,用于中、高压系统中两个相对运动件之间的压力管道。低压胶管由耐油橡胶夹帆布制成,用于回油管路

2. 油管的选择

管道的内径 d 和壁厚 δ 可采用式（6-1）、式（6-2）计算,并需圆整为标准数值,即

$$d = 2\sqrt{\frac{q}{\pi v}} \quad (6\text{-}1)$$

$$\delta = \frac{pdn}{2\sigma_b} \quad (6\text{-}2)$$

式中　d——油管内径;

　　　q——管内流量;

　　　v——管中油液的流速,吸油管取0.5～1.5m/s,高压管取2.5～5m/s,回油管取1.5～2m/s,控制油管取2～3m/s,橡胶软管应小于4m/s;

　　　p——管内工作压力;

　　　n——安全系数,对于钢管,$p \leq 7$MPa 时,$n=8$;7MPa$\leq p \leq$17.5MPa 时,$n=6$;$p \geq 17.5$MPa 时,$n=4$;

　　　σ_b——管道材料的抗拉强度,可由材料手册查出。

油管的管径不宜选得过大,以免使液压装置的结构庞大;但也不能选得过小,以免使管内液体流速加大,系统压力损失增加或产生振动和噪声,影响正常工作。

在保证强度的情况下,管壁可尽量选得薄些,薄壁规格较多,装接较易,又易于弯曲,可减少管接头数目,有助于解决系统泄漏问题。

3. 油管的安装要求

① 管道应尽量短,最好横平竖直,转弯少。为避免管道皱折,减少压力损失,管道装配时的弯曲半径要足够大。管道悬伸较长时要适当设置管夹（也是标准件）。

② 管道尽量避免交叉，平行管间距要大于 100 mm，以防接触振动并便于安装管接头。

③ 软管直线安装时要有 30% 左右的余量，以适应油温变化、受拉和振动的需要。弯曲半径要大于 9 倍软管外径，弯曲处到管接头的距离至少等于 6 倍外径。

(二) 管接头

管接头用于油管与油管、油管与液压元件间的连接。它必须具有拆装方便、连接牢固、密封可靠、外形尺寸小、通流能力大、压降小、工艺性好等各项条件。

管接头的种类很多，其规格品种可查阅有关手册。液压系统中常用的管接头见表 6-3。

表 6-3　液压系统中常用的管接头

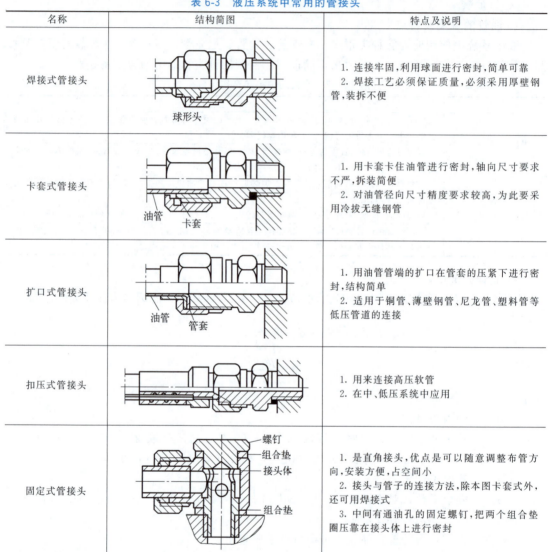

名称	结构简图	特点及说明
焊接式管接头	球形头	1. 连接牢固，利用球面进行密封，简单可靠 2. 焊接工艺必须保证质量，必须采用厚壁钢管，装拆不便
卡套式管接头	油管　卡套	1. 用卡套卡住油管进行密封，轴向尺寸要求不严，拆装简便 2. 对油管径向尺寸精度要求较高，为此要用冷拔无缝钢管
扩口式管接头	油管　管套	1. 用油管管端的扩口在管套的压紧下进行密封，结构简单 2. 适用于铜管、薄壁钢管、尼龙管、塑料管等低压管道的连接
扣压式管接头		1. 用来连接高压软管 2. 在中、低压系统中应用
固定式管接头	螺钉、组合垫、接头体、组合垫	1. 是直角接头，优点是可以随意调整布管方向，安装方便，占空间小 2. 接头与管子的连接方法，除本图卡套式外，还可用焊接式 3. 中间有通油孔的固定螺钉，把两个组合垫圈压靠在接头体上进行密封

管路旋入端用的连接螺纹采用国家标准米制锥螺纹（ZM）和普通细牙螺纹（M）。锥螺纹依靠自身的锥体旋紧和采用聚四氟乙烯等进行密封，广泛应用于中、低压液压系统；细牙螺纹密封性好，常用于高压系统，但要采用组合垫圈或 O 形圈进行端面密封，有时也可用紫铜垫圈。

液压系统中的泄漏问题大部分都出现在管系中的接头上，为此，对管材的选用，接头形式的确定（包括接头设计、垫圈、密封、箍套、防漏涂料的选用等），管系的设计（包括弯管设计，管道支承点和支承形式的选取等）以及管道的安装（包括正确的运输、储存、清洗、组装等）都要审慎从事，以免影响整个液压系统的使用质量。

国外对管子材质、接头形式和连接方法上的研究工作从未间断。最近出现一种用特殊的镍钛合金制造的管接头，它能使低温下受力后发生的变形在升温时消除，即把管接头放入液氮中用芯棒扩大其内径，然后取出来迅速套装在管端上，便可使它在常温下得到牢固、紧密的结合。这种"热缩"式装配方法已在航空和其他一些加工行业中得到了应用，它能保证在 40～55MPa 的工作压力下不出现泄漏。这是一个十分值得注意的动向。

（三）油箱

1. 油箱的基本功能

油箱的基本功能是：储存工作介质；散发系统工作中产生的热量（在周围环境温度较低的情况下则是保持油液中热量）；分离油液中混入的空气；沉淀污染物及杂质。

按油面是否与大气相通，可分为开式油箱与闭式油箱。开式油箱广泛用于一般的液压系统；闭式油箱则用于水下和高空无稳定气压的场合，这里仅介绍开式油箱。

2. 油箱的结构

液压系统中的油箱有整体式和分离式两种。整体式油箱利用主机的内腔作为油箱，这种油箱结构紧凑，各处漏油易于回收，但增加了设计和制造的复杂性，维修不便，散热条件不好，且会使主机产生热变形。分离式油箱单独设置，与主机分开，减少了油箱发热和液压源振动对主机工作精度的影响，因此得到了普遍的采用，特别是在精密机械上。

油箱的典型结构如图6-10所示。由图可见，油箱内部用隔板7和9将吸油管1与回油管4隔开。顶部、侧部和底部分别装有过滤网2、油位计6和排放污油的放油阀8。安装液压泵及其驱动电动机的上盖5则固定在油箱顶面上。

3. 油箱的设计

油箱属于非标准件，在实际情况下常根据需要自行设计。油箱设计时主要考虑油箱的容积、结构、散热等问题。限于篇幅，在此仅将设计思路简介如下。

（1）油箱容积的估算　油箱的容积是油箱设计时需要确定的主要参数。油箱体积大时散热效果好，但用油多，成本高；油箱体积小时，占用空间少，成本降低，但散热条件不足。在

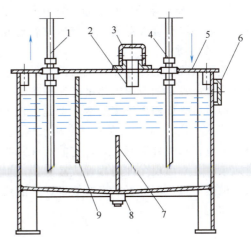

图 6-10　油箱结构示意
1—吸油管；2—滤油网；3—盖；4—回油管；
5—上盖；6—油位计；7, 9—隔板；8—放油阀

实际设计时，可用经验公式初步确定油箱的容积，然后再验算油箱的散热量 Q_1，计算系统的发热量 Q_2，当油箱的散热量大于液压系统的发热量时（$Q_1 > Q_2$），油箱容积合适；否则需增大油箱的容积或采取冷却措施（油箱散热量及液压系统发热量计算请查阅有关手册）。

油箱容积的估算经验公式为

$$V = mq \tag{6-3}$$

式中　V——油箱的有效容量；

　　　q——液压泵的流量；

　　　m——经验系数，低压系统：$m = 2～4$，中压系统：$m = 5～7$，中高压或高压系统：$m = 6～12$。

(2) 设计时的注意事项 在确定容积后，油箱的结构设计就成为实现油箱各项功能的主要工作。设计油箱结构时应注意以下几点：

① 箱体要有足够的强度和刚度。油箱一般用 2.5～4mm 的钢板焊接而成，尺寸大者要加焊加强筋。

② 泵的吸油管上应安装网式滤油器，滤油器与箱底间的距离不应小于 20mm。滤油器不允许露出油面，防止泵卷吸空气产生噪声。系统的回油管要插入油面以下，防止回油冲溅产生气泡。管端与箱底、箱壁间距离均不宜小于管径的 3 倍。

③ 吸油管与回油管应隔开，二者间的距离尽量远些，应当用几块隔板隔开，以增加油液的循环距离，使油液中的污物和气泡充分沉淀或析出。隔板高度一般取油面高度的 3/4。

④ 防污密封。为防止油液污染，盖板及窗口各连接处均需加密封垫，各油管通过的孔都要加密封圈。

⑤ 油箱底部应有坡度，箱底与地面间应有一定距离，箱底最低处要设置放油塞。

⑥ 油箱内壁表面要做专门处理。为防止油箱内壁涂层脱落，新油箱内壁要经喷丸、酸洗和表面清洗，然后可涂一层与工作液相容的塑料薄膜或耐油清漆。

（四）热交换器

液压系统的工作温度一般希望保持在 30～50℃ 的范围之内，最高不超过 65℃，最低不低于 15℃。液压系统如依靠自然冷却仍不能使油温控制在上述范围内时，就须安装冷却器；反之，如环境温度太低无法使液压泵启动或正常运转时，就须安装加热器。

1. 冷却器

液压系统中的冷却器，最简单的是蛇形管冷却器。它直接装在油箱内，冷却水从蛇形管内部通过，带走油液中的热量。这种冷却器结构简单，但冷却效率低，耗水量大。

动画：水冷却器

液压系统中用得较多的冷却器是强制对流式多管冷却器。如图 6-11 所示，油液从进油口 5 流入，从出油口 3 流出，冷却水从进水口 7 流入，通过多根散热管 6 后由出水口 1 流出，油液在水管外部流动时，它的行进路线因冷却器内设置了隔板 4 而加长，因而增加了散热效果。近来出现一种翅片管式冷却器，水管外面增加了许多横向或纵向散热翅片，大大扩大了散热面积，改善了热交换效果，其散热面积可达散热管的 8～10 倍。

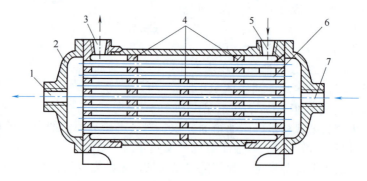

图 6-11 强制对流式多管冷却器
1—出水口；2—壳体；3—出油口；4—隔板；5—进油口；6—散热管；7—进水口

冷却器一般应安放在回油管或低压管路上，如溢流阀的出口，系统的主回流路上或单独的冷却系统中。

冷却器所造成的压力损失一般约为 0.01～0.1MPa。

2. 加热器

液压系统的加热一般常采用结构简单、能按需要自动调节最高和最低温度的电加热器。这种加热器的安装方式是用法兰盘横装在箱壁上，如图 6-12 所示，发热部分全部浸在油液内。加热器应安装在箱内油液流动处，以利于热量的交换。由于油液是热的不良导体，单个加热器的功率容量不能太大，以免其周围油液过度受热后发生变质。

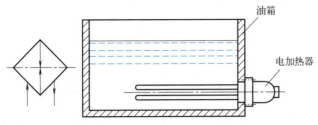

图 6-12　加热器的安装方式

任务实践

液压传动介质是液压油，它要有地方存放，这就需要油箱。油从液压泵传递到液压执行元件需要沿着一定的路线走，这就需要管路和接头。油温高了，需要降温，低了需要升温，这就需要冷却器和加热器。油液还要保证干净，这就需要滤油器，等等。总之液压系统要想正常发挥作用，还需要很多辅助元件的帮助。

图 6-1 所示成型机液压系统包括油箱、泵、换向阀、单向阀、溢流阀、液控单向阀、压力继电器、液压缸和蓄能器等元件。当蓄能器与泵同时给液压缸供油时，流量增大，加快液压缸运动速度。当蓄能器与液压缸之间连接时，系统压力与蓄能器压力一样，实现保压作用。

成型机液压系统实现各动作油路线路分析如下。

① 液压缸快进：（1YA 电磁铁得电）进油为泵和蓄能器→换向阀左位→液压缸无杆腔；回油为液压缸有杆腔→换向阀左位→油箱。

② 液压缸保压：液压缸进给到极限位置时，系统压力升高。当压力大于溢流阀调定压力时，溢流阀工作，泵→溢流阀→油箱。液压缸压力由蓄能器提供，使液压缸压力保持不变。如压力下降，则溢流阀关闭，泵参与供油。

③ 液压缸快退：（2YA 电磁铁得电）进油为泵和蓄能器→换向阀右位→液压缸有杆腔；回油为液压缸无杆腔→换向阀右位→油箱。

【科技之光】"中国天眼"——500m口径球面射电望远镜

生产学习经验

滤油器是液压系统最重要的保护元件，通过过滤油液中的杂质来确保液压元件及系统不受污染物的侵袭。按使用场合分为高压滤油器和低压滤油器，按过滤精度分为粗滤器和精滤器。蓄能器在大型及高精度液压系统中占有重要的地位，通常用于吸收脉动、冲击及作为液压系统的辅助油源。油箱的主要作用是储存油液、散发热量、分离和沉淀杂质。管件是液压系统各元件间传递流体动力的纽带，需根据输送流体的压力、流量及使用场合选用不同的管件。热交换器包括加热器和冷却器，它们的功能是使液压传动介质处于设定的温度范围内，提高传动质量。

思维导图

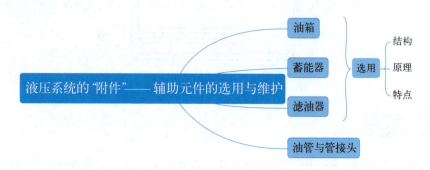

巩固练习

【填空题】

1. 液压辅助元件主要包括_____、_____、_____、_____和_____等。
2. 对滤油器的基本要求是_____、_____、_____、_____和_____。
3. 为了便于检修，蓄能器与管路之间应安装_____，为了防止液压泵停车或泄载时蓄能器内的压力油倒流，蓄能器与液压泵之间应安装_____。
4. 油箱的作用是_____、_____、_____和_____。
5. 管接头用于_____、_____间的连接。

【判断题】

1. 滤油器的滤孔尺寸越大，精度越高。　　　　　　　　　　　　（　）
2. 纸芯式滤油器比烧结式滤油器耐压。　　　　　　　　　　　　（　）
3. 油箱只要与大气相通，无论温度高低，均不需要设置加热装置。　（　）
4. 油箱在液压系统中的功用是储存液压系统所需的足够油液。　　（　）
5. 冷却器安装在泵的吸油口处。　　　　　　　　　　　　　　　（　）

【简答题】

1. 滤油器有哪些种类？一般应安装在液压系统中的什么位置？
2. 蓄能器的安装应注意哪些事项？
3. 油箱的功用是什么？设计或选择油箱时应考虑哪些问题？
4. 在什么情况下要使用加热器或冷却器？

项目七

液压系统基本控制回路的构建与调试

学有所获

1. 能分析液压控制阀在回路中的具体用途及特点,提升解决实际问题的能力。
2. 能分析一般液压回路的动作原理及特点,并按要求连接与调试回路。
3. 能对简单的液压系统进行故障排除,提升透过现象去观察和分析问题的能力。
4. 能遵守岗位操作规程,以严谨的工作态度去完成岗位工作,解决实际问题。

任务 1 方向控制回路的构建与调试

任务导入

液压支架[见图 7-1（a）]是煤矿综合机械化采煤工作面的支护设备。它是利用高压液体的压力来支撑和管理工作面顶板,以达到维护作业空间并能自动升降和推移的一种装置。为能维持支撑,油液缸在工作中必须锁死,不能下降,以保护工作人员安全。

许多起重机械中也必须有这个保护功能,比如为了使汽车起重机[见图 7-1（b）]在

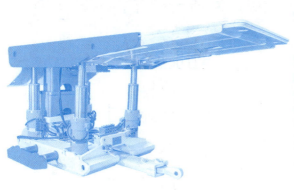
(a) 煤矿支护设备——液压支架

(b) 起重作业前准备——支腿放下并锁紧

图 7-1 液压支架和汽车起重机

吊重过程中安全可靠，支腿要求坚固可靠，伸缩方便，在行驶时缩回，工作时外伸撑地，以防止事故发生。那么，液压支架和起重机支腿是如何升降并实现"锁死"这个保护功能的？请构建并调试起重机支腿液压工作回路，满足收放和锁紧的功能要求。

【科技之光】 中国吊装——4000t全液压履带式起重机

知识导航

任何液压系统，无论它要实现的动作有多么复杂，都是由一些实现不同功能的基本回路组成的。基本回路就是由液压元件按一定方式组合起来的、能够完成特定功能的回路。按功用可把基本回路分为：方向控制回路——控制执行元件运动方向的变换和锁停；压力控制回路——控制整个系统或局部油路的工作压力；速度控制回路——控制和调节执行元件的速度；多执行元件控制回路——控制几个执行元件相互间的工作循环。熟悉和掌握这些基本回路的组成、工作原理和性能，是设计、分析、安装、维护、使用和调试液压系统的基础。

视频：换向回路

在液压系统中，利用方向控制阀来控制油液的通、断或变向，以实现执行元件的启动、停止和改变运动方向的回路称为方向控制回路。其包括换向回路、锁紧回路和制动回路。

一、换向回路

（一）采用换向阀的换向回路

动画：双作用缸换向回路

采用二位四通、二位五通、三位四通或三位五通换向阀都可以使双作用液压缸换向。二位阀可以使执行元件正反两个方向运动，但不能在任意位置停留。三位阀有中位，可以使执行元件在其行程中的任意位置停止，利用三位换向阀不同的中位机能可使系统获得不同的性能；五通阀有两个回油口，执行元件正反向运动时，在两回油路上设置不同的背压阀可获得不同的速度。

依靠重力或弹簧力返回的单作用液压缸，可以采用二位三通换向阀进行换向，如图7-2所示。

图7-3所示为双作用液压缸的换向回路。回路中采用 M 型中位机能的电磁换向阀来控

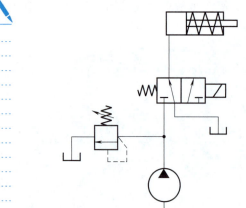

图7-2 单作用缸换向回路

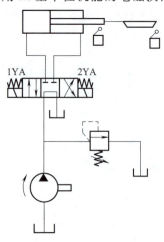

图7-3 双作用缸换向回路

制液压缸的换向。当电磁铁 1YA 得电时，换向阀左位工作，油液压力推动活塞向右运动；电磁铁 2YA 得电时，换向阀右位工作，油液压力推动活塞向左运动；电磁铁 1YA 和 2YA 都失电，即换向阀处于中位，此时液压缸停止运动，液压泵提供的油液经由中位流回油箱。

小提示

单作用缸由于只有一个工作油口，通常采用二位三通换向阀来进行控制；双作用缸有两个工作油口，可以采用二位四通、二位五通、三位四通、三位五通等形式的换向阀进行控制。

（二）采用双向变量泵的换向回路

在闭式回路中，可利用双向变量泵控制液流的方向来实现液压缸（或液压马达）的换向。如图 7-4 所示，执行元件是双作用单活塞杆液压缸，主回路是闭式回路，用辅助泵 6 来补充变量泵吸油侧流量的不足，低压溢流阀 7 用来维持变量泵吸油侧的压力，防止变量泵吸空。当活塞向左运动时，液压缸 3 回油流量大于其进油流量，变量泵吸油侧多余的油液经二位二通液动换向阀 4 的右位和低压溢流阀 5 排回油箱。回路中用一个溢流阀 2 和四个单向阀组成的液压桥路来限定正反运动时的最大压力。

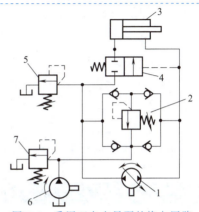

图 7-4 采用双向变量泵的换向回路
1—双向变量泵；2—溢流阀；3—液压缸；4—二位二通液动换向阀；5，7—低压溢流阀；6—辅助泵

视频：锁紧回路

小贴士

换向回路的主控元件是换向阀，它接收控制信号，通过阀芯在阀体内的相对运动来控制油液的导通、截止和流动方向，进而控制液压执行元件的启动、停止和换向，是液压系统的"交警"。

二、锁紧回路

为了使工作机构在任意位置上停留，以及在停止工作时防止在受力的情况下发生移动，可以采用锁紧回路。锁紧的原理就是将执行元件的进、回油路封闭。

图 7-5 所示为采用三位四通换向阀 O 型（或 M 型）中位机能的锁紧回路。当阀芯处于中位时，液压缸的进、出油口都被封闭，可以将活塞锁紧，这种锁紧回路由于受到滑阀泄漏的影响，锁紧效果较差。

图 7-6 所示为采用液控单向阀的锁紧回路。该回路在液压缸进、回油路上各串联一个液控单向阀（又称液压锁），使活塞杆可以在工作行程的任意位置上停止。该回路中，使用的换向阀中位机能应使液控单向阀控制口油液能够卸荷，这样，一旦电磁铁断电，换向阀恢复到中位，液控单向阀立即关闭，液压缸便停止运动。该回路的锁紧精度只受液压缸内部泄漏影响，精度较高。为了保证锁紧效果，换向阀应选择 H 型或 Y 型中位机能的换向阀，保证液压缸停止时，液控单向阀能迅速锁紧。

小问题

图 7-6 中的换向阀中位机能可以换成 O 型或者 M 型的吗？

小结论

采用液控单向阀的锁紧回路中，若采用 O 型或 M 型中位机能的换向阀，当换向阀处于中位时,液控单向阀外控口 K 的压力油被封死,液控单向阀不能立即关闭,回路受到滑阀泄漏的影响,锁紧效果差。

动画:采用液控单向阀的锁紧回路

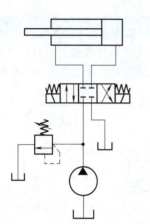

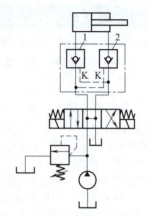

图 7-5　采用 O 型中位机能换向阀的锁紧回路　　　　图 7-6　采用液控单向阀的锁紧回路

小贴士

锁紧回路的主控元件是由两个液控单向阀组成的双向液压锁,它依靠自身结构,根据液控口信号,控制油液的正向流通、反向截止和双向流通,从而控制液压执行元件的正常运动和保压锁紧,是液压系统的"岗哨"。

任务实践

汽车起重机支腿工作回路中三位四通手动换向阀切换到左位工作,支腿放下,手动阀切换到右位工作,支腿收起。

支腿伸出后能长时间保持位置不变,要防止出现"软腿"现象,如图 7-7 所示,每个支腿液压缸需采用两个液控单向阀组成的液压锁,达到双向锁死的目的。

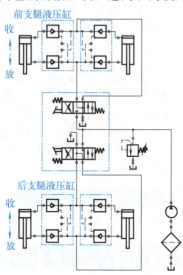

图 7-7　汽车起重机支腿工作回路

任务 2　压力控制回路的构建与调试

任务导入

在实际设备中存在多个子系统，而多个子系统各自的压力需求不同。如图 7-8 所示加工中心，在使用同一液压泵的情况下，工件先要被夹紧才能进行切削加工。而工具夹紧需要的压力比切削进给的压力低，且使用同一个动力元件，那么，如何满足工作要求呢？请构建满足控制要求的液压回路并调试。

知识导航

利用压力控制阀来控制系统压力的回路称为压力控制回路，它可以实现调压、稳压、减压、增压、卸荷、平衡等功能，以满足执行元件对力或转矩的要求，或者达到合理利用功率，保证系统安全的目的。

图 7-8　某加工中心夹紧缸和切削进给缸

一、调压回路

调压回路的功能在于调定或限制液压系统的最高工作压力，或者使执行机构在工作过程不同阶段实现多级压力变换。一般由溢流阀来实现这一功能，前者可参见溢流阀的应用。

视频：调压回路

（一）二级调压回路

图 7-9（a）所示的调压回路，可实现两种不同的压力控制。当电磁阀断电时（图示状态），系统压力由阀 1 调节，电磁阀通电后，系统压力由阀 2 调节。但要注意，阀 2 的调定压力一定要小于阀 1 的调定压力。

（二）三级调压回路

图 7-9（b）为三级调压回路。当两电磁铁均不带电时，系统压力由阀 1 调定；当 1YA 通电时，由阀 2 调定系统压力；当 2YA 通电时，系统压力由阀 3 调定。但要注意：阀 2 和阀 3 的调定压力一定要小于阀 1 的调定压力，而阀 2 和阀 3 的调定压力之间没有一定的关系。

图 7-9（c）为电液比例调压回路。通过调节比例溢流阀的输入电流，即可实现系统压力的无级调节。此回路结构简单，调压过程平稳，且容易使系统实现远距离控制或程序控制。

（三）双向调压回路

图 7-10 所示为液压缸双向调压回路。在图 7-10（a）中，当换向阀在左位工作时，活塞为工作行程，液压泵出口由溢流阀 1 调定为较高的压力，缸右腔通过换向阀回油。当换向阀在右位工作时，活塞空程返回，液压泵出口由溢流阀 2 调定为较低的压力，溢流阀 1 不起作用。缸退到终点后，液压泵在低压下回油，功率损耗小。

在图 7-10（b）中，溢流阀 1 调定压力高，溢流阀 2 调定压力低。由于溢流阀 2 的出口被高压油封闭，即溢流阀 1 的远控口被堵塞，因此液压泵压力由溢流阀 1 决定。当换向阀在右位工作时，液压缸左腔通油箱，压力为零，液压泵压力被溢流阀 2 调定为较低的压力。

动画：二级调压回路

动画：三级调压回路

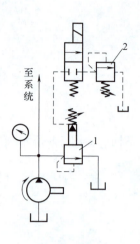
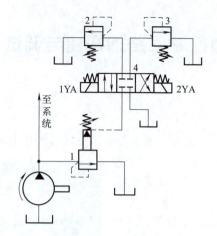
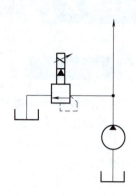

(a) 二级调压回路
1,2—溢流阀

(b) 三级调压回路
1～3—溢流阀；4—三位四通换向阀

(c) 电液比例调压回路

图 7-9　多级调压回路

动画：双向调压回路（一）

动画：双向调压回路（二）

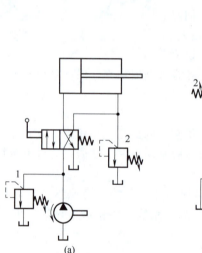
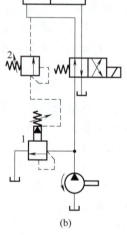

图 7-10　双向调压回路
1,2—溢流阀

小贴士

调压回路的主控元件是溢流阀，它将作用在阀芯上的液压力与弹簧力相比较，利用被控压力作为信号来改变弹簧压缩量，从而改变阀口的通流面积和系统的溢流量来达到定压的目的，是液压系统的"安全员"。

【例 7-1】　在图 7-10（b）所示回路中，两溢流阀的压力调整值 $p_{调1}=10\mathrm{MPa}$，$p_{调2}=2\mathrm{MPa}$。试求：

（1）活塞往返运动时，泵的工作压力各为多少？

（2）如 $p_{调2}=12\mathrm{MPa}$，活塞往返运动时，泵的工作压力各为多少？

（3）图 7-10（a）所示回路能否实现正反工作行程的双向调压？这两个回路中所使用的溢流阀有何不同？

解：（1）图 7-10（b）中，活塞向右运动时，溢流阀 2 由于进出口压力相等，始终处在关闭状态，不起作用，故泵的工作压力由溢流阀 1 决定，即 $p_{泵}=p_{调1}=10\text{MPa}$。

当图 7-10（b）中活塞向左运动时，与溢流阀 1 的先导阀并联着的溢流阀 2 出口压力降为零，于是泵的工作压力便由两个溢流阀中压力调整值小的那个来决定，即 $p_{泵}=p_{调2}=2\text{MPa}$。

（2）活塞向右运动时，泵的工作压力同上，仍为 10MPa；活塞向左运动时，改为 $p_{泵}=p_{调1}=10\text{MPa}$。

（3）图 7-10（a）所示回路能够实现与图 7-10（b）所示回路相同的双向调压。阀型选择上，图 7-10（b）中的溢流阀 2 可选用流量规格小的远程调压阀，溢流阀 1 必须选用先导型溢流阀，图 7-10（a）中的两个溢流阀都需采用先导型溢流阀或直动型溢流阀，视工作压力而定。

小结论

分析调压回路问题时，需先观察调压阀的连接方式。调压阀并联时起作用的是那个最小的压力调整值，串联时则为几个压力调整值之和。此外，还需注意：如果溢流阀进、出口压力相等，则不管压力如何变化，这个阀的阀口永远是关闭的，不起作用。

小拓展

请利用所学知识设计一个多级（至少 3 级）调压回路，使液压泵的出口能形成多种压力。

二、卸荷回路

视频：卸荷回路

卸荷回路的功用是指在液压泵的驱动电动机不频繁启闭的情况下，使液压泵在功率输出接近于零的情况下运转，以减少功率损耗，降低系统发热，延长泵和电动机的寿命。因为液压泵的输出功率为其流量和压力的乘积，因而，两者任一近似为零，功率损耗即近似为零。因此液压泵的卸荷有流量卸荷和压力卸荷两种，前者主要是使用变量泵，使变量泵仅为补偿泄漏而以最小流量运转，此方法简单，但泵仍处在高压状态下运行，磨损比较严重，压力卸荷的方法是使泵在接近零压下运转。常见的压力卸荷回路有以下几种。

（一）采用换向阀中位机能的卸荷回路

定量泵可借助 M、H 和 K 型中位机能的三位换向阀实现卸荷，图 7-11 所示为 M 型中位机能的换向阀卸荷回路。若回路需保持一定（较低）控制压力以操纵液动元件，在回油路上应安装背压阀，如图中单向阀 a。此种回路切换时压力冲击小。

（二）采用电磁溢流阀的卸荷回路

图 7-12 所示的卸荷回路采用先导型溢流阀和流量规格较小的二位二通电磁阀组成一个电磁溢流阀。当电磁阀断电时，先导型溢流阀的遥控口接油箱，其主阀口全开，液压泵实现卸荷。这种卸荷回路卸荷压力小，切换时冲击也小。

（三）采用二位二通阀的旁路卸荷回路

图 7-13 所示为采用二位二通阀的旁路卸荷电路。电磁阀得电，泵即卸荷，注意二位二通阀的流量不小于泵的流量。该回路工作可靠，适用于中、小流量系统。

（四）采用二通插装阀的卸荷回路

图 7-14 所示为采用二通插装阀的卸荷回路。由于二通插装阀通流能力大，因而这种卸荷回路适用于大流量的液压系统。正常工作时，泵压力由溢流阀 1 调定。当二位四通电磁阀 2 通电后，主阀上腔接通油箱，二通插装阀主阀口打开，泵即卸荷。

动画：采用换向阀中位机能的卸荷回路

动画：采用电磁溢流阀的卸荷回路

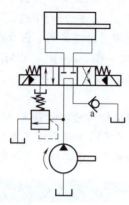

图 7-11 采用换向阀中位机能的卸荷回路

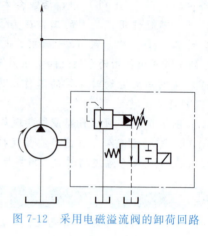

图 7-12 采用电磁溢流阀的卸荷回路

动画：采用二位二通阀的卸荷回路

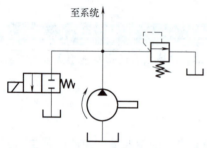

图 7-13 采用二位二通阀的旁路卸荷回路

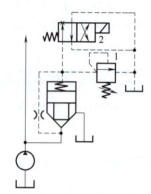

图 7-14 采用二通插装阀的卸荷回路
1—溢流阀；2—二位四通电磁阀

视频：增压回路

在双泵供油回路中，可利用顺序阀作卸荷阀的方式卸荷，详见图 5-22。

三、增压回路

增压回路的功能是提高系统中某一支路的工作压力，以满足局部工作机构所需的高压。采用了增压回路，可省去高压泵，且系统的整体工作压力仍然较低，这样就可以降低成本、节省能源和简化结构，增压回路中实现油液压力放大的主要元件是增压缸，其增压比为增压缸大小活塞的面积之比。

(一) 单作用增压缸的增压回路

如图 7-15 (a) 所示，当换向阀处于图示位置工作时，系统供油压力 p_1 进入增压缸的大活塞腔，此时在小活塞腔即可得到所需的较高压力 p_2；当换向阀切换至右位时，增压缸活塞返回，补油箱中的油液经单向阀向小活塞腔补油。这种回路不能获得连续的高压油，因此只适用于行程较短的单作用液压缸回路。

(二) 双作用增压缸的增压回路

图 7-15 (b) 所示为双作用增压缸的增压回路，它能连续输出高压油，适用于增压行程要求较长的场合。在图示位置，液压泵压力油进入增压缸左端大、小活塞腔，右端大活塞腔接油箱，右端小活塞腔输出的高压油经单向阀 4 输出，此时单向阀 1、3 被封闭。当增压缸

活塞移到右端时，换向阀的电磁铁通电，换向阀在右位工作，增压缸活塞向左移动，左端小活塞腔输出的高压油经单向阀 3 输出。这样，增压缸的活塞不断往复运动，其两端便交替输出高压油，从而实现了连续增压。

四、减压回路

减压回路的功用是使某一支路得到比溢流阀调定压力低且稳定的工作压力。减压回路常用于机床液压系统中工件的夹紧、导轨润滑及控制油路中。

（一）单级减压回路

图 7-16 所示为一种常见的减压回路。泵的供油压力根据系统负载大小由溢流阀 1 调定，夹紧缸 4 所需的低压力油则靠减压阀 2 来调节。单向阀 3 的作用是在主油路压力降低到小于减压阀调定压力时防止油液倒流，起短暂保压的作用。

（二）二级减压回路

图 7-17 所示为一种二级减压回路。它是在先导型减压阀 2 的遥控口上接一远程调压阀 3，此回路则可由阀 2、阀 3 各调得一种低压，但要注意，阀 3 的调定压力一定要小于阀 2 的调定压力。

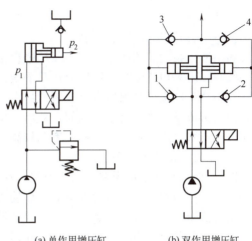

(a) 单作用增压缸　　(b) 双作用增压缸

图 7-15　增压回路

1～4—单向阀

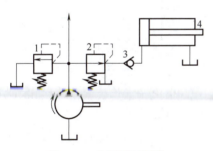

图 7-16　单级减压回路

1—溢流阀；2—减压阀；3—单向阀；4—工作缸

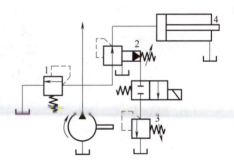

图 7-17　二级减压回路

1—溢流阀；2—先导型减压阀；3—远程调压阀；4—工作缸

小贴士

减压回路的主控元件是减压阀，它是一种利用液流流过缝隙产生压降的原理，使出口压力低于进口压力的压力阀，以使同一系统具有两个或两个以上的压力支路。减压阀是液压系统的"变压器"。

五、保压回路

有的机械设备在工作过程中，常常要求液压执行机构在其行程终止时，保持压力一段时间，这时需采用保压回路。所谓保压回路，也就是使系统在液压缸不动或者仅有工件变形所产生的微小位移下稳定地维持住压力。最简单的保压回路是使用密封性能较好的液控单向阀的回路，但是阀类元件处的泄漏使得这种回路的保压时间不能维持太久。常用的保压回路有以下几种。

(一) 利用液压泵的保压回路

利用液压泵的保压回路也就是保压过程中，液压泵仍以较高的压力（保压所需压力）工作，此时，若采用定量泵，则压力油几乎全经溢流阀流回油箱，系统功率损失大，易发热，故只在小功率的系统且保压时间较短的场合下才使用；若采用变量泵，在保压时泵的压力较高，但输出流量几乎等于零，因而，液压系统的功率损失小，这种保压方法能随泄漏量的变化而自动调整输出流量，因而其效率也较高。

(二) 利用蓄能器的保压回路

图 7-18（a）所示的回路，当主换向阀在左位工作时，液压缸向前运动且压紧工件，进油路压力升高至调定值，压力继电器动作使二通阀通电，泵即卸荷，单向阀自动关闭，液压缸则由蓄能器保压。缸压不足时，压力继电器复位使泵重新工作。保压时间的长短取决于蓄能器的容量，调节压力继电器的工作区间即可调节缸中压力的最大值和最小值。

图 7-18（b）所示的回路为多缸系统中某一缸的保压回路，这种回路当主油路压力降低时，单向阀 3 关闭，支路由蓄能器 4 进行保压并补偿泄漏，压力继电器 5 的作用是当支路压力达到预定值时发出信号，使主油路开始动作。

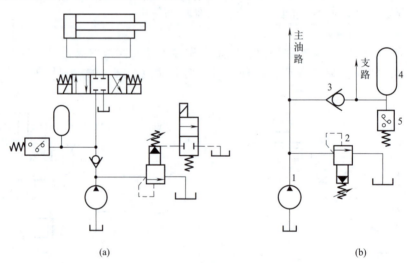

图 7-18 蓄能器保压回路
1—定量泵；2—先导型溢流阀；3—单向阀；4—蓄能器；5—压力继电器

(三) 自动补油保压回路

图 7-19 所示的回路为采用液控单向阀和电接触式压力表的自动补油式保压回路，其工作原理为：当 1YA 得电，换向阀右位工作，液压缸上腔压力上升，当上升至电接触式压力表的上限值时，上触点接电，使电磁铁 1YA 失电，换向阀处于中位，液压泵卸荷，液压缸由液控单向阀保压。当液压缸上腔压力下降到预定下限值时，电接触式压力表又发出信号，使 1YA 得电，液压泵再次向系统供油，使压力上升。当压力达到上限值时，上触点又发出信号，使 1YA 失电。因此，这一回路能自动地使液压缸补充压力油，使其压力能长期保持在一定范围内。

六、平衡回路

为防止垂直或倾斜放置的液压缸和与之相连的工作部件因自重而自行下落，常在活塞向下运动的回油路上安装一个能产生一定背压的液压元件，这样构成的回路称平衡回路。

（一）采用单向顺序阀的平衡回路

图 7-20（a）是采用单向顺序阀的平衡回路，通过调整顺序阀的开启压力，使之稍大于活塞及与之相连的工作部件自重引起的液压缸下腔的压力值，则当换向阀处于中位时，顺序阀阀口关闭，活塞及工作部件被锁死而停止运动，实现平衡功能。同时当换向阀处于左位时，活塞下行，液压缸下腔的油液顶开顺序阀流回油箱，由于顺序阀的开启压力，回油路上存在一定的背压，从而使活塞平稳下落。

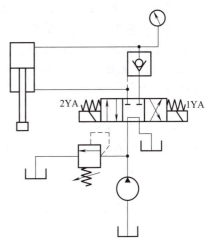

图 7-19 自动补油保压回路

这种回路在活塞下行时的功率损失比较大，平衡时又因顺序阀是滑阀结构，密封性差，存在一定的泄漏，长期停留时活塞将缓慢下落。因此，该回路只适用于工作部件质量不大、停留时间较短且定位要求不高的场合。

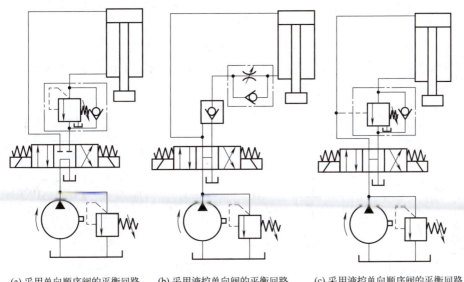

(a) 采用单向顺序阀的平衡回路　　(b) 采用液控单向阀的平衡回路　　(c) 采用液控单向顺序阀的平衡回路

图 7-20　平衡回路

（二）采用液控单向阀的平衡回路

图 7-20（b）是采用液控单向阀的平衡回路。由于液控单向阀采用锥面密封，泄漏小，闭锁性好，因此活塞能够较长时间停止不动，很大程度上延缓了活塞因阀的泄漏而产生的下降。

但也必须指出，这种回路在回油路上应串入单向节流阀，以控制活塞的下降速度，否则，液控单向阀打开后，回油腔没有背压，活塞由于自重会加速下降，从而造成液压缸上腔供油不足，使进油路上的压力消失，液控单向阀会因控制油路失压而关闭，阀关闭后控制油路又建立压力，阀再次打开。阀的时开、时闭，致使活塞在向下运动的过程中产生振动和冲击，运动不平稳。

（三）采用液控单向顺序阀的平衡回路

图 7-20（c）是采用液控单向顺序阀的平衡回路，在活塞向下运动时，由于液控顺序阀

视频：压力控制回路习题精讲

被进油路的控制油打开，与前一回路相比，没有因顺序阀的开启压力在回油路上产生的背压，因此功率损失小。与采用液控单向阀的平衡回路一样，在回油路上，也应串联单向节流阀，以保证活塞下行运动时的平稳性。

【例7-2】 如图7-21所示，已知溢流阀调定压力为6MPa，减压阀调定压力为4MPa，无杆腔面积为$10^{-3}\mathrm{m}^2$，试分析，当外负载F分别为0N、1000N、4000N、6000N时，A、B点压力各是多少？活塞运动状态或位置如何？

解：(1) $F=0$N时，由于液压系统的压力取决于外负载，故此时$p=0$，因此$p_A=p_B=0$，活塞向右运动。

(2) $F=1000$N时，

$$p=F/A=1000\mathrm{N}/10^{-3}\mathrm{m}^2=10^6\mathrm{Pa}=1\mathrm{MPa}$$

此时，1MPa＜6MPa，溢流阀不打开；1MPa＜4MPa，减压阀不减压，活塞向右运动，$p_A=p_B=1$MPa。

(3) $F=4000$N时，

$$p=F/A=4000\mathrm{N}/10^{-3}\mathrm{m}^2=4\times10^6\mathrm{Pa}=4\mathrm{MPa}$$

此时，4MPa＜6MPa，溢流阀不打开；减压阀处于工作状态，开始减压，保持减压阀的调定压力，$p_A=p_B=4$MPa，活塞向右运动。

(4) $F=6000$N时，

$$p=F/A=6000\mathrm{N}/10^{-3}\mathrm{m}^2=6\times10^6\mathrm{Pa}=6\mathrm{MPa}$$

此时，溢流阀处于工作状态，溢流定压，$p_A=6$MPa；减压阀处于工作状态，保持减压阀的调定压力，$p_B=4$MPa，活塞在原位不运动。

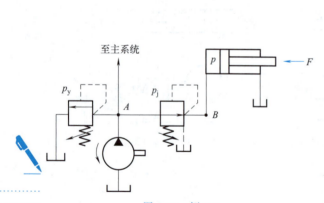

图7-21 例7-2

图7-22 例7-3
1—泵；2—溢流阀；3、5—单向阀；
4—减压阀；6—电磁阀；7—液压缸

【例7-3】 如图7-22所示的减压回路中，溢流阀2的调定压力$p_y=6$MPa，减压阀4的调定压力$p_j=3$MPa，液压缸活塞向左运动时，不计摩擦力和压力损失，求：

(1) 当主系统的负载趋于无限大，液压缸外负载为0，活塞在运动时和运动到最左端时，A、B、C三点的压力；

(2) 活塞运动到最左端后，当主系统的油压突然降至2MPa时，A、B、C三点的压力。

解：(1) 活塞运动时，外负载为零，作用在活塞右端的油液压力为0MPa，因为作用在活塞上的油液压力相当于减压阀的出口压力,且小于减压阀的调定压力,所以减压阀不起减压作用,阀口全开,故有 $p_A=p_B=p_C=0$MPa。

活塞运动到最左端终点时,作用在活塞右端的油液压力增大,最大为减压阀的调定压力,故有 $p_C=p_j=3$MPa,$p_A=p_B=p_y=6$MPa。

(2) 当主系统的油压突然降至2MPa时,$p_A=p_B=2$MPa,因为 $p_B<p_j$,减压阀不起减压作用,减压阀的出口油压变为2MPa,小于 C 点的压力3MPa,单向阀5关闭,使 C 点的压力保持3MPa不变,即 $p_C=3$MPa。

【例7-4】 如图7-23所示回路中,已知活塞在运动时所需克服的摩擦阻力为 $F=1500$N,活塞面积为 $A=15$cm^2,溢流阀调定压力 $p_y=4.5$MPa,两个减压阀的调整压力分别为 $p_{j1}=2$MPa,$p_{j2}=3.5$MPa。如管道和换向阀处的压力损失均可不计,试问:

(1) YA吸合和不吸合时对夹紧压力有无影响?

(2) 如减压阀的调整压力改为 $p_{j1}=3.5$MPa,$p_{j2}=2$MPa,YA吸合和不吸合时对夹紧压力有何影响?

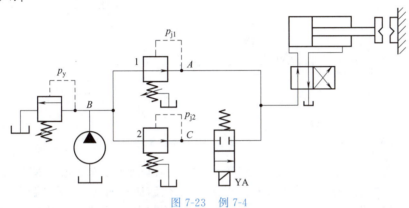

图7-23 例7-4

解:(1) 摩擦阻力在液压缸内引起的负载压力为

$$p=\frac{F}{A}=\frac{1500}{15\times10^{-4}}\text{Pa}=1\text{MPa}$$

可见,不管YA吸合与否,夹紧过程都能正常进行。

YA不吸合时,减压阀1起作用,夹紧压力上升到2MPa时为止。当YA吸合时,减压阀1和2同时起作用,夹紧压力上升到2MPa时,减压阀1的阀口关闭,减压阀2的阀口仍处于全开位置,为此,夹紧压力继续上升,到3.5MPa时才终止。所以,YA吸合或不吸合所造成的夹紧压力是不同的。这是一个二级减压回路,用二位二通阀来变换夹紧压力。

(2) 当 $p_{j1}=3.5$MPa,$p_{j2}=2$MPa时,YA吸合或不吸合都会产生3.5MPa的夹紧压力,二位二通阀失去了变换夹紧压力的功用。

多级减压阀并联时,起作用的是那个最大的出口压力调整值。减压阀进口压力小于其出口压力调整值时,阀口全开,相当于一个过油通道。

多级减压阀串联时,起作用的是哪个?

任务实践

加工中心在使用同一液压泵的情况下,工件先要被夹紧才能进行切削加工,而工具夹紧需要的压力比切削进给的压力低,所以这就要用到减压阀,建立减压支路用于控制夹紧缸,当工件夹紧时需发出信号让系统中的切削缸实现进给运动,可以采用压力继电器实现。

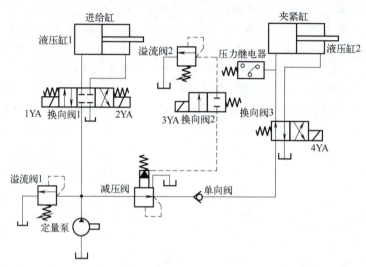

图 7-24 加工中心夹紧缸和切削进给缸压力控制系统

如图 7-24 所示,该系统中主要包含 11 个元件,即单向定量泵,溢流阀 1、2,减压阀,单向阀,三位四通换向阀 1,二位二通换向阀 2,二位四通换向阀 3,液压缸 1、2,压力继电器。其中,单向阀可阻止油液倒流回液压泵;溢流阀 1 限定系统最高压力;溢流阀 2 调节夹紧缸工作压力。

任务 3　速度控制回路的构建与调试

任务导入

如图 7-25 所示某小型车载液压起重机,重物的吊起和放下通过一个双作用液压缸的活塞杆伸出和缩回来实现。为保证能平稳地吊起和放下重物,对液压缸活塞的运动需进行节流调速,请构建满足要求的液压控制回路并调试。

知识导航

速度控制回路的功用是对液压系统中执行元件的速度进行调节和控制。执行元件的速度应能在一定范围内加以调节(调速回

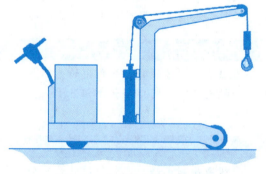

图 7-25 小型车载液压起重机

路）；由空载进入加工状态时，速度要能由快速运动稳定地转换为工进速度（速度换接回路）；为提高效率，空载快进速度应大于工作进给的速度，甚至能使泵的流量有所增加（增速回路）。工作完毕后的退回速度也要求大于工作进给的速度。机械设备，特别是机床，对调速性能有较高的要求，故调速回路是重点。

一、调速回路

视频：调速回路

调速是指调节执行元件的运动速度。在不考虑油液的可压缩性和泄漏的情况下，执行元件的速度表达式为

液压缸 $$v=\frac{q}{A} \tag{7-1}$$

液压马达 $$n=\frac{q}{V} \tag{7-2}$$

从式（7-1）和式（7-2）可知，改变进入执行元件的流量 q，或者改变执行元件的几何尺寸（液压缸的有效工作面积 A 或液压马达的排量 V）都可以改变其运动速度。要改变进入执行元件的流量 q，可以用定量泵与节流元件的配合来实现；也可以直接用变量泵来实现。而对于液压缸来讲，要改变其有效工作面积 A，在结构上有困难，所以只能通过改变输入流量来实现调速；对于液压马达，既可以通过改变输入流量，也可以通过改变其排量（采用变量马达）来实现调速。

根据以上分析，可以归纳出以下三类基本调速方法：
（1）节流调速 采用定量泵供油，由流量阀调节进入执行元件的流量来调节速度。
（2）容积调速 采用变量泵改变输出流量或改变液压马达的排量来实现调速。
（3）容积节流调速 采用变量泵和流量阀联合来调节速度，又称为联合调速。

（一）节流调速回路

节流调速回路由定量泵供油，用流量阀控制进入执行元件或从执行元件流出的流量，以调节其运动速度。根据流量阀在回路中安装位置不同，分为进油节流调速、回油节流调速和旁路节流调速三种形式。

1. 采用节流阀的节流调速回路

三种节流调速回路的工作原理、速度-负载特性、回路特点详见表 7-1。这种采用节流阀的节流调速回路，负载变化将引起执行元件的速度变化，故只能适用于负载变化不大和速度稳定性要求不高的场合。

（1）进油节流调速回路

① 速度负载特性。如表 7-1 中回路简图，液压缸在以稳定的速度运动时，作用在活塞上的力平衡方程为 $p_1 A_1 = p_2 A_2 + F$，其中 $p_2 \approx 0$，所以有 $p_1 = F/A_1$，则节流阀两端的压力差为 $\Delta p = p_\mathrm{p} - \dfrac{F}{A_1}$，根据节流阀的流量特性公式，则 $q_1 = C A_\mathrm{T} \left(p_\mathrm{p} - \dfrac{F}{A_1} \right)^m$，$m$ 一般取 0.5。

因此液压缸的运动速度为：$$v = \frac{q_1}{A_1} = \frac{C A_\mathrm{T} \left(p_\mathrm{p} - \dfrac{F}{A_1} \right)^m}{A_1} \tag{7-3}$$

式（7-3）即为进油路节流调速回路的速度负载特性公式。由此可知，液压缸的运动速度 v 和节流阀通流面积 A_T 成正比。调节 A_T 可实现无级调速，这种回路的调速范围较大。

根据式（7-3），选择不同的 A_T 值作 v-F 坐标曲线，可得一组曲线，即为该回路的速度

负载特性曲线，如表 7-1 中所示。

② 最大承载能力。由速度负载特性曲线可看出，不同 A_T 的速度负载特性曲线交汇于负载 F 轴上的同一点，该点所对应的负载即为该回路的最大承载能力 F_{max}。由式（7-3）可知，$F_{max}=p_p A_1$。在泵供油压力由溢流阀调定的情况下，其最大承载能力为一定值。

③ 功率和效率。液压泵的输出功率为 $P_p = p_p q_p =$ 常量，而液压缸的输出功率为

$$P_1 = Fv = F\frac{q_1}{A_1} = p_1 q_1 \tag{7-4}$$

则该回路效率为

$$\eta = \frac{P_1}{P_p} = \frac{Fv}{p_p q_p} = \frac{p_1 q_1}{p_p q_p} \tag{7-5}$$

由于存在溢流损失和节流损失，故这种调速回路的效率较低。

(2) 回油节流调速回路　如表 7-1 中回路简图，和进油节流调速回路不同的是，该回路的背压 $p_2 \neq 0$，节流阀两端压力差 $\Delta p = p_2$，缸的工作压力 $p_1 = p_p$，仿照式（7-3）的推导步骤，可得出回油节流调速回路的速度负载特性公式。

从推导结果上可以发现，回油节流调速回路和进油节流调速回路的 v—F 特性基本相同。若液压缸为两腔有效面积相同的双杆缸，则两种调速回路的 v—F 特性完全相同。

(3) 旁路节流调速回路

① 速度负载特性。如表 7-1 中回路简图，活塞受力平衡方程为 $p_1 A_1 = p_2 A_2 + F$，不计管路压力损失，则有 $p_1 = p_p$，$p_2 \approx 0$，所以有 $p_p = F/A_1$，即液压泵的供油压力取决于外负载 F 的大小。

通过节流阀的流量为　$q_T = CA_T \left(\dfrac{F}{A_1}\right)^m$，进入液压缸的流量为 $q_1 = q_p - CA_T \left(\dfrac{F}{A_1}\right)^m$

因此液压缸的运动速度为：

$$v = \frac{q_1}{A_1} = \frac{q_p - CA_T \left(\dfrac{F}{A_1}\right)^m}{A_1} \tag{7-6}$$

根据式（7-6），选择不同的 A_T 值，作一组速度负载特性曲线，如表 7-1 中所示。

② 最大承载能力。由速度负载特性曲线可看出，不同 A_T 的速度负载特性曲线所对应的最大负载 F_{max} 不同。最大承载能力 F_{max} 随 A_T 增大而减小，即低速时承载能力差，调速范围也小。

③ 功率和效率。液压泵的输出功率为 $P_p = p_p q_p$，而液压缸的输出功率为

$$P_1 = p_1 q_1 \tag{7-7}$$

则该回路效率为

$$\eta = \frac{P_1}{P_p} = \frac{p_1 q_1}{p_p q_p} = \frac{q_1}{q_p} \tag{7-8}$$

旁路节流调速回路只有节流损失而无溢流损失，泵压随负载变化（进、回油路节流调速泵压为定值），节流损失和输入功率随负载而变化，因此该回路的效率较高。

2. 采用调速阀的节流调速回路

使用节流阀的节流调速回路，速度刚性都比较软，在变载荷下运动稳定性均比较差。为克服此缺点，在回路中用调速阀代替节流阀。由于调速阀本身能在负载变化的条件下保证其通过的流量基本不变，因此使用调速阀后，节流调速回路的速度负载特性得到很大改善。但需注意，为保证调速阀正常工作，调速阀两端压差必须大于其最小压差（中低压调速阀为

0.5MPa，高压为1MPa）。

在采用调速阀的调速回路中，虽然提高了速度稳定性，但由于调速阀中包含了减压阀和节流阀的损失，并且同样存在溢流损失，因此，该回路的效率更低。

表 7-1 节流调速回路

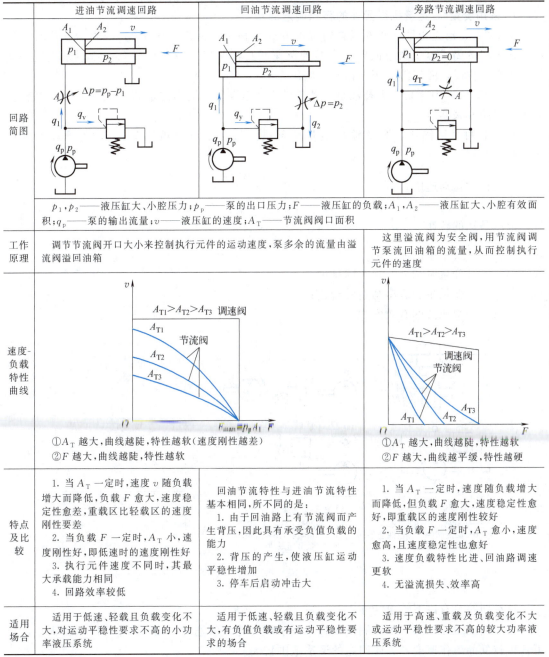

动画：进油节流调速回路

动画：回油节流调速回路

动画：旁路节流调整回路

	进油节流调速回路	回油节流调速回路	旁路节流调速回路
回路简图	（见图）	（见图）	（见图）
	p_1、p_2——液压缸大、小腔压力；p_p——泵的出口压力；F——液压缸的负载；A_1、A_2——液压缸大、小腔有效面积；q_p——泵的输出流量；v——液压缸的速度；A_T——节流阀阀口面积		
工作原理	调节节流阀开口大小来控制执行元件的运动速度，泵多余的流量由溢流阀溢回油箱		这里溢流阀为安全阀，用节流阀调节泵流回油箱的流量，从而控制执行元件的速度
速度-负载特性曲线	（见图）	（见图）	（见图）
	①A_T越大，曲线越陡，特性越软（速度刚性越差） ②F越大，曲线越陡，特性越软		①A_T越大，曲线越陡，特性越软 ②F越大，曲线越平缓，特性越硬
特点及比较	1. 当A_T一定时，速度v随负载增大而降低，负载F愈大，速度稳定愈差，重载区比轻载区的速度刚性要差 2. 当负载F一定时，A_T小，速度刚性好，即低速时的速度刚性好 3. 执行元件速度不同时，其最大承载能力相同 4. 回路效率较低	回油节流特性与进油节流特性基本相同，所不同的是： 1. 由于回油路上有节流阀而产生背压，因此具有承受负值负载的能力 2. 背压的产生，使液压缸运动平稳性增加 3. 停车后启动冲击大	1. 当A_T一定时，速度随负载增大而降低，但负载F愈大，速度稳定性愈好，即重载区的速度刚性较好 2. 当负载F一定时，A_T愈小，速度愈高，且速度稳定性也愈好 3. 速度负载特性比进、回油路调速更软 4. 无溢流损失、效率高
适用场合	适用于低速、轻载且负载变化不大，对运动平稳性要求不高的小功率液压系统	适用于低速、轻载且负载变化不大，有负值负载或有运动平稳性要求的场合	适用于高速、重载及负载变化不大或运动平稳性要求不高的较大功率液压系统

 小提示

节流调速回路结构简单、价格便宜、使用维护方便，但功率损失较大。为了提高系统效率，在大功率液压系统中普遍采用容积调速回路。

（二）容积调速回路

容积调速回路是依靠调节变量泵或变量马达的排量来实现调速的，回路中没有溢流损失和节流损失，故效率高，发热小，适用于大功率的液压系统。

容积调速回路按液压泵和液压马达（或液压缸）组合方式的不同，分为以下三种形式。

1. 采用变量泵-定量执行元件的容积调速回路

图 7-26（a）为变量泵和液压缸组成的开式容积调速回路，图 7-26（b）为变量泵和液压马达组成的闭式容积调速回路。这两种调速回路都是通过调节变量泵的排量来实现调速的。正常工作时，溢流阀关闭，作安全阀用。

图 7-26（b）中，泵 1 为补油泵，其流量为变量泵最大输出流量的 10%～15%，补油压力由溢流阀 6 来调定。

在以上两个回路中，泵的输出流量全部进入液压缸（或液压马达），若不计泄漏影响，则：

液压缸的运动速度 $$v = \frac{q_p}{A} = \frac{n_p V_p}{A} \tag{7-9}$$

液压马达的转速 $$n_M = \frac{q_p}{V_M} = \frac{n_p V_p}{V_M} \tag{7-10}$$

式中　q_p——变量泵的流量；
　　　V_p、V_M——变量泵和液压马达的排量；
　　　n_p、n_M——变量泵和液压马达的转速；
　　　A——液压缸的有效面积。

动画：变量泵-定量执行元件容器调速回路

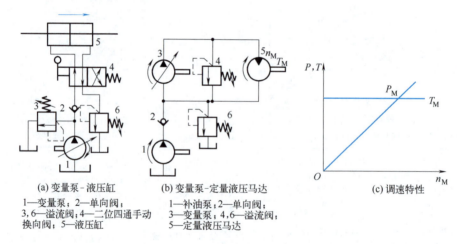

(a) 变量泵-液压缸
1—变量泵；2—单向阀；3,6—溢流阀；4—二位四通手动换向阀；5—液压缸

(b) 变量泵-定量液压马达
1—补油泵；2—单向阀；3—变量泵；4,6—溢流阀；5—定量液压马达

(c) 调速特性

图 7-26　变量泵和定量执行元件容积调速回路

这种回路具有以下输出特性：

① 变量泵的排量 V_p 可控制液压缸（或液压马达）的速度。由于 V_p 可以调得很小，故可获得较低的工作速度，因此回路的调速范围较大。

② 若不计系统损失，由液压缸推力公式 $F = p_p A$ 和液压马达的转矩公式 $T = \dfrac{p_p V_M}{2\pi}$，可知：

p_p 由安全阀调定，V_M、A 是固定不变的，因此液压缸（液压马达）输出的最大推力（转矩）不变，故这种调速称为恒推力（恒转矩）调速。

若不计系统损失,液压缸(液压马达)的输出功率等于液压泵的输出的功率,即

$$P_M = P_p = p_p V_p n_p = p_p V_M n_M$$

式中,p_p、V_M 为常量,因此回路的输出功率随着液压马达的转速 n_M(V_p)的改变呈线性化。

2. 采用定量泵-变量马达的容积调速回路

如图 7-27(a)所示,溢流阀 2 为安全阀,由定量泵 4 和溢流阀 5 组成补油回路。定量泵输出的流量不变,调节液压马达的排量便可改变其转速。这种回路具有以下特性:

① 根据 $n_M = \dfrac{q_p}{V_M}$ 可知,马达输出转速 n_M 与排量 V_M 成反比,调节 V_M 即可改变马达的转速 n_M,但 V_M 不能调得过小(此时输出转矩很小,甚至不能带动负载),故这限制了转速的提高,所以这种调速回路的调速范围较小。

② 由马达的转矩公式 $T = \dfrac{p_p V_M}{2\pi}$ 可知,若减小 V_M,则 T 将减小。由于 V_M 和 n_M 成反比,当 n_M 增大时,转矩 T 将逐渐减小,故这种回路的输出转矩为变值。

③ 定量泵输出流量 q_p 是不变的,泵的供油压力 p_p 由安全阀限定。若不计系统损失,则马达输出功率 $P_M = P_p = p_p q_p$,即液压马达的最大输出功率不变,故这种调速回路称为恒功率调速。

图 7-27(b)为该回路的调速特性曲线。这种调速回路能适应机床主运动所要求恒功率调速的特点,但其调速范围较小,故这种调速回路目前较少单独使用。

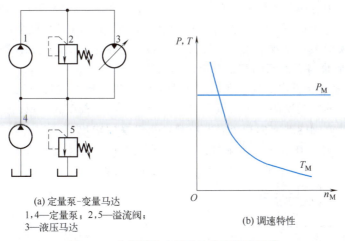

(a)定量泵-变量马达
1,4—定量泵;2,5—溢流阀;
3—液压马达

(b)调速特性

图 7-27 定量泵和变量马达容积调速回路

动画:定量泵-变量马达容积调速回路

3. 采用变量泵-变量马达的容积调速回路

如图 7-28(a)所示,液压马达的转速可以通过调节液压泵的排量或调节液压马达的排量来实现。变量泵正向或反向供油,马达即可实现正转或反转。单向阀 6、9 用于使辅助泵 4 双向补油,单向阀 7、8 使安全阀 3 双向都能起到过载保护作用。这种回路实际上就是上面两种调速回路的组合,由于液压泵和液压马达的排量都可改变,故此回路的调速范围很大,其调速特性曲线如图 7-28(b)所示。

这种系统在低速范围内调速时,先将液压马达的排量调为最大(使马达能获得最大输出转矩),然后改变泵的输出流量,当变量泵的排量由小变大,直至达到最大输油量时,液压马达转速亦随之升高,输出功率随之线性增加,此时液压马达处于恒转矩状态;若要进一步

加大液压马达转速,则可将变量马达的排量由大调小,此时输出转矩随之降低,而泵则处于最大功率输出状态不变,故液压马达亦处于恒功率输出状态。

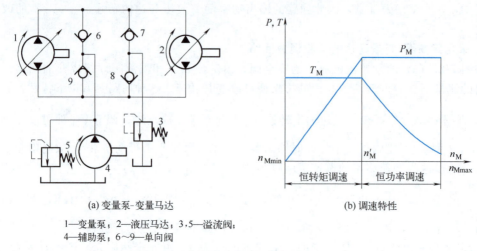

(a) 变量泵-变量马达　　(b) 调速特性

1—变量泵;2—液压马达;3,5—溢流阀;
4—辅助泵;6~9—单向阀

图 7-28　变量泵和变量马达容积调速回路

(三) 容积节流调速回路

容积调速回路虽效率高,发热小,但仍存在速度负载特性较软的问题。尤其在低速时,泄漏在总流量中所占的比例增加,其速度的稳定性更差。因此在对低速稳定性要求较高的机床进给系统中常采用容积节流调速回路,即采用变量泵和流量控制阀联合调节执行元件的速度。在这种回路中,变量泵的输出流量能自动接受流量阀的调节并且全部进入执行元件做功,回路没有溢流损失,故效率较高,且其速度的稳定性比容积调速回路好。

1. 限压式变量泵与调速阀的容积节流调速回路

图 7-29 所示为由限压式变量泵和调速阀组成的容积节流调速回路。该系统由限压式变量泵 1 供油,液压油经调速阀 3 进入液压缸工作腔。回油经背压阀 4 返回油箱,液压缸运动速度由调速阀中节流阀的通流面积 A_T 来控制,变量泵的输出流量 q_p 与进入液压缸的流量 q_1 相适应。其原理是:在节流阀通流截面积 A_T 调定后,通过调速阀的流量 q_1 是恒定不变的。因此,当 $q_p > q_1$ 时,泵的出口压力上升,通过压力的反馈作用使限压式变量叶片泵的

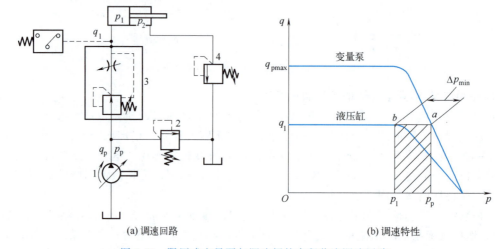

(a) 调速回路　　(b) 调速特性

图 7-29　限压式变量泵与调速阀的容积节流调速回路
1—限压式变量泵;2—溢流阀;3—调速阀;4—背压阀

流量自动减小到 $q_p \approx q_1$；反之，当 $q_p < q_1$ 时，泵的出口压力下降，压力反馈作用又会使其流量自动增大到 $q_p \approx q_1$。可见，调速阀在这里的作用不仅使进入液压缸的流量保持恒定，而且还使泵的输出流量恒定并与液压缸流量相匹配。这样，泵的供油压力基本恒定不变（该调速回路也称定压式容积节流调速回路）。这种回路中的调速阀也可装在回油路上，它的承载能力、运动平稳性、速度刚性和调速范围都和与它对应的节流调速回路相同。

> **小结论**
>
> 限压式变量泵与调速阀等组成的容积节流调速回路，具有效率较高、调速较稳定、结构较简单等优点。目前已广泛应用于负载变化不大的中、小功率组合机床的液压系统中。

2. 差压式变量泵与节流阀的容积节流调速回路

图 7-30 所示为差压式变量泵与节流阀组成的容积节流调速回路，通过节流阀控制进入液压缸的流量 q_1，并使变量泵输出流量 q_p 自动与 q_1 相适应。

在这种调速回路中，作用在液压泵定子上的力平衡方程式为（变量机构右活塞杆的面积与左柱塞面积相等）

$$p_p A_1 + p_p (A - A_1) = p_1 A + F_s \quad (7-11)$$

即

$$p_p - p_1 = \frac{F_s}{A} \quad (7-12)$$

式中，F_s 为变量泵控制缸中的弹簧力。

由式 (7-12) 可知，节流阀前后压差 $\Delta p = p_p - p_1$ 基本上由作用在泵变量机构控制柱塞上的弹簧力来确定。由于弹簧在工作中伸缩量的变化很小，F_s 基本恒定，即 Δp 也近似为常数，所以，通过节流阀的流量仅与阀的开口大小有关，不会随负载而变化，这与调速阀的工作

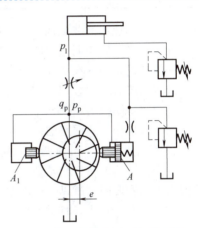

图 7-30　差压式变量泵与节流阀的容积节流调速回路

e—转子和定子的偏心距

原理是相似的。因此，这种调速回路的性能和前述回路不相上下，它的调速范围仅受节流阀调节范围的限制。此外，该回路因能补偿由负载变化引起的泵的泄漏变化，因此，它在低速小流量的场合使用性能更好。在这种调速回路中，不但没有溢流损失，而且泵的供油压力随负载而变化，回路的功率损失也只有节流阀处压降 Δp 所造成的节流损失一项，因而它的效率较前一种调速回路高，且发热少。其回路的效率为

$$\eta_c = \frac{p_1 q_1}{p_p q_p} = \frac{p_1}{p_1 + \Delta p} \quad (7-13)$$

由式 (7-13) 可知，只要适当控制 Δp（一般，$\Delta p \approx 0.3\text{MPa}$），就可以获得较高的效率。

> **小结论**
>
> 这种回路宜用于负载变化大、速度较低的中小功率场合，如某些组合机床的进给系统。

（四）调速回路的比较和选用

1. 调速回路的比较（见表 7-2）

2. 调速回路的选用

调速回路的选用主要考虑以下因素。

① 执行机构的负载性质、运动速度、速度稳定性等要求；负载小且工作中负载变化也小的系统可采用节流阀的节流调速回路；在工作中负载变化较大且要求低速稳定性好的系

表 7-2 调速回路的比较

主要性能		节流调速回路				容积调速回路	容积节流调速回路	
		用节流阀		用调速阀			限压式	稳流式
		进回油	旁路	进回油	旁路			
机械特性	速度稳定性	较差	差	好	好	较好	好	
	承载能力	较好	较差	好		较好	好	
调速范围		较大	小	较大		大	较大	
功率特性	效率	低	较高	低	较高	最高	较高	高
	发热	大	较小	大	较小	最小	较小	小
适用范围		小功率、轻载的中低压系统				大功率、重载、高速的中高压系统	中、小功率的中压系统	

统,宜采用调速阀的节流调速或容积节流调速回路;负载大、运动速度高、油的温升要求小的系统,宜采用容积调速回路。

一般来说,功率在 3kW 以下的液压系统,宜采用节流调速回路;功率在 3~5kW 范围内的液压系统宜采用容积节流调速回路;功率在 5kW 以上的液压系统宜采用容积调速回路。

② 工作环境要求:处于温度较高的环境下工作,且要求整个液压装置体积小、重量轻的情况,宜采用闭式回路的容积调速。

③ 经济性要求:节流调速回路的成本低,功率损失大,效率也低;容积调速回路因变量泵、变量马达的结构较复杂,所以价格高,但其效率高,功率损失小;而容积节流调速回路则介于二者之间。所以,应综合分析后再选用哪种回路。

【例 7-5】 如图 7-31 所示的进油节流调速回路中,液压缸的有效面积 $A_1=2A_2=50\text{cm}^2$, $q_p=10\text{L/min}$,溢流阀的调定压力 $p_y=2.4\text{MPa}$,节流阀为薄壁小孔,其通流面积调定为 $A_T=0.02\text{ cm}^2$,取 $C=0.0297$,只考虑液流通过节流阀的压力损失,其他压力损失和泄漏损失忽略不计。试分别按 $F_L=10000\text{N}$,5500N 和 0 三种负载情况,计算液压缸的运动速度。

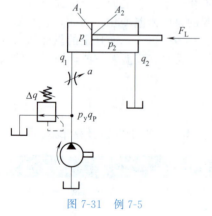

图 7-31 例 7-5

解:(1) 当按 $F_L=10000\text{N}$ 时

通过节流阀的流量 $q_1=CA_T(\Delta p)^m=CA_T\left(p_y-\dfrac{F_L}{A_1}\right)^{\frac{1}{2}}$

因为 $C=0.0297$,$A_T=0.02\text{ cm}^2$,$p_y=2.4\text{MPa}$,$A_1=50\text{cm}^2$,

所以 $q_1=0.0297\times2\times10^{-6}\times\sqrt{2.4\times10^6-\dfrac{10000}{50\times10^{-4}}}$

$=37.6$(cm^3/s)

因此,$v=\dfrac{q_1}{A_1}=\dfrac{37.6}{50}=0.75$(cm/s)

(2) 当按 $F_L=5500\text{N}$ 时

$q_1=0.0297\times2\times10^{-6}\times\sqrt{2.4\times10^6-\dfrac{5500}{50\times10^{-4}}}=67.73$(cm^3/s)

因此,$v=\dfrac{q_1}{A_1}=\dfrac{67.73}{50}=1.35$(cm/s)

(3) 当按 $F_L = 0N$ 时

$q_1 = 0.0297 \times 2 \times 10^{-6} \times \sqrt{2.4 \times 10^6} = 92.02$ （cm³/s）

因此，$v = \dfrac{q_1}{A_1} = \dfrac{92.02}{50} = 1.84$ （cm/s）

上述计算表明，空载时速度最高，负载最大时速度最低。

二、快速运动回路

快速运动回路的功用是使执行元件获得所需的高速，以提高系统的工作效率或充分利用功率。快速运动回路根据实现快速方法的不同有多种结构方案。下面介绍几种常见的快速运动回路。

（一）采用差动连接的快速运动回路

图 7-32 所示是利用二位三通换向阀实现的差动连接回路。在该回路中，当阀 1 和阀 3 在左位工作时，液压缸差动连接作快进运动；当阀 3 通电时，差动连接即被切断，液压缸回油经过调速阀，实现工进；阀 1 切换到右位后，缸快退。这种连接方式，可在不增加液压泵流量的情况下提高液压缸的运动速度。当然，采用差动连接的快速回路方法简单，较经济，但快、慢速度的换接不够平稳。必须注意，泵的流量和有杆腔排出的流量合在一起流过的阀和管路应按合成流量来选择，否则会使压力损失过大，泵的供油压力过大，致使泵的部分液压油从溢流阀溢回油箱而达不到差动快进的目的。

液压缸的差动连接也可用 P 型中位机能的三位换向阀来实现。

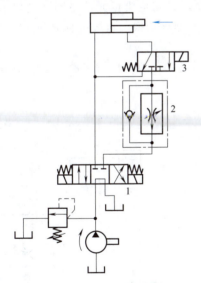

图 7-32 液压缸差动连接快速运动回路
1—三位四通换向阀；2—单向调速阀；
3—二位三通换向阀

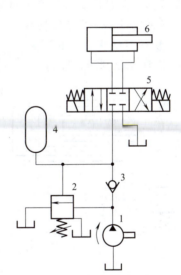

图 7-33 采用蓄能器的快速运动回路
1—液压泵；2—顺序阀；3—单向阀；
4—蓄能器；5—换向阀；6—液压缸

（二）采用蓄能器的快速运动回路

对于间歇运转的液压机械，当执行元件间歇或低速运动时，泵就向蓄能器充油。而在工作循环中的某一工作阶段执行元件需要快速运动时，蓄能器作为泵的辅助动力源，可与泵同时向系统提供压力油。

图 7-33 所示为采用蓄能器的快速运动回路。当系统停止工作时，换向阀 5 处在中间位置，这时，泵便经单向阀 3 向蓄能器供油，蓄能器压力达到规定值时，液控顺序阀 2 打开，使液压泵卸荷。当换向阀 5 的阀芯处于左端或右端位置时，泵 1 和蓄能器 4 共同向液压缸 6 供油，实现快速运动。由于采用蓄能器和液压泵同时向系统供油，故可以用较小流量的液压泵来获得快速运动。

（三）采用双泵供油的快速运动回路

采用双泵供油的快速运动回路在顺序阀的应用中已经介绍过，如图 5-22 所示。这种回路利用低压大流量泵和高压小流量泵并联为系统供油。双泵供油回路的优点是功率利用合理，系统效率高，并且速度换接较平稳，在快、慢速度相差较大的机床中应用很广泛；缺点是要用一个双联泵，油路系统也稍复杂。

视频：速度换接回路

（四）采用增速缸的快速运动回路

图 7-34 所示为采用增速缸的快速运动回路。在该回路中，当三位四通换向阀左位工作时，压力油经增速缸中柱塞 1 的中间小孔进入 B 腔，使活塞 2 伸出，获得快速运动（$v=4q_p/\pi d^2$），A 腔中所需油液经液控单向阀 3 被辅助油箱吸入，活塞 2 伸出到工作位置时，由于负载加大，压力升高，打开顺序阀 4，高压油进入 A 腔，同时关闭单向阀。此时活塞 2 在压力油作用下继续外伸，但因有效面积加大，速度变慢而使推力加大。该回路常用于油压机系统中。

动画：采用增速缸的快速运动回路

三、速度换接回路

速度换接回路是用于对执行元件实现速度的切换，以满足执行元件不同速度要求的回路。对这种回路的要求是速度换接要平稳，即不允许在速度切换的过程中有前冲现象。

（一）快速与慢速的换接回路

图 7-35 所示是利用行程阀实现的快、慢速换接回路。在图示位置，液压缸 7 右腔的回

动画：用行程阀控制的快速与慢速换接回路

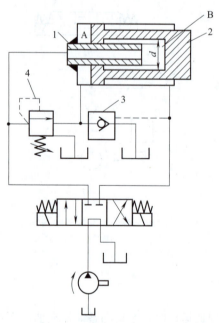

图 7-34 采用增速缸的快速运动回路
1—柱塞；2—活塞；3—液控单向阀；4—顺序阀

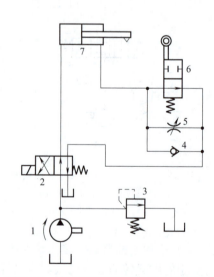

图 7-35 采用行程阀控制的速度换接回路
1—液压泵；2—换向阀；3—溢流阀；4—单向阀；
5—节流阀；6—行程阀；7—液压缸

油可经行程阀 6 和换向阀 2 流回油箱，使活塞快速向右运动。当快速运动到所需位置时，活塞上挡块压下行程阀 6，将其通路关闭，这时，液压缸 7 右腔的回油就必须经过节流阀 5 流回油箱，活塞的运动转换为工作进给运动（简称工进）。当操纵换向阀 2 使活塞换向后，压力油可经换向阀 2 和单向阀 4 进入液压缸 7 右腔，使活塞快速向左退回。

在这种速度换接回路中，因为行程阀的通油路是由液压缸活塞的行程控制阀芯移动而逐渐关闭的，所以，换接时的位置精度高，运动速度的变换比较平稳。这种回路在机床液压系统中应用较多，它的缺点是行程阀的安装位置受一定限制（要由挡铁压下），所以有时管路连接稍复杂。行程阀也可以用电磁换向阀来代替，这时，电磁阀的安装位置不受限制（挡铁只需要压下行程开关），但其换接精度及速度变换的平稳性较差。

（二）两种慢速的换接回路

一些加工机床要求工作行程有两种慢速，第一种慢速较大，多用于零件的粗加工；第二种慢速较小，多用于半精加工或精加工。为实现两次慢速，回路中常采用两个串联或并联调速阀。

图 7-36（a）为两个调速阀串联的两种慢速换接回路，调速阀 B 的开口小于调速阀 A 的开口。当电磁阀断电时，泵输出油液经调速阀 A 进入液压缸左腔，实现一工进，进给速度由调速阀 A 调节；当电磁阀通电时，压力油先经调速阀 A，再经调速阀 B 进入液压缸左腔，实现二工进，速度由调速阀 B 调节。这种回路的速度换接平稳性较好，但二工进时，油液要经过两个调速阀，能量损失较大。

动画：采用调速阀串联的两种慢速换接回路

动画：采用调速阀并联的两种慢速换接回路

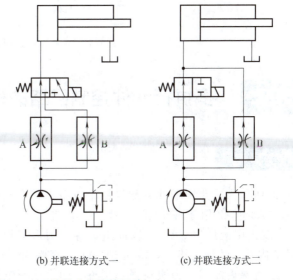

(a) 串联调速阀　　(b) 并联连接方式一　　(c) 并联连接方式二

图 7-36　两种慢速的换接回路

图 7-36（b）为两个调速阀并联的两种慢速换接回路，这种回路中，两个调速阀的节流口可以单独调节，互不影响，即第一种工作进给速度和第二种工作进给速度互相间没有什么限制。但一个调速阀工作时，另一个调速阀中无油液通过，它的定差减压阀处于完全打开的位置，在速度换接开始的瞬间不能起减压作用，因而在速度转换瞬间，通过该调速阀的流量过大会造成进给部件突然前冲。因此该回路不宜用在同一行程两次进给速度的换接上，只可用在速度预选的场合。

图 7-36（c）也是两个调速阀并联的两种慢速换接回路，但这种接法可以避免图 7-36（b）中发生的液压缸前冲现象。

任务实践

这个任务的控制要求比较简单,换向阀选用 M 型中位机能,使得重物吊放可以在任意位置停止,并让泵泄压,实现节能,如图 7-37 所示。任务对速度稳定性没有严格的要求,所以可选用结构简单的节流阀,不必选择价格相对较贵的调速阀。

在液压缸活塞伸出,放下重物时,重物对于液压缸来说是一个负值负载。为防止活塞不受节流阀控制,快速伸出,可以利用顺序阀产生的平衡力来支承负载。

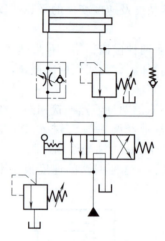

图 7-37　小型车载液压起重机液压控制回路

任务 4　多执行元件控制回路的构建与调试

任务导入

图 7-38 所示为一专用零件装配机械手设备。其中双作用液压缸 1A1 伸出用于工件的夹紧。当其夹紧力达到 3MPa 时,双作用液压缸 2A1 活塞伸出,将一圆形工件压装入零件的内孔。装配完毕后,液压缸 2A1 活塞首先缩回,液压缸 1A1 活塞后缩回。为避免损坏工件,两个液压缸伸出速度应可以进行调节。请构建满足要求的液压控制回路并调试。

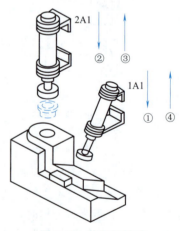

图 7-38　装配机械手

知识导航

在液压系统中,如果由一个油源给多个液压缸输送压力油,这些液压缸会因压力和流量的彼此影响而在动作上相互牵制,必须使用一些特殊的回路才能实现预定的动作要求,常见的这类回路主要有以下三种:顺序动作回路、同步动作回路和互不干扰回路。

一、顺序动作回路

在多缸液压系统中,往往需要液压缸按照一定的要求顺序动作,顺序动作回路就是使几个执行元件严格按照预定的顺序动作的回路。例如,自动车床中刀架的纵横向运动,夹紧机构的定位和夹紧等。

顺序动作回路按其控制方式不同,分为压力控制、行程控制和时间控制三种,其中前两类用得较多。

(一) 压力控制的顺序动作回路

这种回路利用液压系统工作过程中的压力的变化来使液压执行元件按顺序先后动作。常用顺序阀和压力继电器来控制多缸动作顺序。

1. 采用单向顺序阀控制的顺序动作回路

图 7-39 所示为用单向顺序阀控制的顺序动作回路。单向顺序阀 D 用来控制两液压缸向右运动的先后顺序,而单向顺序阀 C 用来控制两液压缸向左运动的先后顺序。当换向阀处于左位工作时,压力油进入 A 缸左腔和阀 D 的进油口,缸 A 的活塞向右运动,实现动作①,而此时进油路压力较低,阀 D 处于关闭状态;当缸 A 运动到终点后停止,进油路压力升高到顺序阀 D 的调定压力时,顺序阀 D 打开,压力油进入 B 缸左腔,缸 B 活塞向右运动,实现动作②;同理,当换向阀处于右位时,两缸则按照③和④顺序返回。若两缸的返回无先后顺序要求,可以将阀 C 省去。

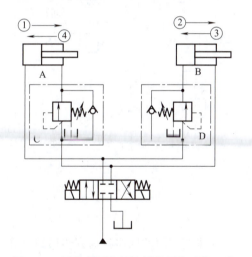

图 7-39 用单向顺序阀控制的顺序动作回路

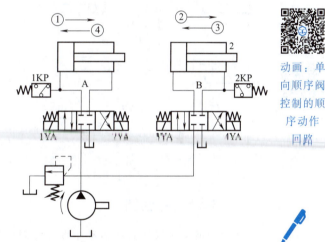

图 7-40 用压力继电器控制的顺序动作回路

2. 采用压力继电器控制的顺序动作回路

图 7-40 为用压力继电器控制的顺序动作回路。压力继电器 1KP 用于控制液压缸向右运动的先后顺序,压力继电器 2KP 用于控制液压缸向左运动的先后顺序。当 1YA 通电,缸 A 活塞向右运动,实现动作①,当缸 A 运动到终点后,回路压力升高,当压力达到压力继电器 1KP 的调定压力时,压力继电器发出电信号,使 3YA 通电,缸 B 活塞向右运动,实现动作②;同理,当 4YA 通电(其余电磁铁断电),缸 B 返回,实现动作③;缸 B 退到原位后,回路压力升高,当压力升高到压力继电器 2KP 的调定压力时,压力继电器 2KP 发出电信号使 2YA 通电,缸 A 活塞退回完成动作④。

在压力继电器控制的顺序动作回路中,顺序阀或压力继电器的调定压力必须大于前一动作执行元件的最大工作压力 10%～15%，否则在管路中的压力冲击或波动下会造成误动作，引起事故。这种回路只适用于执行元件数目不多、负载变化不大的场合。

（二）行程控制的顺序动作回路

1. 采用行程阀控制的顺序动作回路

图 7-41 是用行程阀控制的顺序动作回路。开始两液压缸活塞均在左端位置，扳动手动换向阀 C 的手柄使其在右位工作，缸 A 右行，实现动作①；当运动部件上的挡块压下行程阀 D 后，缸 B 右行，实现动作②。松开换向阀手柄，换向阀复位，缸 A 先退回，实现动作③；在挡块离开行程阀后，行程阀复位，缸 B 退回，实现动作④。这种回路动作可靠，但要改变动作顺序较困难。

2. 采用行程开关控制的顺序动作回路

图 7-42 所示为用行程开关控制的顺序动作回路。当 1YA 通电，缸 A 右行完成动作①后，触动行程开关 1ST 使 2YA 通电，缸 B 右行，完成动作②；当缸 B 右行触动行程开关 2ST 使 1YA 断电，缸 A 返回，实现动作③，在缸 A 触动 3ST 使 2YA 断电，缸 B 返回，完成动作④，最后触动 4ST 使泵卸荷，完成一个工作循环。这种回路调整液压缸的动作行程大小和改变动作顺序都比较方便，因此在实际中应用较为普遍。

动画：行程阀控制的顺序动作回路

动画：行程开关控制的顺序动作回路

视频：同步动作回路

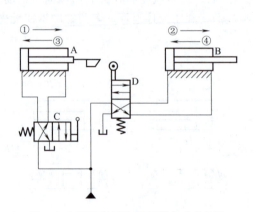

图 7-41　用行程阀控制的顺序动作回路

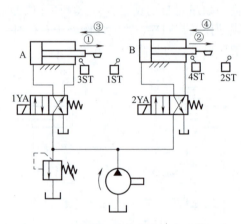

图 7-42　用行程开关控制的顺序动作回路

二、同步动作回路

使两个或多个液压缸在运动中保持相对位置不变且速度相同的回路称为同步回路。在多缸液压系统中，影响同步精度的因素很多，例如，液压缸外负载、泄漏、摩擦阻力、制造精度、结构弹性变形以及油液中含气量等都会使运动不同步，同步回路要尽量克服或减少这些因素的影响。

（一）并联液压缸的同步回路

1. 采用并联调速阀的同步回路

如图 7-43 所示，用两个调速阀分别串接在两个液压缸的回油路（或进油路）上，再并联起来，以调节两缸运动速度，即可实现同步。这是一种常用的比较简单的同步方法，但因为两个调速阀的性能不可能完全一致，同时还受到负载变化和泄漏的影响，故同步精度较低。

2. 采用比例调速阀的同步回路

图 7-44 所示是采用比例调速阀的同步回路，其同步精度较高，绝对精度达 0.5mm，能

满足一般设备的要求。回路使用一个普通调速阀C和一个比例调速阀D，各装在由单向阀组成的桥式整流油路中，分别控制缸A和缸B的正反向运动。当两缸出现位置误差时，检测装置发出信号，调整比例调速阀的开口，修正误差，即可保证同步。

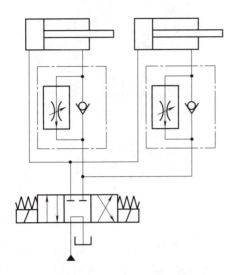
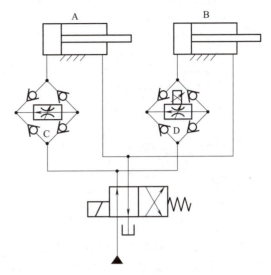

图 7-43　用并联调速阀的同步回路　　图 7-44　采用比例调速阀的同步回路

（二）串联液压缸的同步回路

1. 采用普通串联液压缸的同步回路

图 7-45 所示为两个液压缸串联的同步回路。第一个液压缸回油腔排出的油液被送入第二个液压缸的进油腔，若两缸的有效工作面积相等，两活塞必然有相同的位移，从而实现同步运动。由于制造误差和泄漏等因素的影响，该回路同步精度较低。

2. 采用带补偿措施的串联液压缸的同步回路

图 7-46 所示两缸串联，A 腔与 B 腔面积相等，使进、出流量相等，两缸的升降便得到同步。而补偿措施使同步误差在每一次下行运动中都可消除。例如阀 5 在右位工作时，缸下降，若缸 1 的活塞先运动到底，它就触动电气行程开关 1ST，使阀 4 通电，压力油便通过该阀和液控单向阀向缸 2 的 B 腔补入，推动活塞继续运动到底，误差即被消除。若缸 2 先到底，触动行程开关 2ST，阀 3 通电，控制压力油使液控单向阀反向通道打开，缸 1 的 A 腔通过液控单向阀回油，其活塞即可继续运动到底。这种串联液压缸的同步回路只适用于负载较小的液压系统中。

三、互不干扰回路

在多缸液压系统中，往往由于一个液压缸的快速运动而吞进大量油液，造成整个系统的压力下降，干扰了其他液压缸的慢速工进进给运动。因此，对于工作进给稳定性要求较高的多缸液压系统，必须采用互不干扰回路。

图 7-47 所示为双泵供油多缸互不干扰回路，各缸快速进退皆由大泵 2 供油，当任一缸进入工进时，则改由小泵 1 供油，彼此无牵连，也就无干扰。图示状态各缸原位停止。当电磁铁 3YA、4YA 通电时，阀 7、阀 8 左位工作，两缸都由大泵 2 供油做差动快进，小泵供

动画：带补偿措施的串联液压缸同步回路

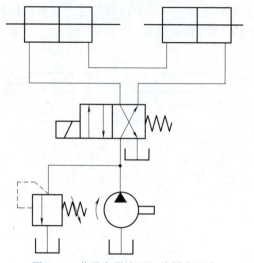

图 7-45　普通串联液压缸的同步回路

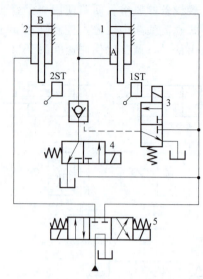

图 7-46　带补偿措施的串联液压缸的同步回路

油在阀 5、阀 6 处被堵截。设缸 A 先完成快进，由行程开关使电磁铁 1YA 通电，3YA 断电，此时大泵 2 对缸 A 的进油路被切断，而小泵 1 的进油路打开，缸 A 由调速阀 3 调速做工进，缸 B 仍做快进，互不影响。当各缸都转为工进后，它们全由小泵供油。此后，若缸 A 又率先完成工进，则行程开关应使阀 5 和阀 7 的电磁铁都通电，缸 A 即由大泵 2 供油快退。当各电磁铁皆断电时，各缸皆停止运动，并被锁于所在位置上。

动画：双泵供油多缸快慢速互不干扰回路

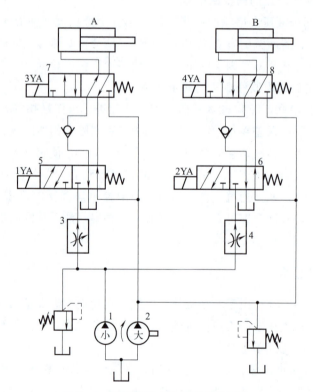

图 7-47　双泵供油多缸互不干扰回路
1—小泵；2—大泵；3，4—调速阀；5～8—二位五通单电动阀

任务实践

视频：装配机械手液压系统的构建与调试

当换向阀处于左位，液压缸 1A1 活塞先伸出；当开始夹紧零件时，其无杆腔压力开始上升；当达到顺序阀 2V1 调定值时，顺序阀导通，液压缸 2A1 活塞伸出。这样就实现了两个液压缸活塞在压力控制下的先后顺序伸出，就可以确保零件只有处于夹紧状态，装配过程才能进行。返回的顺序控制与此类似。

为了便于实验时顺序阀的调节和压力显示，在其进油口上应安装压力表。

如果回路直接在液压泵输出口安装一个调速阀，通过调速阀可以获得相当稳定的运动速度，保证装配质量，还可以避免活塞运动到达终端位置时液压缸工作腔压力上升过快，造成顺序阀来不及响应，减少了夹紧和装配时对工件的损伤。但是这样不能进行单独调速。所以采用图 7-48 所示方案一的液压控制回路。

方案一中将 2V1 的外控口与液压缸 1A1 左腔相连，使该阀能真正根据夹紧力大小来实现通断。这个回路不仅可以对两个液压缸的伸出速度进行单独调节，它的另一个优点是：换向阀 1V1 处于中位时，液压泵的输出油液可以直接流回油箱，液压泵实现卸荷，不仅降低了系统的能耗，也减小了系统的温升，延长了液压泵的使用寿命。

在设定溢流阀的压力时，一定要调高一些，保证调速阀正常工作所需的压差。

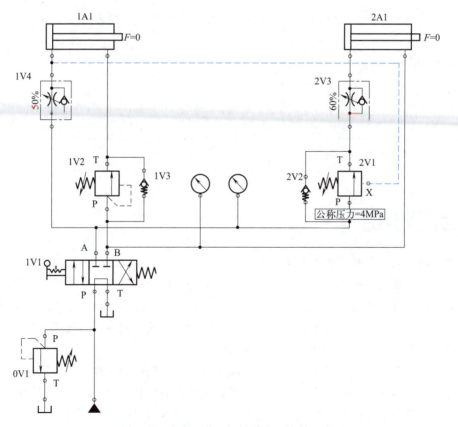

图 7-48 方案一装配机械手液压控制回路

另外，也可以采用压力继电器来完成控制要求，通过一个按钮启动，并由另一个按钮控制两个液压缸活塞的缩回。如图 7-49、图 7-50 所示。

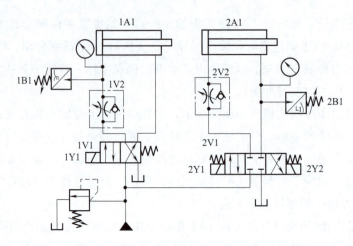

图 7-49　方案二装配机械手液压控制回路

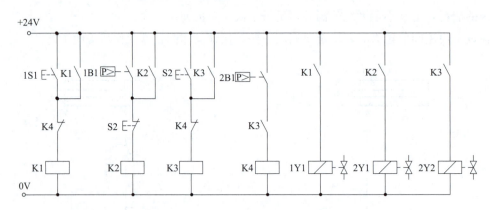

图 7-50　方案二装配机械手电气控制回路

 生产学习经验

　　模块一液压技术强基篇从液压系统工作原理出发，由元件到回路再到系统构成一个既相互独立又相互联系的有机体。其中，工程流体力学基础理论是液压与气压传动元件、回路及系统设计的理论和原理支撑，动力、控制、执行和辅助元件是构成液压与气压传动基本回路的最小物质单位，基本回路则是构成液压与气压传动系统的功能单元。液压与气压传动系统在机械系统中发挥着动力与运动传递及控制的作用。

　　回路是液压系统的基本单元，是为了完成某种特定功能而由元件组成的油路结构。液压基本回路是由一些液压元件组成的，用来完成特定功能的控制油路。液压基本回路是液压系统的核心，无论多么复杂的液压系统都是由一些液压基本回路构成的，因此，掌握液压基本回路的功能是非常必要的。

思维导图

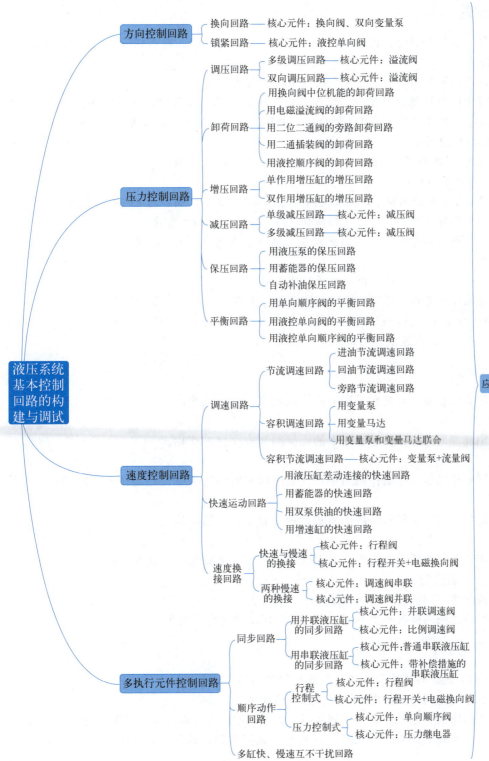

巩固练习

【填空题】

1. 液压基本回路就是由液压元件按一定方式组合起来的、能够完成_____的回路。按功用可分为_____、_____、_____和_____。
2. 双向液压锁是由_____个液控单向阀组成的。
3. 系统中中位机能为 P 型的三位四通换向阀处于不同位置时,可使单活塞杆液压缸实现快进—慢进—快退的动作循环。试分析:液压缸在运动过程中,如突然将换向阀切换到中间位置,此时缸的工况为_____。
4. 根据节流阀在系统中的安装位置不同,节流调速有_____、_____和_____三种基本形式。
5. 在进油节流调速回路中,当节流阀的通流面积调定后,速度随负载的增大而_____。
6. 液压泵的卸荷有_____卸荷和_____卸荷两种方式。
7. 在容积调速回路中,随着负载增加,液压泵和液压马达的泄漏_____,于是速度发生变化。
8. _____节流调速回路可承受负值负载。
9. 为使减压回路可靠地工作,其最高调整压力应_____系统压力。
10. 对于变量泵-变量马达容积调速回路,在低速范围内调速时,应固定_____,调节_____。在高速范围内调速时,应固定_____,调节_____。

【判断题】

1. 高压大流量液压系统常采用电磁换向阀实现主油路换向。 （ ）
2. 容积调速回路中,其主油路中的溢流阀起安全保护作用。 （ ）
3. 采用顺序阀的顺序动作回路中,其顺序阀调定的压力应比先动作液压缸的最大工作压力低。 （ ）
4. 在定量泵与变量马达组成的容积调速回路中,其转矩恒定不变。 （ ）
5. 容积调速回路既无溢流损失,也无节流损失,故效率高、发热少,但速度稳定性则不如容积节流调速回路。 （ ）
6. 节流阀进、回油路的节流调速特性差别较大。 （ ）
7. 流经调速阀的流量基本不随节流口前后压降的变化而变化。 （ ）

【简答题】

1. 使用 O 型或 M 型中位机能三位阀的锁紧回路为什么锁死效果比较差?
2. 什么是调速回路?常用的调速回路有哪几种?
3. 减压回路的功能是什么?举例说明二级减压回路的基本组成及工作原理。
4. 三个溢流阀的调定压力如图 7-51 所示。试问泵的供油压力有几级?其压力数值各有多大?

5. 如图 7-52 (a)、(b) 所示，节流阀同样串联在液压泵和执行元件之间。调节节流阀通流面积，能否改变执行元件的运动速度？为什么？

6. 一夹紧油路如图 7-53 所示，若溢流阀调整压力 $p_1=5$MPa，减压阀调整压力 $p_2=2.5$MPa。试分析夹紧缸活塞空载运动时，A、B 两点的压力各为多少？减压阀的阀芯处于什么状态？夹紧时活塞停止运动后，A、B 两点压力又各为多少？减压阀阀芯又处于什么状态？

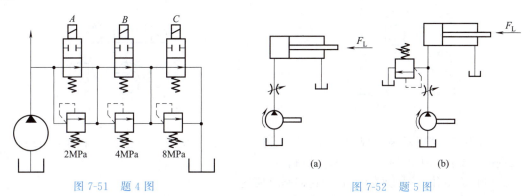

图 7-51 题 4 图 图 7-52 题 5 图

7. 如图 7-54 所示，溢流阀调定压力为 5MPa，顺序阀调定压力为 3MPa，液压缸无杆腔有效面积 $A=50$cm^2，负载 $F_L=10000$N。当换向阀处于图示位置时，试问活塞运动时和活塞到终点停止运动时，A、B 两处的压力各为多少？当负载 $F_L=20000$N 时，A、B 两处的压力又各为多少（管路损失忽略不计）？

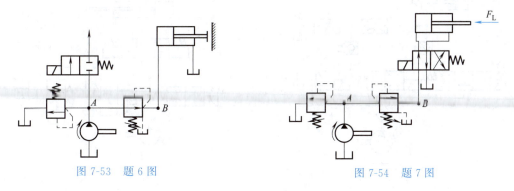

图 7-53 题 6 图 图 7-54 题 7 图

8. 图 7-55 所示的回路中，泵输出流量 $q_p=10$L/min，溢流阀调定压力 $p_s=2$MPa。两节流阀均为薄壁小孔型 $[q=CA_T(\Delta p)^m]$，流量系数 $C=0.0297$，开口面积 $A_{T1}=0.02$cm^2，$A_{T2}=0.01$cm^2。当液压缸克服阻力向右运动时，如不考虑溢流阀的调压偏差，试求：

（1）液压缸大腔的最大工作压力能否达到 2MPa；

（2）溢流阀的最大溢流量。

9. 图 7-56 所示为采用调速阀加背压阀的进油节流调速回路。液压缸两腔有效面积分别为 50 cm^2 和 20cm^2，负载 $F=9000$N，背压阀的调定压力为 0.5MPa，泵的流量为 30L/min。不计管道和换向阀损失，试求：

（1）欲使缸速稳定，不计调压偏差，溢流阀的最小调定压力多大？

（2）泵卸荷时功率损失为多大？

（3）背压阀的调定压力若增加了 0.3MPa，溢流阀调定压力的增量应有多大？

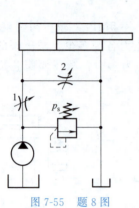

图 7-55　题 8 图

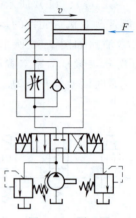

图 7-56　题 9 图

10. 图 7-57 所示为实现"快进——一工进—二工进—快退—停止"动作的液压回路，一工进的速度比二工进的速度要快。试回答：

（1）这是什么调速回路？该调速回路有何优点？

（2）试比较阀 A 和阀 B 的开口量大小。

（3）试列出电磁铁动作顺序表，通电用"＋"，断电用"－"。

11. 图 7-58 所示为组合钻床液压系统，其液压缸（缸筒固定）可实现"快进－工进－快退－原位停止"工作循环。试列出其电磁铁动作顺序表。通电用"＋"，断电用"－"。

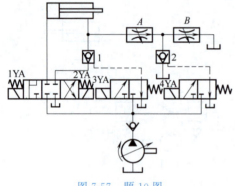

图 7-57　题 10 图

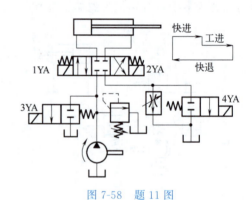

图 7-58　题 11 图

模块二
气动技术强基篇

  气动技术是一种非常杰出的工业技术，它不仅可以实现工业设备驱动，而且还可以实现对驱动系统的控制。在高度重视环保的当今社会，空气是最洁净和最无污染的工作介质，气压传动技术的应用在工业化国家中将会变得越来越重要。

  气压设备与液压、电气设备一样，都是生产过程自动化和机械化最有效的手段之一。气动系统对恶劣环境的适应性及控制方式的灵活多样性，使得气动技术在需要防火、防静电的场合，在各种自动化的工业生产中得到广泛应用。

项目八 气压传动基础认知

学有所获

1. 能认知气动系统的组成及特点,识别气动系统回路图中的气动元件。
2. 能结合气动系统回路图解读元件的作用,会分析一般气动系统的工作原理。
3. 能够严格按照操作规程,安全文明操作。
4. 能够乐于与他人讨论,分享成果。

任务1 认识气压传动系统

动画:气动剪切机

任务导入

图 8-1(a)所示是一台气动剪切机,图 8-1(b)所示是剪切机的气动回路图,这是一种利用压缩空气进行工作的机器,结合图 8-1(b)将其中使用的元件按照气动系统的组成进行分类,并填写各元件的功能。

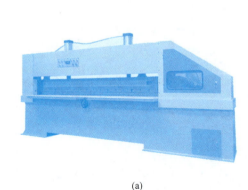
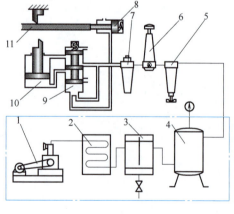

(a)　　　　　　　　　　(b)

图 8-1　气动剪切机

1—空气压缩机；2—后冷却器；3—油水分离器；4—储气罐；5—空气过滤器(分水过滤器)；
6—减压阀；7—油雾器；8—行程阀；9—换向阀；10—气缸；11—工件

要想完成此任务，必须了解什么是气压传动？利用压缩空气工作的设备究竟需要用什么样的元件组合在一起？它们的功效是什么？这种传动形式的优、缺点是什么？因此要想认识利用压缩空气工作的设备，有必要对这些问题进行学习和了解。

视频：认识气压传动系统

一、气压传动的发展概况及特点

气压传动技术是利用压缩空气来传递动力和控制信号，达到控制和驱动各种机械和设备，以实现生产过程机械化、自动化的一门技术。

（一）气压传动技术的发展概况

很早以前，人们就利用空气的能量完成了很多的工作，例如飞翔、航行等；但是气动技术应用的雏形大约开始于1776年科学家发明的空气压缩机。1880年，人们第一次利用气缸做成气动刹车装置，将它成功地应用到火车的制动上。20世纪30年代初，气动技术成功地应用于自动门的开闭及各种机械的辅助动作上。进入60年代，尤其是70年代初，随着工业机械化和自动化的发展，气动技术才广泛应用于生产自动化的各个领域，形成现代气动技术。

改革开放以来，我国的气动技术得到了快速的发展和提高，广泛应用于机械、电子、轻工、纺织、食品、医药、包装、冶金、石化、航空、交通运输等各个工业部门。气动机械手、组合机床、加工中心、自动生产线、自动检测和实验装置等已大量涌现，它们在提高生产效率、自动化程度、产品质量、工作可靠性和实现特殊工艺等方面显示出极大的优越性。

根据世界气动行业的发展趋势，气动元件的发展方向可以归纳如下。

高质量：电磁阀的寿命可达3000万次以上，气缸的寿命可达2000~5000km；

高精度：定位精度达0.5~0.1mm，过滤精度可达0.01μm；

高速度：小型电磁阀的换向频率可达数十赫兹，气缸最大速度可达3m/s；

低功耗：电磁阀的功耗可降至0.1W；

小型化：元件制成超薄、超短、超小型；

轻量化：元件采用铝合金及塑料等新型材料制造，强度不变，重量大幅度降低；

无给油化：不供油润滑元件组成的系统不污染环境，系统简单，维护也简单，节省润滑油且摩擦性能稳定，成本低、寿命长，适合食品、医药、电子、纺织、精密仪器、生物工程等行业的需要；

复合集成化：减少配线、配管和元件，节省空间，简化拆装，提高工作效率；

机电一体化：典型的是"PLC+传感器+气动元件"组成的控制系统。

（二）气压传动的优缺点

与其他传动相比，气压传动具有以下优点：

① 气动装置简单、轻便，安装维护简单，压力等级低，使用安全。

② 工作介质是空气，成本低，排气无需排气管路，处理简单，不会污染环境。

【素质驿站】 材料革命推动者 空气压缩机的鼻祖——风箱

③ 输出力和工作速度的调节非常容易，气缸动作速度一般为 50～500mm/s，适合于快速运动。

④ 可靠性高，使用寿命长，电气元件的有效动作次数约为数百万次，而一般电磁阀的寿命大于 3000 万次，小型阀超过 2 亿次。

⑤ 利用空气的可压缩性，可储存能量，实现集中供气；可短时间释放能量，以获得间歇运动中的高速响应；可实现缓冲；对冲击负载和过负载有较强的适应能力；在一定条件下，可使气动装置有自保持能力。

⑥ 具有防火、防爆、耐潮的能力；与液压方式相比，气动方式更适合在高温场合使用，可在恶劣的环境下正常工作。

⑦ 由于空气流动损失小，易于实现压缩空气集中供应和远距离输送。

气压传动的主要缺点为：

① 空气具有可压缩性，气缸的动作速度易受负载的影响，平稳性不好。

② 目前气动系统的压力级一般小于 0.8MPa，系统的输出力较小，传动效率低。

③ 排气噪声大，在高速排气时需安装消声器。

气压传动与其他几种传动控制方式的性能比较见表 8-1。

表 8-1 气压传动与其他传动控制方式的性能比较

类型		操作力	动作快慢	环境要求	构造	负载变化影响	操作距离	无级调速	工作寿命	维护	价格
气压传动		中等	较快	适应性好	简单	较大	中距离	较好	长	一般	便宜
液压传动		最大	较慢	不怕振动	复杂	有一些	短距离	良好	一般	要求高	稍贵
电力	电气	中等	快	要求高	稍复杂	几乎没有	远距离	良好	较短	要求较高	稍贵
	电子	最小	最快	要求特高	最复杂	没有	远距离	良好	短	要求更高	最贵
机械传动		较大	一般	一般	一般	没有	短距离	较困难	一般	简单	一般

二、气压传动系统的组成

图 8-2 所示为皮带压花机的示意图，图 8-3 所示为皮带压花机气动控制系统回路。从图 8-3 可看出，要想利用冲压气缸传递冲击力在皮带上压花，气动系统必须具备气源、控制元件、执行元件、空气调节处理元件和辅助元件，如图 8-4 所示，这五部分构成了一个完整的皮带压花机气动控制系统。其中各组成部分常用元件的名称及功能如下。

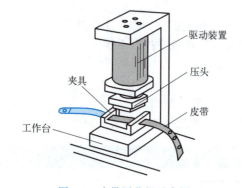

图 8-2 皮带压花机示意图

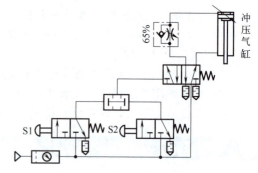

图 8-3 皮带压花机气动控制系统回路

（1）气源装置　压缩空气的发生装置以及压缩空气的存储、净化的辅助装置。它将原动机供给的机械能转换成气体的压力能，为系统提供合乎质量要求的压缩空气。

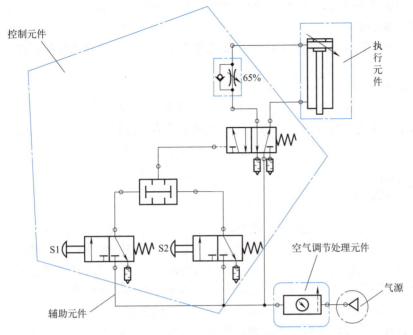

图 8-4 皮带压花机气动系统的组成

(2) 空气调节处理元件　空气调节处理元件包括空气过滤器、减压阀等元件。它们的主要功效是通过空气过滤器、减压阀、油雾器对压缩空气进行进一步处理并维持调定压力稳定。

(3) 执行元件　将气体压力能转换成机械能并完成做功动作的元件，如气缸、气马达。

(4) 控制元件　控制气体压力、流量及运动方向的元件，如各种阀类；能完成一定逻辑功能的元件，即气动逻辑元件；感测、转换、处理气动信号的元器件，如气动传感器及信号处理装置。

(5) 辅助元件　气动系统中的辅助元件，如消声器、管道、接头等。

三、气动系统的控制方式

气动控制系统通常采用下列方法对气动设备进行控制。

1. 纯气动控制方式

这种方式适用于那些不能采用电气控制的场合，如磁头加工设备、无静电设备等，其控制系统完全由气动逻辑阀、气动方向阀、手动（机动）控制阀组成。这种纯气动控制系统气路复杂，维修困难，因此在可以用电控的场合，一般不采用这种方法。

2. 继电器-接触器控制方式

这种方式适用于那些简单的气动系统控制。例如：设备的气动系统只由 3~4 个气缸组成，相互动作之间的逻辑关系简单，可采用这种继电器-接触器控制方式。由于控制系统采用的是常规的继电器-接触器控制系统，因此，适用于控制系统复杂程度不高的场合。

3. PLC 控制方式

PLC 是"可编程逻辑控制器"的简称，是目前气动设备最常见的一种控制方式。由于 PLC 能处理相当复杂的逻辑关系，因此，可对各种类型、各种复杂程度的气动系统进行控制。此外，由于 PLC 控制系统采用软件编程方法实现控制逻辑，因此，通过改变程序就可改变气动系统的逻辑功能,从而使系统的柔性增加、可靠性增加。

4. 网络控制方式

当系统的复杂程度不断增加,各台设备之间需相互通信来协调动作时,需要采用网络控制系统。

5. 综合控制方式

当设备的控制系统复杂,参数选择性较多,需随时了解工况时,可采用 PLC+人机界面+现场网络总线的综合控制方式,使控制系统更灵活、控制能力更强,以满足设备的控制需求。

任务实践

图 8-5 所示为气动剪切机的工作原理,由空气压缩机、后冷却器、油水分离器、储气罐组成气源部分,为系统提供清洁的高压气体;由分水过滤器、减压阀、油雾器组成气源调节装置,为气动设备提供具有润滑作用、压力适当的清洁气体。当该气体到达换向阀时,部分气体首先经阀内通道进入换向阀的下腔,使上腔弹簧压缩,换向阀阀芯位于上端;压缩气体经换向阀进入气缸的上腔,使气缸活塞下行至最下端位置。

当上料装置把工件送入剪切机并到达规定位置时,工件压下行程阀使其换向,导致换向阀阀芯下移换向;此时,压缩空气则经换向阀进入气缸的下腔,气缸活塞迅速向上运动,剪刀随之上行剪断工件。工件被剪下后,即与行程阀脱开,行程阀阀芯在弹簧作用下复位,换向阀 A 腔排气孔道再次被封闭,换向阀阀芯在控制气体的作用下上移,气缸活塞重新向下运动,又恢复到预工作状态。

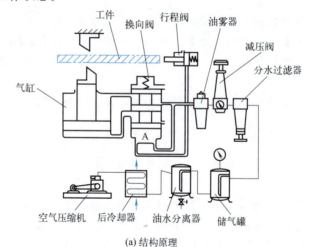

(a) 结构原理

(b) 图形符号

图 8-5 气动剪切机的工作原理

任务 2　气动元件的选用与维护

任务导入

某药品填装柔性生产线颗粒上料工作站如图 8-6 所示。该单元上料输送皮带逐个将空瓶输送至填装输送带上；上料输送皮带逐个将空瓶输送到主输送带；同时循环选料将料筒内的物料推出，对颗粒物料根据颜色进行分拣；当空瓶到达填装位后，顶瓶装置将空瓶固定，主皮带停止；上料填装模块将分拣到位的颗粒物料吸取到空瓶内；瓶子内物料到达设定的颗粒数量后，顶瓶装置松开，主皮带启动，将瓶子输送到下一个工位。

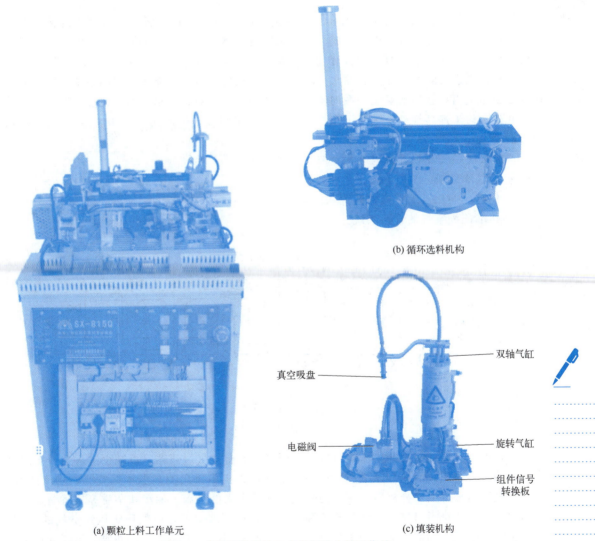

图 8-6　药品填装柔性生产线颗粒上料工作站

循环选料机构中推料的动作、顶瓶装置固定空瓶的动作、填装机构升降的动作都是利用直线气缸来驱动的；填装机构旋转的动作由摆动气缸驱动；填装机构吸盘吸放的动作由吸盘驱动。

在该工作站中，直线气缸的伸缩、摆动气缸的旋转、吸盘的吸放都需要控制压缩空气的流动方向；为了动作的平稳流畅，还需要控制运动速度。进入气缸的压缩空气必须是经过处理的，即要进行过滤、除水、除油和除杂质；气缸的往复运动需要加注润滑油；气缸等运行过程中排气腔的气体排向大气会产生很大的噪声，这些都需要利用相应的元件来解决。

请仔细观察药品填装柔性生产线颗粒上料工作站，查找该工作站所使用的气动元件并完成手动调试，最后使用 FluidSIM-P 仿真软件绘制气动回路。

知识导航

视频：气源装置

一、气源装置

气源是为气压传动设备提供具有一定质量、流量和压力的压缩空气的生产设备，由产生、处理和储存压缩空气的设备组成。气源装置的主体部分是空气压缩机，由空气压缩机产生的压缩空气，因为不可避免地含有过多的杂质（灰尘、水分等），不能直接输入气动系统使用，还必须进行降温、除尘、除水、除油等一系列处理后，才能用于气动系统。这就需要在空气压缩机出口管路上安装一系列辅助元件，如后冷却器、油水分离器、过滤器、干燥器等。此外，为了提高气动系统的工作性能，还需要用到其他辅助元件，如油雾器、转换器、消声器等。

一般来说，气源装置由以下几个部分组成，如图 8-7 所示。

① 空气压缩机。
② 储存、净化压缩空气的装置和设备。
③ 传输压缩空气的管路系统。

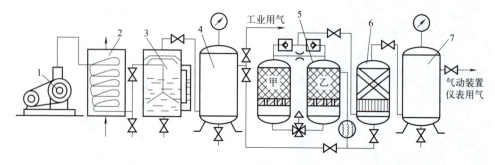

图 8-7 气源装置的组成和布置示意图
1—空气压缩机；2—后冷却器；3—油水分离器；4，7—储气罐；5—干燥器；6—过滤器

通常由空气压缩机 1 产生压缩空气，其吸气口装有空气过滤器，以减少进入空气压缩机中气体的灰尘杂质。后冷却器 2 用以冷却从空气压缩机中排出的高温压缩空气，将汽化水、汽化油凝结出来。油水分离器 3 用以使降温后凝结出来的水滴、油滴和杂质等从压缩空气中分离出来，并从排污口排出，储气罐 4 和 7 用以储存压缩空气，以便稳定压缩空气的压力，同时使压缩空气中的部分油分和水分沉积在储气罐底部以便于除去。干燥器 5 用以进一步吸收和排出压缩空气中的油分和水分，使之变为干燥空气。四通阀用以转换两个干燥器的工作状态。过滤器 6 用以进一步过滤压缩空气中的灰尘、杂质和颗粒。

储气罐 4 中的压缩空气可用于一般要求的气压系统，储气罐 7 中的压缩空气可用于要较高的气压系统（如气压仪表、射流元件等组成的系统）。

（一）空气压缩机

空气压缩机是将机械能转变为气体压力能的装置，是气动系统的动力源。按工作原理的不同，空气压缩机可分为容积式和速度式两种。

在气压系统中，一般都采用容积式空气压缩机。容积式空气压缩机的工作原理、结构及职能符号见表8-2。

表8-2 容积式空气压缩机的工作原理、结构和职能符号

动画：空气压缩机

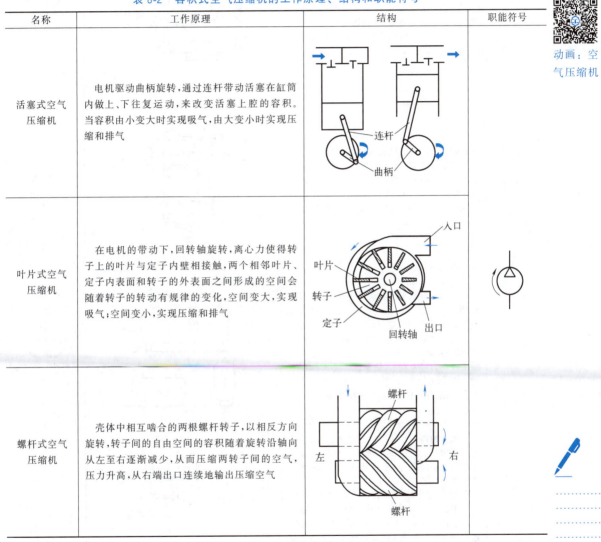

选择空压机主要依据气压系统的工作压力和流量两个主要参数。一般气压传动系统需要的工作压力为0.5~0.8MPa，因此多选用低压空压机。此外，还有中压空压机，额定排气压力为1~10MPa；高压空压机，额定排气压力为10~100MPa；超高压空压机，额定排气压力为100MPa以上。输出流量上，要根据整个气压系统对压缩空气的需要，再加一定的备用余量，作为选择空压机流量的依据。

（二）气源净化装置

气源净化装置的工作原理、结构及职能符号见表8-3。

表 8-3　气源净化装置的工作原理、结构和职能符号

动画：油水分离器

名称	工作原理	结构	职能符号
后冷却器	安装在空压机出口管道上，将压缩机排出的压缩气体由 140～170℃ 降至 40～50℃，使其中水汽、油雾汽凝结成水滴和油滴，便于经油水分离器析出。后冷却器一般采用水冷式换热装置，其结构形式有列管式、蛇管式、散热片式、套管式和板式等。右图为常用的蛇管式后冷却器，热压缩空气在浸没于冷水中的蛇形管内流动，冷却水在水套中流动，经管壁进行热交换，使压缩空气得到冷却	（热空气、冷空气、冷却水示意图）	（符号）
油水分离器	压缩空气以一定的速度从入口进入，气流先受到隔板的阻挡，被撞击而折流向下后又上升，并产生环形回转，最后从出口排出，油滴和水滴在此过程中依靠离心力的作用被甩出并分离出来，沉淀于油水分离器的底部，经排污阀排出	（输出、输入、放油水示意图）	（符号）
储气罐	储气罐在气动系统中所起作用：消除压力脉动，保证输出气流的连续性；作应急能源，储存一定量的压缩空气，以备应急使用；冷却净化压缩空气，利用储气罐的大面积散热使压缩空气中的一部分水蒸气凝结为水。罐上设压力安全阀，其调整压力为工作压力的 110%；装设压力表用来显示罐内气体压力大小；底部设排放油、水的接管和阀门	（储气罐示意图 P T）	（符号）
干燥器	干燥器的作用是满足精密气动装置用气，把初步净化的压缩空气进一步净化以吸附和排除其中的水分、油分及杂质，使湿空气变成干空气。 在图(a)吸附式干燥器的干燥罐中，压缩空气中的水分与干燥剂发生反应使干燥剂溶解。液态干燥剂可从干燥罐底部排出。根据压缩空气温度、含湿量和流速，必须及时填充干燥剂。 图(b)为一种不加热再生式干燥器，它有两个填满干燥剂的容器，压缩空气从一个容器的下部流到上部，水分被干燥剂吸收而得到干燥，一部分干燥后的空气又从另一个容器的上部流到下部，从饱和的干燥剂中把水分带走并排入大气中，即实现了不须外加热源而使吸附剂再生。Ⅰ、Ⅱ两容器定期地交换工作（约 5～10min）使吸附剂产生吸附和再生，这样可得到连续输出的干燥压缩空气	（干燥空气、干燥剂、潮湿空气、冷凝水、冷凝水排放）(a) （干燥空气、干燥状态、次干燥状态、饱和状态、排气和从干燥剂中除去的水）(b)	（符号）

续表

名称	工作原理	结构	职能符号
空气过滤器	又名分水滤气器,它的作用是滤除空气中的水分、油滴和杂质,以达到气动系统所要求的净化程度,属于二次过滤器,大多与减压阀、油雾器一起构成气动三联件,安装在气动系统的入口处。 压缩空气从输入口进入后被引入旋风叶子1,旋风叶子上有很多小缺口,迫使空气产生强烈旋转。夹杂在空气中的较大水滴、油滴和灰尘便依靠自身的惯性与存水杯3的内壁碰撞,从空气中分离出来沉到杯底。而微粒灰尘和雾状水汽则由滤芯2滤除。为防止气体旋转将存水杯积存的污水卷起,在滤芯下部设有挡水板4。为保证其正常工作,必须及时将存水杯3中的污水通过手动排水阀5放掉	（图示） 1—旋风叶子;2—滤芯;3—存水杯; 4—挡水板;5—排水阀	

二、气动辅助元件

（一）管道系统

1. 管道和管接头

（1）管道 气动系统中常用的管道有硬管和软管。硬管以钢管和紫铜管为主,常用于高温高压和固定不动的部件之间连接。软管有各种塑料管、尼龙管和橡胶管等,其特点是经济、拆装方便、密封。

（2）管接头 管接头是连接、固定管道所必需的辅件,分为硬管接头和软管接头两类。硬管接头有螺纹连接及薄壁管扩口式卡套连接,与液压用管接头基本相同,对于通径较大的气动设备、元件、管道等可采用法兰连接。

2. 管道系统的选择

气源装置管道的管径大小是根据压缩空气的最大流量和允许的最大压力损失决定的。为避免压缩空气在管道内流动时压力损失过大,空气主管道流速应为 6～10m/s（相应压力损失小于 0.03MPa）,用气车间空气流速应不大于 10～15m/s,并限定所有管道内空气流速不大于 25m/s,最大不得超过 30m/s。

管道壁厚的选择主要是考虑强度问题,可查相关手册选用。

3. 管道系统的布置

① 结合实际情况尽量与其他管线（水管、煤气罐、暖气管等）统一协调布置。

② 压缩空气主管路应沿墙或柱子架空铺设,为了便于排出冷凝水,顺压缩空气流动方向的主管道应向下倾斜 3°～5°。为了防止长管道产生弯曲,应在适当位置安装管道支撑。

③ 分支管路应从主管路上方出管,并在凹形管路的最低点和主管路末端最低点设置集水罐和排水阀,如图 8-8 所示。

④ 如果管道较长,可以在靠近用气设备近处安装一个适当的储气罐,以满足大的间断供气量的需求。

(二) 油雾器

油雾器是气压系统中一种特殊的注油装置，其作用是把润滑油雾化后，经压缩空气携带进入系统中各润滑部位，满足气动元件内部润滑的需要。

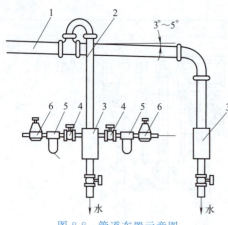

图 8-8 管道布置示意图
1—主管；2—支管；3—集水罐；4—阀门；
5—过滤器；6—减压阀

油雾器的工作原理如图 8-9（a）所示。假设压力为 p_1 的气流从左向右流经文氏管后压力降为 p_2，当输入压力 p_1 和 p_2 的压差 Δp 大于把油吸到排出口所需压力 $\rho g h$ 时，油被吸到油雾器上部，在排出口形成油雾并随压缩空气输送到需润滑的部位。在工作过程中，油雾器油杯中的润滑油位应始终保持在油杯上、下限刻度线之间。油位过低会导致油管露出液面吸不上油；油位过高会导致气流与油液直接接触，带走过多润滑油，造成管道内油液沉积。

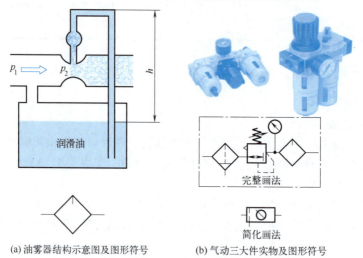

(a) 油雾器结构示意图及图形符号　(b) 气动三大件实物及图形符号

图 8-9 油雾器及气动三大件

油雾器的供油量应根据气动设备的情况确定，一般以 $10m^3$ 自由空气供给 $1cm^3$ 润滑油为宜。油雾器在安装使用中常与空气过滤器和减压阀一起构成气动三联件，尽量靠近换向阀垂直安装，进出气孔口不要装反。

空气过滤器、减压阀和油雾器被称为气动三大件，是气压传动系统中必不可少的元件，其安装顺序也不能颠倒，它们的组合件称为气源调节装置，实物及图形符号如图 8-9（b）所示。

(三) 消声器

气动系统中，压缩空气经换向阀向气缸等执行元件供气，动作完成后，又经换向阀排气，由于阀的气路复杂且十分狭窄，压缩空气以接近声速的流速从排气口排出，空气急剧膨胀和压力变化产生高频噪声。排气噪声与压力、流量和有效面积有关，当阀的排气压力为 0.5MPa 时可达 100dB 以上，而且执行元件速度越高，流量越大，噪声也越大，此时必须用消声器来降低噪声。消声器通过气流的阻尼或增加排气面积等方法，来降低排气速度和排气功率，从而达到降低噪声的目的。

常用的消声器有吸收型、膨胀干涉型和膨胀干涉吸收型等,其中吸收型在实际中应用较多。

图 8-10 为吸收型消声器的结构示意图。它是主要依靠吸声材料来消声的。消声罩 2 为多孔的吸声材料,一般用聚苯乙烯颗粒或铜珠烧结而成。当压缩空气通过消声罩时,气流受到阻力,噪声能量被部分吸收而转化为热能,从而降低了噪声强度。吸收型消声器结构简单,具有良好的消除中、高频噪声的性能,消声效果大于 20dB。

消声器的选择主要根据排气口直径大小及噪声的频率范围来选用。

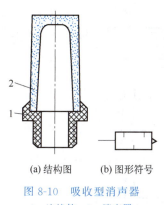
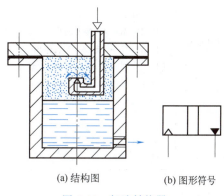

图 8-10 吸收型消声器 　　　　　图 8-11 气液转换器
1—连接件；2—消声罩

(四) 气液转换器

转换器是将电、液、气信号相互间转换的辅件,用来控制气动系统工作。气动系统中的转换器主要有气→电转换器、电→气转换器、气→液转换器等。图 8-11 所示为气液直接接触式转换器,当压缩空气由上部输入管输入后,经过管道末端的缓冲装置使压缩空气作用在液压油面上,因而液压油即以压缩空气相同的压力,由转换器主体下部的排油孔输出到液压缸,使其动作。气液转换器的储油量应不小于液压缸最大有效容积的 1.5 倍。另一种气液转换器是换向阀式,它是一个气控液压换向阀,采用气控液压换向阀,需要另外备有液压源。

视频：气动控制阀(一)——方向控制阀

三、气动控制阀

(一) 方向控制阀

方向控制阀是气动系统中通过改变压缩空气的流动方向和气流的通断,来控制执行元件启动、停止及运动方向的气动元件。主要分为单向型控制阀和换向型控制阀两大类。方向控制阀的种类较多,工作原理与液压方向控制阀基本相同,两者只是在结构和尺寸上有一定的区别。

1. 单向型控制阀

单向型控制阀的种类及工作原理见表 8-4。

表 8-4 单向型控制阀的种类及工作原理

名称	工作原理	结构原理图	职能符号
单向阀	允许气流沿着一个方向流动而不能反向流动		P◁A

续表

名称	工作原理	结构原理图	职能符号
或门型梭阀	“或”逻辑 P_1、P_2 无输入，A 无输出 P_1、P_2 有一个输入，A 有输出 P_1、P_2 都有输入，A 有输出	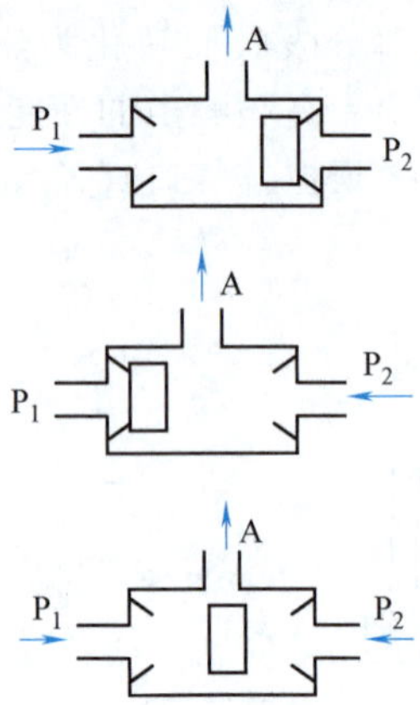	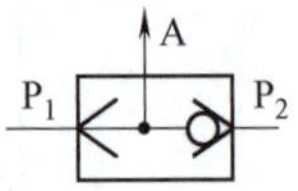
与门型梭阀	“与”逻辑，又称双压阀 P_1、P_2 无输入，A 无输出 P_1、P_2 有一个输入，A 无输出 P_1、P_2 都有输入，A 有输出	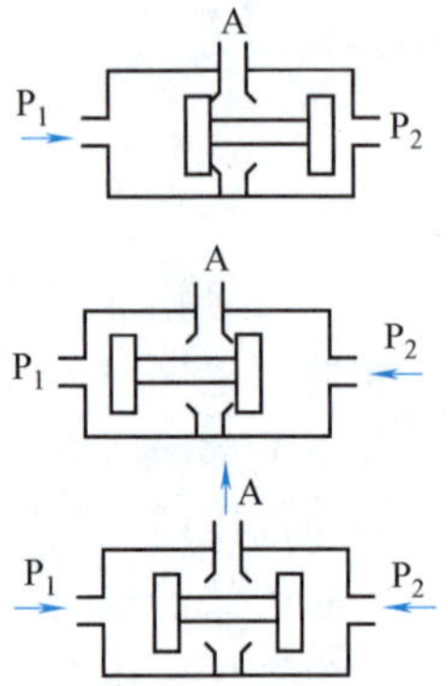	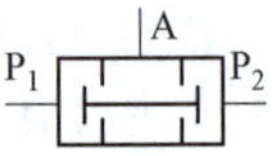
快速排气阀	快速排气阀应用于使气动元件和装置快速排气的场合。快速排气阀对于大直径气缸及换向阀与缸之间管路较长的系统尤为重要。 P 进 A 出，到气缸 A 进 O 出，快速排气	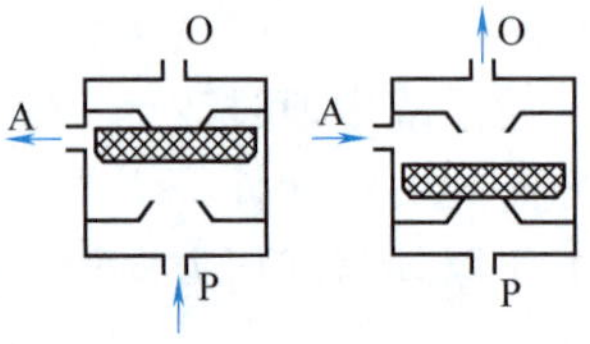	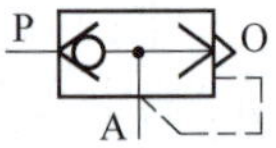

动画：或门型梭阀

动画：与门型梭阀-双压阀

动画：快速排气阀

2. **换向型控制阀**

换向阀换向是需要对阀芯施加操纵力的，操纵力有电磁力、人力、机械力和气压力操纵之分，表示方法见表 8-5。

表 8-5 方向控制阀的控制方式及符号

控制方式	说明	符号
电磁控制	利用线圈通电产生电磁吸力使阀切换，以改变气流方向的阀，简称为电磁阀。电磁阀易于实现电、气联合控制，能实现远距离操作，应用广泛	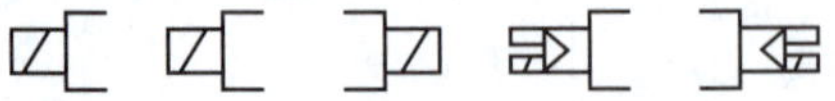 单电控式 双电控式 带手动先导式双电控

续表

控制方式	说明	符号
人力控制	依靠手、脚的操纵力使阀芯切换的换向阀称为人力控制换向阀。分为手动阀和脚踏阀两大类。人力控制与其他控制方式相比,操作灵活,动作速度较慢。因操纵力不宜大,所以阀的通径较小,使用频率较低。在手动气动系统中,一般用来直接操纵气动执行机构;在半自动和自动系统中,多作为信号阀用	一般手动操作　按钮式　手柄式　脚踏式
机械控制	利用凸轮、撞块或其他机械外力换向的阀,简称机控阀。这种阀常作信号阀用	弹簧复位式　滚轮式　可通过滚轮式
气压控制	用气压力驱动阀换向的阀简称气控阀。按照控制方式可分为加压控制、卸压控制和延时控制等。这种阀在易燃、易爆、潮湿、粉尘大的工作环境中安全可靠	直动式　先导式

换向阀通路接口的数量是指阀的输入口、输出口和排气口累计后的总数,不包括控制口数量。两个接口相通用"↓"或"↑"表示,气流不通用"⊥"或"⊤"表示。

按通路接口的数目分为二通阀、三通阀、四通阀和五通阀等。表 8-6 为换向阀的通路接口数和符号。

表 8-6　换向阀的通路接口数和符号

| 名称 | 二通阀 | | 三通阀 | | 四通阀 | 五通阀 |
	常通	常断	常通	常断		
符号	A / P	A / P	A / P R	A / P R	A B / P R	A B / R P S

二通阀有 2 个口,即 1 个输入口（P）,1 个输出口（A）。三通阀有 3 个口,除 P、A 口外,增加了 1 个排气口（用字母 R 表示）。四通阀有 4 个口,除 P、A、R 口外,还有 1 个输出口（用 B 表示）,通路为 P→A、B→R 或 P→B、A→R。五通阀有 5 个口,除 P、A、B 外,还有 2 个排气口（用 R、S 表示或 O_1、O_2 表示）,通路为 P→A、B→S 或 P→B、A→R。

二通阀和三通阀有常通型和常断型之分。常通型指阀的控制口未加控制信号（常态位）时,P 口和 A 口相通。反之,常断型在常态位时 P 口和 A 口相断。

换向阀的通路接口还可以用数字表示,表 8-7 是数字和字母两种表示方法的比较。

表 8-7　数字和字母表示方法的比较

通路接口	字母表示	数字表示	通路接口	字母表示	数字表示
输入口	P	1	排气口	R	5
输出口	B	2	输出信号清零	(Z)	(10)
排气口	S	3	控制口	Y	12
输出口	A	4	控制口	Z	14

阀芯的切换工作位置简称为"位",阀芯有几个工作位置就称为几位阀。根据阀芯在不同的工作位置,实现气路的通或断。阀芯可切换的位置数量分为二位阀和三位阀。

有 2 个通口的二位阀称为二位二通阀，通常表示为 2/2 阀，前者表示通口数，后者表示工作位置。有 3 个通口的二位阀称为二位三通阀，表示为 3/2 阀。常用的还有二位五通阀，常表示为 5/2 阀，它可用于推动双作用气缸的回路中。

三位阀当阀芯处于中间位置时，各通口呈关断状态，则称为中位封闭式（O 型）；如输出口全部与排气口相通，则称为中位卸压式（Y 型）；如输出口都与输入口相通，则称为中位加压式（P 型）。

常见换向阀的符号见表 8-8，一个方块代表一个动作位置，方块内的箭头只表示气路相通，不代表实际流向。

表 8-8　常见换向阀的符号

名称	符号	常态	名称	符号	常态
二位二通阀(2/2)		常通	二位五通阀(5/2)		2 个独立排气口
二位二通阀(2/2)		常断	三位五通阀(5/3)		中位封闭
二位三通阀(3/2)		常通	三位五通阀(5/3)		中位卸压
二位三通阀(3/2)		常断	三位五通阀(5/3)		中位加压
二位四通阀(4/2)		一条通路供气，一条通路排气			

下面以电磁控制换向阀和气压延时换向阀为例，介绍其特点及实际中应用时的注意事项。

（1）电磁控制换向阀

电磁控制换向阀简称为电磁阀，是气动控制元件中最主要的元件，其品种繁多，种类各异，按操作方式分为直动式和先导式两类。

直动式电磁阀利用电磁力直接驱动阀芯换向，图 8-12 所示为直动式单电控电磁换向阀。当电磁线圈得电时，单电控二位三通阀的 P 口与 A 口接通。电磁线圈失电，电磁阀在弹簧作用下复位，P 口关闭。

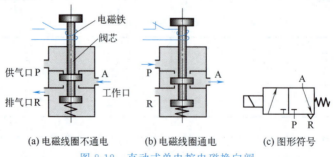

(a) 电磁线圈不通电　(b) 电磁线圈通电　(c) 图形符号

图 8-12　直动式单电控电磁换向阀

图 8-13 为双电控电磁换向阀，当左电磁线圈得电时，双电控二位五通阀的 P 口与 A 口接通，且具有记忆功能，只有当右电磁线圈得电，双电控二位五通阀才复位，即 P 口与 B 口接通。

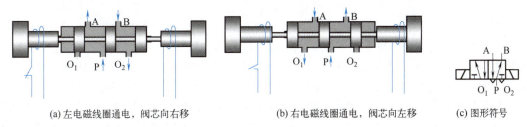

(a) 左电磁线圈通电，阀芯向右移　　(b) 右电磁线圈通电，阀芯向左移　　(c) 图形符号

图 8-13　双电控电磁换向阀

直动式电磁铁只适用于小型阀，如果控制大流量空气，则阀的体积和电磁铁都必须加大，这势必带来不经济的问题，克服这些缺点可采用先导式结构。先导式电磁阀是由小型直动式和大型气控换向阀组合而成的，它利用直动式电磁铁输出先导气压，此先导气压使主阀芯换向，该阀的电控部分又称为电磁先导阀。

双电控电磁阀外形如图 8-14 所示。双电控电磁阀与单电控电磁阀的区别在于，对于单电控电磁阀，在无电控信号时，阀芯在弹簧力的作用下会被复位，而对于双电控电磁阀，在两端都无电控信号时，阀芯的位置取决于前一个电控信号，即双电控电磁阀的控制信号只要脉冲信号就可以。

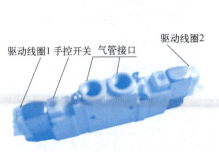

图 8-14　双电控电磁阀外形

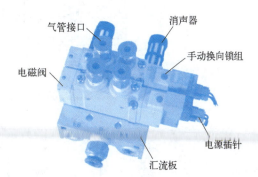

图 8-15　电磁阀组

动画：亚德客阀组

小提示

特别注意的是，双电控电磁阀的两个电控信号不能同时为"1"，即在控制过程中不允许两个线圈同时得电，否则，可能会造成电磁线圈被烧毁，当然，在这种情况下，阀芯的位置是不确定的。

电磁阀组就是将多个阀与消声器、汇流板等集中在一起构成的一组控制阀的集成，而每个阀的功能是彼此独立的。如图 8-15 所示，两个电磁阀集中安装在汇流板上，汇流板中两个排气口末端均连接了消声器，消声器的作用是减少压缩空气在向大气排放时的噪声。这两个电磁阀带有手动换向和加锁钮，有锁定（LOCK）和开启（PUSH）2 个位置。用小螺丝刀把加锁钮旋到 LOCK 位置时，手控开关向下凹进去，不能进行手控操作。只有在 PUSH 位置，可用工具向下按，信号为"1"，等同于该侧的电磁信号为"1"；常态时，手控开关的信号为"0"。在进行设备调试时，可以使用手控开关对电磁阀进行控制，从而实现对相应气路的控制，达到调试的目的。

(2) 气压延时换向阀

延时换向阀的作用相当于时间继电器。它由单气控二位三通换向阀、单向节流阀及气容等元件组成。

如图 8-16（a）所示，当控制口 12 没有压缩空气时，阀芯在弹簧力的作用下紧紧地顶在阀座上，阀口闭合，1 口与 2 口不通，2 口与 3 口相通；如图 8-16（b）所示，当控制口 12 有压缩空气时，气体经阀内的细长流道，一方面作用在单向阀上，使单向阀闭合，另一方面通过节流阀进入气容内，作用在阀芯上。由于节流口很小，压力逐渐升高，经过一定时间后，作用在阀芯上的力能克服阀芯下端的弹簧力和气压力时，阀芯下移，阀口开启，1 口与 2 口导通，3 口截止，压缩空气从 2 口输出；当控制口 12 的压缩空气排出时，气容内的带压气体将单向阀顶开，经单向阀阀口快速排出，阀芯在弹簧力和气压力的作用下快速复位，切断 1 口和 2 口的通路。

动画：延时换向阀应用

视频：气动控制阀（二）——压力控制阀

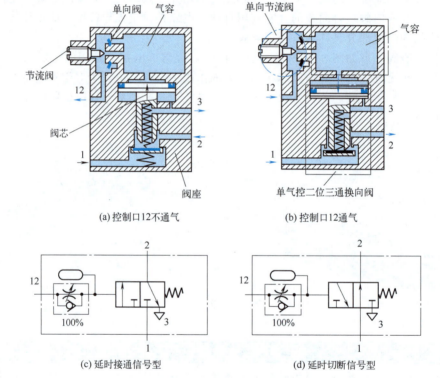

图 8-16 延时换向阀的结构原理图及职能符号

延时换向阀延时时间长短与节流口的大小、气容的大小及控制口压力的高低有关。由于单气控二位三通换向阀常态位有常通和常断之分，因此延时换向阀又可拓展为延时接通信号型和延时切断信号型两种，如图 8-16（c）、(d) 所示。

(二) 压力控制阀

压力控制阀主要用来控制系统中气体的压力，满足各种压力要求。气动系统中压力控制阀可分为三类：一是起降压、稳压作用的减压阀；二是起限压、安全保护作用的安全阀，即溢流阀；三是根据气路压力不同进行某种控制的顺序阀。

1. 减压阀

空压机输出压缩空气的压力通常都高于气动系统所需要的工作压力，因此需要减压阀将供气气源压力减到装置所需要的压力,并保证减压后压力值稳定。减压阀的结构、图形符号和实物如图 8-17 所示。

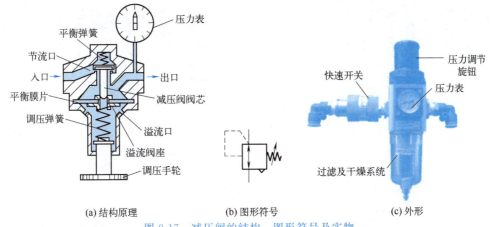

图 8-17　减压阀的结构、图形符号及实物

> **小提示**
>
> 减压阀一般安装在空气过滤器之后,油雾器之前,并注意不要将其进、出口接反;阀不用时应把旋钮放松,以免膜片经常受压变形而影响其性能。

当通过旋转调压手轮压缩调压弹簧时,在弹簧力的作用下,节流口打开,从入口进入的压缩空气经节流口减压后,从出口流出,通过旋转调压手轮可改变调压弹簧的压缩量,从而控制节流口的开口大小,达到控制出口压力高低的目的。节流口越大,阻力越小,出口压力越高;节流口越小,阻力越大,出口压力越低。

当出口压力受负载的影响发生变化时,例如,负载变大,出口压力增高,作用在平衡膜片上向下的作用力增大,平衡被打破,平衡膜片下移,减压阀阀芯在平衡弹簧的作用下下移,节流口关小,出口压力减小,即恢复设定压力,达到稳压的目的;若出口压力继续升高,膜片下移量大,节流口关闭,减压阀阀芯与溢流阀座脱开,气体从溢流口流出,压力下降,平衡膜片逐渐上移,找到新的平衡位置。这种直动式减压阀适用于小流量、低压系统。

2. 溢流阀

溢流阀(安全阀)的作用是当系统压力超过调定值时,便自动排气,使系统的压力下降,以保证系统安全。图 8-18 为直动式溢流阀的工作原理及图形符号。当气体作用在阀芯上的力小于弹簧力时,阀处于关闭状态;当系统压力升高,气体作用在阀芯上的力大于弹簧力时,气流推开阀芯,向外排气,使系统压力基本稳定在调定值上,确保系统安全可靠。调整弹簧的预压缩量可改变其调定压力的大小。

图 8-19 所示为先导式溢流阀,它由一小型的直动式减压阀提供控制信号,以气压代替弹簧控制溢流阀的开启压力。先导式溢流阀一般用于管道直径大或需要远距离控制的场合。

3. 顺序阀

顺序阀是根据回路中气体压力的大小来控制各种执行机构按顺序动作的压力控制阀。其工作原理如图 8-20 所示,它通过调节弹簧的压缩量来控制其开启压力。当压缩空气进入进气腔作用在阀芯上时,若此力小于弹簧力,阀为关闭状态,A 无输出;而当作用在阀芯上的力大于弹簧力时,阀芯被顶起,阀为开启状态,压缩空气由 P 流入从 A 口流出,然后输出到气缸或气控换向阀。

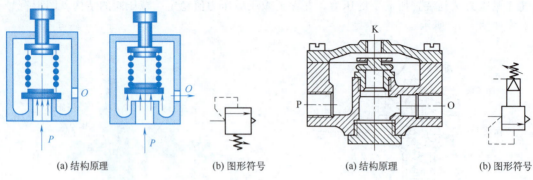

(a) 结构原理　　　　　(b) 图形符号　　　　　　　(a) 结构原理　　　　　(b) 图形符号

图 8-18　直动式溢流阀的工作原理及图形符号　　　　图 8-19　先导式溢流阀的工作原理及图形符号

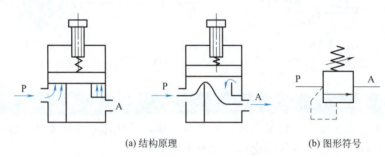

(a) 结构原理　　　　　　　　　(b) 图形符号

图 8-20　顺序阀的工作原理及图形符号

顺序阀常与单向阀组合使用，称为单向顺序阀。其工作原理如图 8-21 所示，当压缩空气进入腔 4 后，作用在活塞 3 上的力大于弹簧 2 的力时，将活塞 3 顶起，压缩空气从 P 口经腔 4、腔 6 到 A 口，然后输出到气缸或气控换向阀。当切换气源，压缩空气从 A 流向 P 时，顺序阀关闭，此时，腔 6 内的压力高于腔 4 内压力，在压差作用下，打开单向阀 5，反向的压缩空气从 A 到 T 排出。

视频：气动控制阀（三）——流量控制阀

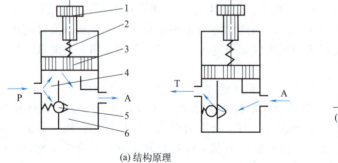

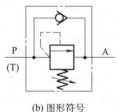

(a) 结构原理　　　　　　　　　　(b) 图形符号

图 8-21　单向顺序阀的工作原理及图形符号
1—调节手柄；2—弹簧；3—活塞；4，6—工作腔；5—单向阀

（三）流量控制阀

流量控制阀通过控制气体流量来控制气动执行元件的运动速度，常用的流量控制阀有节流阀、单向节流阀、排气节流阀等。

1. 节流阀

节流阀将空气的流通面积缩小以增加气体的流通阻力，而降低气体的压力和流量。如图 8-22（a）所示，阀体上有一个调整螺钉，可以调节节流阀的开口度（无级调节），并可保持其开口度不变。它常用于调节气缸活塞运动速度，可直接安装在气缸上。这种节流阀有双向节流作用。使用节流阀时，节流面积不宜太小，因空气中的冷凝水、灰尘等堵塞阀口会引起节流量的变化。

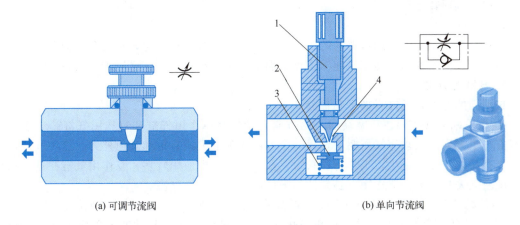

图 8-22 流量控制阀
1—调节针阀；2—单向阀阀芯；3—压缩弹簧；4—节流口

2. 单向节流阀

为了使气缸的动作平稳可靠，气缸的作用气口都安装了可调单向节流阀。可调单向节流阀由节流阀和单向阀并联而成，如图 8-22（b）所示。可调单向节流阀上带有气管的快速接头，只要将合适外径的气管往快速接头上一插就可以将管连接好，使用时十分方便。图 8-23 为安装了带快速接头的可调单向节流阀的气缸。

3. 排气节流阀

排气节流阀装在执行元件的排气口上，调节排入大气的流量，以改变执行元件的运动速度。排气节流阀常带有消声器以减小排气噪声，并能防止环境中的粉尘通过排气口污染元件，图 8-24 所示为排气节流阀的工作原理及图形符号。

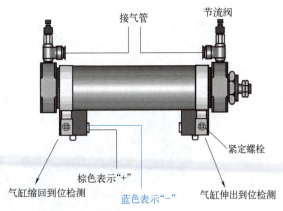

图 8-23 安装上可调单向节流阀的气缸

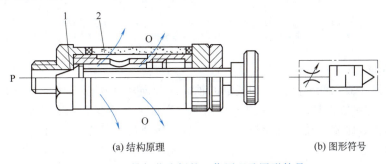

图 8-24 排气节流阀的工作原理及图形符号
1—节流口；2—消声套；P—进气口；O—出气口

四、气动执行元件

视频：气动执行元件

气动系统常用的执行元件为气缸和气马达。气缸用于实现直线往复运动或摆动，气马达用于实现连续回转运动。

（一）气缸

气缸是气动系统中使用最普遍的一种执行元件，与液压缸相比，它具有结构简单、成本低、污染少、便于维修、动作迅速等优点，但由于推力小，所以广泛用于轻载系统。

1. 气缸的分类

按不同的标准，气缸有如下几种分类：

① 按压缩空气作用在活塞端面上的方向，可分为单作用气缸和双作用气缸。单作用气缸只有一个方向的运动靠气压驱动，另一个方向靠弹簧力或自重和其他外力。这种气缸的特点是结构简单、耗气量小，工作行程较短，在夹紧装置中应用较多。双作用气缸往返运动全靠压缩空气完成。单杆双作用气缸是使用最广泛的一种普通气缸。

② 按结构特点可分为活塞式气缸、叶片式气缸、薄膜式气缸、气液阻尼缸。

③ 按气缸功能可分为普通气缸和特殊气缸。普通气缸主要指活塞式单作用气缸和双作用气缸。特殊气缸包括缓冲气缸、薄膜式气缸、冲击式气缸、增压气缸、回转气缸等。

2. 活塞式单杆双作用气缸

双作用气缸如图 8-25 所示。它具有结构简单、输出力稳定、行程可根据需要选择的优点，但由于是利用压缩空气交替作用在活塞上实现伸缩运动的，回缩时压缩空气的有效作用面积较小，所以产生的力要小于伸出时产生的推力。一般用于包装机械、食品机械、加工机械等设备上。

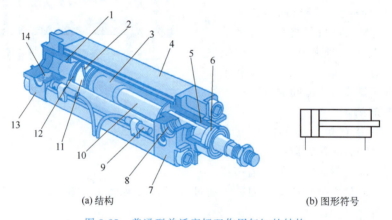

(a) 结构　　　　　　　　　　(b) 图形符号

图 8-25　普通型单活塞杆双作用气缸的结构

1、3—缓冲柱塞；2—活塞；4—缸筒；5—导向套；6—防尘圈；7—前端盖；8—气口；
9—传感器；10—活塞杆；11—耐磨环；12—密封圈；13—后端盖；14—缓冲节流阀

3. 薄型气缸

薄型气缸属于省空间气缸类，即气缸的轴向或径向尺寸比标准气缸有较大减小的气缸，如图 8-26 所示。它依靠膜片在压缩空气作用下的变形来使活塞杆产生运动，具有结构紧凑、重量轻、成本低、维修方便、寿命长、密封性好、效率高等优点，适用于气动夹具、自动调节阀及短行程场合。

4. 双联气缸

双联气缸是将两个单杆气缸并联成一体，用于要求高精度导向的场合。如图 8-27 所示，其特点是：两缸并联，推力比单缸的大一倍；端板将两活塞杆连成一体，故活塞杆抗回转精度高；活塞杆的支承部分较长，能承受一定的横向载荷；两个活塞杆使承载均匀，动作平滑，寿命长。

图 8-26　薄型气缸

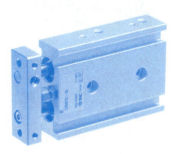

图 8-27　双联气缸

5. 手指气缸

手指气缸（气爪）是一种变形气缸，也称气爪，能实现各种抓取功能，是现代机械手的关键部件。气动手爪的开闭一般是通过气缸活塞产生的往复直线运动带动与手爪相连的曲柄连杆、滚轮或齿轮等机构，驱动各个手爪同步做开、闭运动的。气爪一般有如下特点。

① 所有的结构都是双作用的，能实现双向抓取，可自由对中，重复精度高。

② 抓取力矩恒定，有多种安装和连接方式。

③ 在气缸两侧可安装非接触式检测开关。如图 8-28（a）所示为平行开合气爪，两个气爪对心移动，输出较大的抓取力，既可用于内抓取，也可用于外抓取。生产线系统中操作手单元抓取工件采用的就是平行开合气爪。三点气爪的三个气爪同时开闭，适合圆柱体工件的夹持及工件的压入工作，

(a) 平行开合气爪　(b) 三点气爪　(c) 摆动气爪　(d) 旋转气爪

图 8-28　手指气缸

动画：平行开合气动手指

见图 8-28（b）。摆动气爪内外抓取 40°摆角，旋转气爪开度 180°，抓取力大，并确保抓取力矩恒定，如图 8-28（c）和图 8-28（d）所示。

6. 机械耦合式无杆气缸

无杆气缸有机械耦合式和磁性耦合式两种。它属于活塞式的，没有普通气缸的刚性活塞杆，利用活塞直接或间接地带动负载实现往复运动。这种气缸最大的优点是节省了安装空间，特别适用于小缸径、长行程的场合。

图 8-29 所示为机械耦合式无杆气缸实物。在压缩空气的作用下，活塞-滑块机械组合装置可以作往复运动。这种无杆气缸通过活塞-滑块机械组合装置传递气缸输出力，缸体上管状沟槽可以防止其扭转。为了满足防泄漏及防尘需求，应在开口部采用密封带和防尘不锈钢带，并固定在两端盖上。

7. 磁性耦合式无杆气缸

图 8-30 所示为磁性耦合式无杆气缸实物及图形符号。这种气缸在活塞上安装了一组高磁性的稀土永久磁环，其输出力的传递靠磁性耦合，由内磁环带动缸筒外边的外磁环与负载一起移动。其特点是无外部泄漏，小型、轻量化，节省轴向空间，可承受一定的横向负载等。

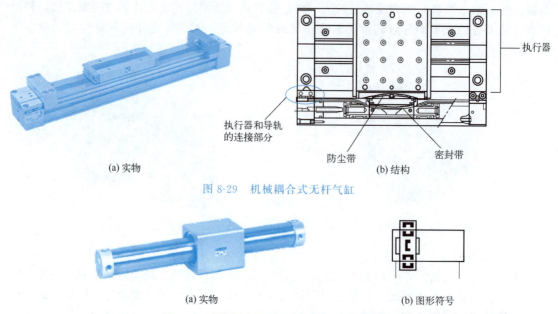

(a) 实物　　(b) 结构

图 8-29　机械耦合式无杆气缸

(a) 实物　　(b) 图形符号

图 8-30　磁性耦合式无杆气缸实物及图形符号

8. 回转气缸

回转气缸由直线气缸驱动齿轮齿条实现回转运动，回转角度能在 0°～180°之间任意调节，而且可以安装磁性开关，检测旋转到位信号，多用于方向和位置需要变换的机构，如图 8-31 所示。

当需要调节回转角度或调整摆动位置精度时，应首先松开调节螺杆上的反扣螺母，通过旋入和旋出调节螺杆，从而改变回转凸台的回转角度，调节螺杆 1 和调节螺杆 2 分别用于左旋和右旋角度的调整。当调整好摆动角度后，应将反扣螺母与基体反扣锁紧，防止调节螺杆松动，造成回转精度降低。

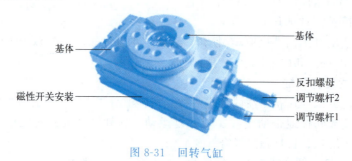

图 8-31　回转气缸

9. 冲击气缸

冲击气缸是一种专门为了满足对冲击力有较高要求的场合而开发的一种特殊功能气缸。如图 8-32（a）所示。活塞最大速度可达 10m/s 以上，利用此动能做功，与同尺寸的普通气缸相比，其冲击能是其上百倍。例如钢铁材质工件的打标、冲孔、下料等操作，都需要较高的冲击力才可以完成该类操作。

如图 8-32（b）所示，冲击气缸的工作过程一般分为三个阶段。

复位阶段：活塞退回，压缩空气进入冲击气缸活塞杆腔，蓄能腔与活塞腔通大气，活塞上移至上限位置，封住中盖上的喷嘴，中盖与活塞间的环形空间经排气小孔与大气相通。

储能阶段：供气蓄能，蓄能腔进气，其压力逐渐上升，在与中盖喷嘴口相密封接触的活塞面上，其承受的向下推力逐渐增大，与此同时，活塞杆腔排气，其压力逐渐变小，活塞杆腔活塞下端面上的受力逐渐减小。

冲击阶段：膨胀冲击，当活塞上端推力大于下端的推力时，活塞立即离开喷嘴口向下运动，在喷嘴打开的瞬间，活塞腔与蓄能腔立刻连通，活塞上端的承压面突然增大为整个活塞面，于是活塞在巨大的压差作用下，加速向下运动，使活塞、活塞杆等运动部件在瞬间加速到很高的速度，获得极大的冲击速度和能量。

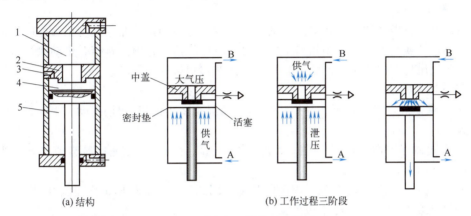

图 8-32　冲击气缸结构及工作原理
1—蓄能腔；2—中盖；3—排气小孔；4—活塞腔；5—活塞杆腔

10. 摆动式气缸（摆动马达）

图 8-33 所示为单叶片式摆动气缸的工作原理，定子 3 与缸体 4 固定在一起，叶片 1 和转子 2（输出轴）连接在一起，当左腔进气时，转子顺时针转动，反之，转子则逆时针转动。转子既可做成图示的单叶片式，也可做成双叶片式。这种气缸的耗气量一般都较大。

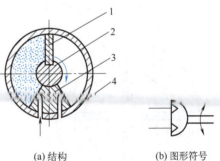

图 8-33　摆动气缸
1—叶片；2—转子；3—定子；4—缸体

11. 气缸的选择与使用要求

选用气缸应首先立足于选择标准气缸，其次才是自行设计气缸。

(1) 气缸输出力的大小　根据工作机构所需力的大小来确定活塞杆上的输出力（推力或拉力）。一般按公式计算出活塞杆的输出力再乘以 1.15~1.2 备用系数，并据此去选择和确定气缸内径，为了避免气缸容积过大，应尽量采用扩力机构，以减小气缸尺寸。

(2) 气缸行程的长度　它与使用场合和执行机构的行程长度有关，并受结构的限制，一般应比所需行程长 5~10mm。

(3) 活塞（或缸）的运动速度　它主要取决于气缸进、排气以及导管内径的大小。内径越大，则活塞运动速度越高。为了得到缓慢而平稳的运动速度，通常可选用带节流装置或气-液阻尼装置的气缸。

(4) 安装方式　它由安装位置、使用目的等因素来决定。工件作周期性转动或连续转动时，应选用旋转气缸，此外，在一般场合，应尽量选用固定式气缸。如有特殊要求，则选用相适应的特种气缸或组合气缸。

使用气缸时要注意以下几点。

① 气缸一般的工作条件是：周围介质温度为 $-35\sim 80℃$，工作压力为 $0.4\sim 0.6MPa$。

② 安装时，要注意运动方向。活塞杆不允许承受偏载或横向负载。

③ 在行程中负载有变化时，应使用输出力有足够余量的气缸，并要附加缓冲装置。

④ 不使用满行程。特别当活塞杆伸出时，不要使活塞与缸盖相碰，否则容易破坏零件。

⑤ 应在气缸进气口设置油雾器进行润滑。气缸的合理润滑极为重要，往往因润滑不好而产生爬行，甚至不能正常工作。不允许用润滑油时，可用无油润滑气缸。

(二) 气马达

气马达是一种做连续旋转运动的气动执行元件，是一种把压缩空气的压力能转换成回转机械能的能量转换装置，其作用相当于电动机或液压马达，它输出转矩，驱动执行机构做旋转运动。在气压传动中使用广泛的是叶片式、活塞式和齿轮式气马达。

1. 气马达的特点

① 安全性能好，气马达可在易燃、易爆、潮湿及多尘的场合使用，同时不受高温及振动的影响。

② 具有过载保护性能，可长时间满载工作，过载时马达只是速度减慢或停转，当过载解除后，可立即重新正常运转。

③ 由于压缩空气膨胀时会吸收周围的热量，因此气马达能长期工作而温升很小。

④ 有较大的启动转矩，能带载启动。

⑤ 换向容易，操作简单，可实现无级调速。

⑥ 与电动机相比，单位功率尺寸小，重量轻，适用于安装在位置狭小的场合及手工工具上。但气马达也有输出功率小、耗气量大、效率低、噪声大和容易产生振动等缺点。

2. 气马达的工作原理

图 8-34 所示为双向旋转叶片式气马达，当压缩空气由进气口进入气室后立即喷向叶片 1，并作用在叶片的外伸部分，产生旋转力矩带动转子 2 作逆时针转动，输出旋转的机械能，废气从排气口 C 排出，残余气体则经 B 排出（二次排气）。若进、排气口互换，则转子反转，输出相反方向转动的机械能。转子转动的离心力和叶片底部的气压力、弹簧力使得叶片紧紧地抵在定子 3 的内壁上以保证密封，从而提高容积效率。

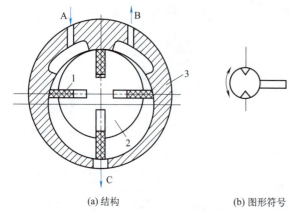

图 8-34 双向旋转叶片式气马达
1—叶片；2—转子；3—定子

3. 气马达的选择与使用要求

不同类型的气马达具有不同的特点和适用范围，因此要从负载特点和工作环境出发来选择合适的马达。

① 叶片式气马达适用于低转矩、高转速场合，如各种手提工具、复合工具、传送带、升降机等启动转矩小的中、小功率的机械。

② 活塞式气马达适用于中、高转矩，中、低转速，中、大功率的场合。如起重机、绞车、绞盘、拉管机等负荷较大且启、停特性要求较高的机械。由于活塞式气马达只能单向旋转，因此工作中需要换向的场合不要采用活塞式气马达。

润滑是气压马达正常工作不可缺少的一个重要条件。气马达在得到正确、良好润滑的条件下，可在两次检修之间运行 2500h 以上。一般在换向阀前安装油雾器，以进行不间断地润滑。

五、气动逻辑元件

气动逻辑元件是一种新型的自动化基础元件，气压传动的控制大多采用电气元件，通过电-气转换后再来控制气动执行元件的动作，但继电器等的触点寿命不长，往往容易造成误动作。采用气动逻辑元件所组成的全气动控制系统，由于控制和执行元件都采用压缩空气为动力，省去了电-气转换，故动作迅速、工作可靠，给生产设备的安装、使用和维修带来了不少方便。

气动逻辑元件的作用是在系统中完成一定的逻辑功能。在输入信号作用下，逻辑元件的输出信号状态只有"0"或"1"（表示"开"或"关"、"有"或"无"等）两种状态，属于开关元件（或数字元件）。它是以压缩空气为工作介质，利用元件内部的可动部件（如膜片、阀芯）在控制气压信号下动作，改变气流的输出状态，实现一定的逻辑功能。

（一）工作原理

气动逻辑元件内部气流的切换是由可动部件的机械位移来实现的，图 8-35 为电气控制元件与气动逻辑元件切换的基本原理示意图。

继电器电路的切换是当触点断开时，电路失电（输出"0"状态）；而触点闭合时，则电路得电（输出"1"状态），分别如图 8-35（a）的上、下图所示。

气动逻辑元件回路的切换是当元件的排气口被可动部件关断，同时气源与输出口的通路接通时，则有气压输出（输出"1"状态）；当元件的气源被切断，同时输出口与排气口接通，则元件无气压输出（输出"0"状态），分别如图 8-35（b）的上、下图所示。

从图 8-35 可知，气动逻辑元件内部气流通路只有两条，一条是气源到输出口的通路，另一条是输出口到排气口的通路。

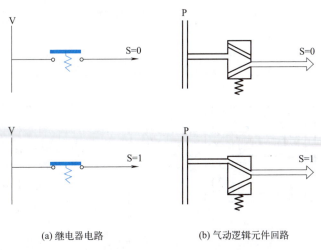

图 8-35　电气控制元件和气动逻辑元件切换原理
V—电源；P—气源；S—输出

（二）逻辑元件

气动逻辑元件种类很多，一般按下列方法分类：按工作压力分为高压型（0.2～0.8MPa）、低压型（0.05～0.2MPa）和微压型（0.005～0.05MPa）；按逻辑功能分为是门、非门、或门、与门和双稳元件等；按结构形式有截止式、膜片式和滑阀式等。

1. 是门元件

图 8-36 为是门元件的原理图及图形符号，a 为输入信号，P 为气源，S 为输出信号。当阀芯 4 在气源压力（或弹簧力）的作用下，紧压在下阀座 3 上，输出口 5 与排气口相通，元件无输出。当输入口 7 有输入信号 a 时，则膜片 1 在控制信号作用下将阀芯 4 紧压在上阀座 2 上，关闭输出口与排气口之间的通路，输出口与气源相通，于是，输出口 5 就有输出信号 S；而在输入口的输入信号 a 消失时，阀芯 4 复位，仍压在下阀座 3 上，关断气源与输出间

的通路，输出口无输出信号而输出通道中的剩余气体经上阀座2从排气口泄出。是门元件的输入和输出信号之间始终保持相同的状态，即没有输入信号时，没有输出；有输入信号时，才有输出。是门元件的逻辑函数表达式为 $S=a$。

2. 或门元件

图 8-37 为或门元件的原理图及图形符号，a、b 为输入信号，S 为输出信号。当有输入信号 a 时，阀芯 2 在输入信号作用下紧压在下阀座 3 上，气流经上阀座 1 从输出口 4 输出。当有输入信号 b 时，阀芯 2 在其作用下紧压在上阀座 1 上，气流经下阀座 3 从输出口 4 输出。因此在两个输入口中，有一个口或两个口同时有输入信号出现，元件就有输出，即元件能实现或门逻辑功能。为保证元件工作可靠，非工作通道不应有"窜气"现象发生，输入信号压力应等于额定工作压力。或门元件的逻辑函数表达式为 $S=a+b$。

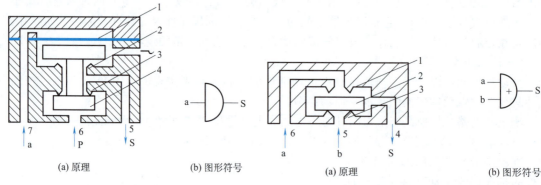

图 8-36　是门元件

1—膜片；2—上阀座；3—下阀座；4—阀芯
5—输出口；6—气源口；7—输入口

图 8-37　或门元件

1—上阀座；2—阀芯；3—下阀座；4—输出口；5，6—输入口

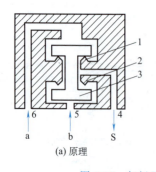

(a) 原理　　　　(b) 图形符号

图 8-38　与门元件

1—上阀座；2—下阀座；3—阀芯
4—输出口；5，6—输入口

3. 与门元件

图 8-38 为与门元件的原理图及图形符号。a、b 为输入信号，S 为输出信号。当有输入信号 a，没有输入信号 b 时，阀芯 3 在 a 的作用下压向上阀座 1，输出口 4 没有输出。同样，当有 b 信号，没有 a 信号时，亦没有输出信号。只有当两个输入口同时有输入信号 a、b 时，元件的输出口才有输出信号 S。与门元件的逻辑函数表达式为 $S=a \cdot b$。

如果把图 8-36 中是门元件气源口 P 改成输入 b，就成为与门元件。

4. 非门元件

图 8-39 为非门元件的原理图及图形符号。a 为输入信号，P 为气源，S 为输出信号。在输入口没有输入信号 a 时，阀芯 3 在气源压力作用下上移，封住上阀座 2，气流直接从输出口流出，元件有输出。当输入口有输入信号 a 时，由于膜片 1 的面积大于被阀芯所封住的阀座面积，阀芯在压差的作用下下移，封住下阀座 4，输出口 5 就无信号输出。输出通道中的气体经上阀座 2 从排气口流至大气。非门元件的逻辑函数表达式为 $S=\overline{a}$。

5. 禁门元件

图 8-39 也是禁门元件的原理图及图形符号。a、b 为输入信号，S 为输出信号。当 a、b

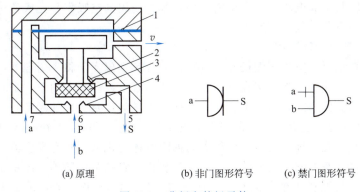

(a) 原理　　(b) 非门图形符号　　(c) 禁门图形符号

图 8-39　非门和禁门元件

1—膜片；2—上阀座；3—阀芯；4—下阀座；5—输出口；6—气源口；7—输入口

均有输入信号时，阀芯 3 下移封住下阀座 4，输出口 5 就无信号输出；在无输入信号 a，有输入信号 b 时，阀芯 3 上移封住上阀座 2，输出口 5 有输出，即 a 的输入信号对 b 的输入信号起"禁止"作用。禁门元件的逻辑函数表达式为 $S=\overline{a} \cdot b$。

6. 双稳元件

双稳元件属于记忆元件，在逻辑回路中起很重要的作用。图 8-40 所示为双稳元件的原理图，当 a 有输入信号时，阀芯 2 被推向右端（图示位置），气源的压缩空气便由 P 至 S_1 输出，而 S_2 与排气口相通，此时双稳处于"1"状态。在控制端 b 的输入信号到来之前，a 的信号即使消失，阀芯 2 仍能保持在右端位置，S_1 总有输出。

当 b 有输入信号时，阀芯 2 被推向左端，此时压缩空气由 P 至 S_2 输出，而 S_1 与排气口相通，于是双稳处于"0"状态。在 a 信号到来之前，即使 b 的信号消失，阀芯 2 仍能处于左端位置，S_2 总有输出。但是，在使用中不能在双稳元件的两个输入端同时加输入信号，那样元件将处于不确定的工作状态。双稳元件的逻辑函数表达式为 $S_1=K_b^a$　$S_2=K_a^b$。

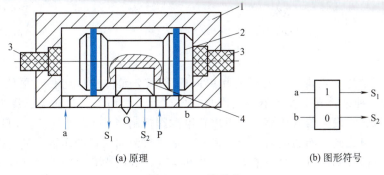

(a) 原理　　(b) 图形符号

图 8-40　双稳元件

1—阀体；2—阀芯；3—气动按钮；4—滑块

六、真空元件

以真空吸附为动力源，实现自动化操作，已是电子、半导体元件组装、汽车组装、自动搬运机械、机器人等众多设备中广泛采用的一种手段。例如：印制电路板表面贴装电子元件的加工；玻璃的搬运与装箱；包装纸的吸附、送标、贴标等，总之，对任何具有较光滑表面的物体，特别对于非铁、非金属且不适合夹紧的物体，如薄而柔软的纸张、塑料膜、易碎的玻璃及其制品，以及集成电路等微型精密零件，都可使用真空吸附，完成各种作业。下面主要介绍真空产生的设备及其工作原理。

视频：真空元件

（一）真空泵与真空发生器

在原理上，真空泵与空气压缩机几乎没有差异，区别仅在于将密闭容器（如储气罐）连接在进口端还是出口端。例如连接在进口端，则称为真空泵。真空的发生是利用空气或水喷射出气流或水流的流体动能，从一个容器中（如吸盘或类似空腔）抽吸出空气，使其内部呈真空（负压）。真空发生装置有真空泵和真空发生器两种。真空泵是在吸入口形成负压，而排气口直接通大气，是一种两端压力比很大的抽除气体的机械。真空发生器是利用压缩空气的流动而形成一定真空度的气动元件。与真空泵相比，它的结构简单、体积小、质量轻、价格低、安装方便，与配套件复合化容易，真空的产生和解除快，宜从事流量不大的间歇工作，适合分散使用。

图 8-41 所示为真空发生器的结构原理及图形符号，由先收缩后扩张的拉瓦尔喷嘴、负压腔、扩散管和真空吸附口等组成。压缩空气从输入口供给，在喷嘴两端压差高于一定值后，喷嘴射出超声速射流或近声速射流。由于高速射流的卷吸作用，扩散腔的空气被抽走，使该腔形成真空。在吸附口接上真空吸盘，便可形成一定的吸力，可吸起各种物体。

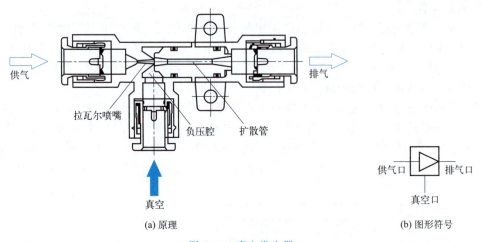

图 8-41 真空发生器

真空发生器常与电磁阀、压力开关和单向阀等真空元件构成组件，更便于安装使用。图 8-42 所示为一种组合真空发生器，它由真空发生器、消声器、过滤器、压力开关和电磁阀等组成。进入真空发生器的压缩空气由内置电磁阀控制。1 口为进气口，3 口为排气口，2 口接真空吸盘。电磁阀线圈通电后，阀芯换向，从 1 口流向 3 口的压缩空气，按照文丘里原理产生真空。电磁线圈断电，真空消失。安装在排气口处的内置消声器可减少排气噪声。真空开关的作用是控制真空度，可以用来预先调定某一个真空值，当 2 口处的真空吸盘吸实工件并达到预调的真空值时，真空开关起作用，发出电信号，控制机械手运动搬运工件。其目的是防止在吸盘尚未吸实工件时出现机械手移动而发生工件脱落事故。

（二）真空吸盘

真空吸盘是利用吸盘内形成的负压（真空）来吸附工件的一种气动元件，常用作机械手的抓取机构。其吸力为 1~10000N。适用于抓取薄片状的工件，如塑料片、硅钢片、纸张及易碎的玻璃器皿等，要求工件表面平整光滑，无孔和油污。图 8-43 所示为真空吸盘实物及图形符号。

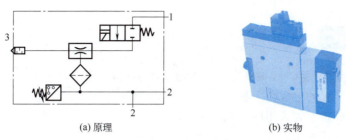

(a) 原理　　　　　　　　　(b) 实物

图 8-42　组合真空发生器
1—进气口；2—真空口（输出口）；3—排气口

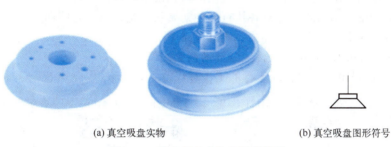

(a) 真空吸盘实物　　　　　(b) 真空吸盘图形符号

图 8-43　真空吸盘实物及图形符号

利用真空吸附工件，最简单的办法是使用由真空发生器和真空吸盘构成一体的组件。吸盘常采用丁腈橡胶、硅橡胶、氟橡胶和聚氨酯等材料制成碗状或杯状。为防止其过快老化，一般宜保存在冷暗的室内。不同的吸盘形状及其应用场合是不同的，在选用时可参考表 8-9。

表 8-9　吸盘的形状

类型	形状	适合吸吊物	类型	形状	适合吸吊物
平直型（U）		表面平整不变形的工件	风琴型（B）		没有安装缓冲的空间、工件吸着面倾斜的场合
深凹型（D）		呈曲面形状的工件	头可摇摆型		工件吸着面倾斜的场合

（三）其他真空元件

真空系统中除了真空发生器（真空泵）和真空吸盘这两个主要元件外，还有真空电磁阀、真空压力开关、真空安全开关等元件。

① 真空电磁阀：控制真空发生器通断。

② 真空压力开关：检测真空度是否达到要求，防止工件因吸持不牢而跌落。

③ 真空安全开关：在由多个真空吸盘构成的真空系统中确保一个吸盘失效后仍维持系统真空度不变。

> **小提示**
>
> 对于大面积的板材，宜采用多个大口径吸盘吸吊，以增加吸吊的平稳性。一个真空发生器带多个吸盘时，每个吸盘应单独配有真空压力开关，以保证其中任一吸盘漏气导致真空度不符合要求时，都不会起吊工件。

任务实践

对照药品填装柔性生产线颗粒上料工作站（图 8-44），完成以下工作：
① 观察气源装置的组成，了解空压机的型号，理解空压机的工作原理。
② 观察气源处理装置采用的气源净化装置。
③ 观察气动管路的布置方式，认识气管、管接头等。
④ 观察工作站气动回路，了解所用气缸的型号、控制方式、动作要求。
⑤ 观察工作站气动回路，识别三类气动阀，找出对应的图形符号。
⑥ 分析工作站气动回路，理解各执行元件初始状态是伸出还是缩回。
⑦ 借助电磁阀上的手动调试开关，调试气路。
⑧ 尝试用 FluidSIM-P 仿真软件绘制气动回路图。
⑨ 基于 PLC 程序，观察自动运行的工作过程。

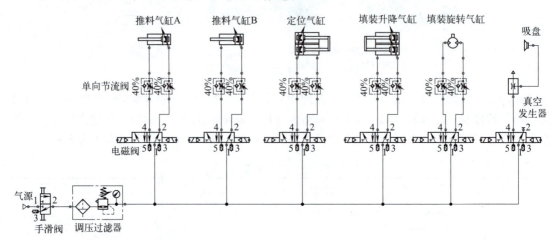

图 8-44　FluidSIM-P 仿真软件绘制的颗粒上料工作站气动回路

生产学习经验

在液压系统中液压油的压力可以达到几百个大气压，把此压力油送入油缸后即可产生很大的力（可达 700~3000N/cm^2），而气动系统中的工作压力一般只有 5~8 个大气压。在气动系统中由于空气具有很强的可压缩性，定位精度一般只能达到 0.1mm，液压系统中则可以达到 ±1μm。

气压传动由于工作压力不高，因此，工作时摩擦力的影响相对较大，低速时气动设备易出现爬行现象。因此，低速稳定性要求高的场合不宜采用气压传动。

空气质量不良是气动系统出现故障的最主要原因。空气中的污染物会使气动系统的可靠性和使用寿命大大降低，由此造成的损失大大超过气源处理装置的成本和维修费用。故正确选用气源处理系统及其元件是非常重要的。

气动元件需定期检修，所以设备内部配管一般应选用单手即可拆装的快插接头。

对于采用真空吸盘或气爪这类元件对工件进行搬运或抓取的控制回路，一定要注意不能因为突然断电造成吸附失效或气爪的意外张开，否则可能造成工件、设备或者人员伤害。

项目八　气压传动基础认知

思维导图

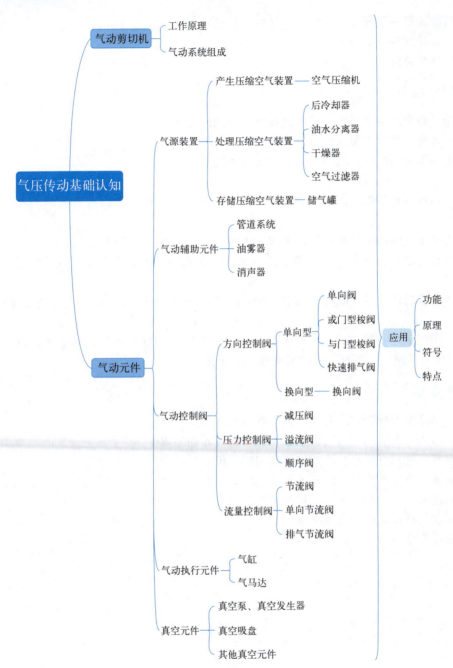

巩固练习

【填空题】

1. 气动系统对压缩空气的主要要求有：具有一定_____和_____，并具有一定的_____。

2. _____、_____和_____一起被称为气动三联件，是多数气动设备必不可少的气源装置。

3. 后冷却器一般安装在_____之后，尽量靠近_____。

4. 快速排气阀一般应装在_____。

5. 排气节流阀一般安装在_____的排气口处。

【判断题】

1. 储气罐中的空气压力一般比设备所需要的压力高一些。（   ）

2. 油水分离器应安装在后冷却器之后。（   ）

3. 单向节流阀使得压缩空气只能单方面通过。（   ）

4. 气马达具有防爆、高速、输出功率大、耗气量小等优点，但也有噪声大和易产生振动等缺点。（   ）

5. 快速排气阀的作用是将气缸中的气体经过管路由换向阀的排气口排出。（   ）

6. 每台气动装置的供气压力都需要用减压阀来减压，并保证供气压力的稳定。（   ）

7. 消声器的作用是排除压缩气体高速通过气动元件排到大气时产生的刺耳噪声污染。（   ）

8. 气动流量控制阀主要有节流阀、单向节流阀和排气节流阀等，都是通过改变控制阀的通流面积来控制气动执行元件的运动速度的元件。（   ）

【简答题】

1. 气动系统的控制方式有哪几种？各有什么特点？
2. 气源为什么要净化？气源装置主要由哪些元件组成？
3. 空气压缩机有哪些类型？如何选用空压机？
4. 油雾器有什么作用？应安装在系统什么位置？
5. 简述梭阀的工作原理，并举例说明其应用。
6. 简述气动马达的特点及应用。
7. 简述真空泵与真空发生器的特点。

项目九

气动系统基本控制回路的构建与调试

 学有所获

1. 能分析气动基本回路的组成及用来完成某项特定功能的回路结构。
2. 能根据工况构建简单的气动回路并进行简单的维护和调试。
3. 能够严格按照操作规程，安全文明操作。

任务 1　单缸气动回路的构建与调试

视频：压力控制回路

任务导入

皮带压花机示意图见图 8-2，自动送带装置将皮带插入到压花装置中，由气缸驱动的冲模在皮带上压花，为了实现连续冲压，送带装置可根据冲模往返运动情况跟进送带。为了安全起见，要求双手同时按动两个启动开关，冲模才能快速伸出，运动到下终端，在皮带上压花后自动返回，并能实现往复冲压，考虑到突遇紧急情况，启动停止阀，冲模应具有立即返回的功能，系统中主控阀应采用双气控换向阀。试构建控制冲模运动的皮带压花机气动系统的气动控制回路并调试。

知识导航

气动系统一般由最简单的基本回路组成。虽然基本回路相同，但由于组合方式不同，所得到的系统的性能却各有差异。因此，要想设计出高性能的气动系统，必须熟悉各种基本回路和经过长期生产实践总结出的常用回路。

一、压力控制回路

压力控制回路是使回路中的压力保持在一定的范围内或使回路得到高低不同的压力的基本回路。常用的有气源压力控制回路、工作压力控制回路和高低压转换回路。

1. 气源压力控制回路

气源压力控制回路即一次压力控制回路，用于使储气罐送出的气体压力不超过规定压力。常采用外控式溢流阀或电接点压力表来控制空气压缩机的转、停，使储气罐内的压力保持在规定的范围内。采用溢流阀控制时，工作可靠，但压缩空气浪费大，采用电接点压力表控制时，对电动机和控制要求较高，常用于小型空气压缩机，如图 9-1 所示。

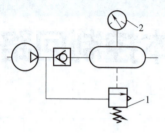

图 9-1 一次压力控制回路
1—外控式溢流阀；2—电接点压力表

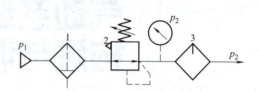

图 9-2 二次压力控制回路
1—空气过滤器；2—减压阀；3—油雾器

2. 工作压力控制回路

工作压力控制回路即二次压力控制回路。为保证气动系统使用的气体压力为一稳定值，多用图 9-2 所示的由空气过滤器、减压阀、油雾器（俗称气动三联件 F.R.L）组成的二次压力控制回路，其输出压力的大小由减压阀来调整。

3. 高低压转换回路

在实际应用中，某些气压系统需要有高、低压力的选择。图 9-3（a）所示回路利用两个不同调定压力的减压阀，可同时输出两种不同压力的气体。图 9-3（b）是利用两个减压阀和一个换向阀构成的高低压力的自动转换回路。

视频：方向控制回路

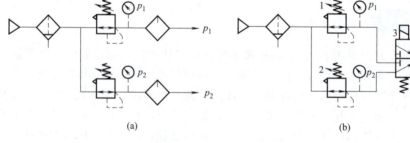

图 9-3 高低压转换回路

二、方向控制回路

气动系统中执行元件的启停或改变方向主要是利用方向控制阀控制进入气缸的压缩空气的通、断或变向来实现的。因此，在换向回路中，换向阀起到举足轻重的作用。在实际安装时，要注意换向阀的常态和工作态的接口，以免误装。

1. 单作用气缸换向回路

图 9-4 所示为用二位三通电磁阀控制的单作用气缸换向回路，该回路中，当电磁铁得电时，气缸向右伸出，失电时，气缸在弹簧作用下返回。

图 9-5 所示为三位四通电磁阀控制的单作用气缸上、下和停止的回路，该阀在两电磁铁均失电时能自动对中，使气缸停于任何位置，但定位精度不高，且定位时间不长。

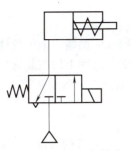
图 9-4 二位三通电磁阀换向回路

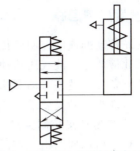
图 9-5 三位四通电磁阀换向回路

2. 双作用气缸换向回路

双作用气缸换向回路如图 9-6 所示。其中，图 9-6（a）所示为二位五通气控换向阀的换向回路。当有气控信号时，活塞杆伸出；无气控信号时，活塞杆返回。图 9-6（b）为用两个二位三通气控阀分别接到气缸的左右两腔。当有气控信号时，活塞杆伸出；无气控信号时，活塞杆退回。图 9-6（c）为以人力二位三通换向阀控制二位五通气控换向阀进行换向的换向回路。按下按钮时，活塞杆伸出；反之，活塞杆退回。图 9-6（d）、图 9-6（e）为采用记忆功能的双控换向阀的换向回路，回路中的主换向阀具有记忆功能，所以控制信号可以采用脉冲信号（其脉冲宽度应保证主阀换向），只有加了反向信号后，主阀才会换向。图 9-6（f）所示回路具有中位停留功能，可用于气缸短时间停留，但停留时间难以保持很久，且定位精度也不高。

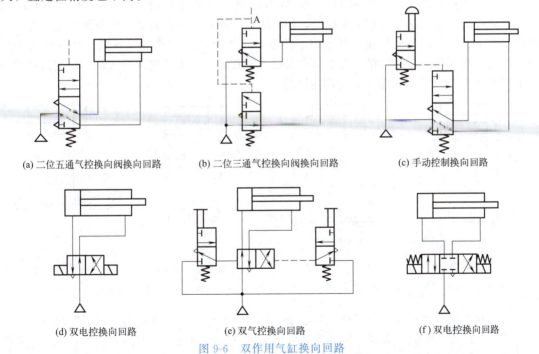

图 9-6 双作用气缸换向回路

> **小提示**
>
> 图 9-6（d）、图 9-6（e）、图 9-6（f）回路中换向阀两端的控制电磁铁线圈或按钮不能同时操作，否则将出现误动作，应考虑采用互锁方式防止换向阀出现误动作。

三、速度控制回路

视频：速度控制回路

由于气压传动的速度控制所传递的功率不大,一般采用节流调速,但因气体的可压缩性和膨胀性远比液体大,故气压传动中气缸的节流调速在速度平稳性上的控制远比液压传动中的困难,速度负载特性差,动态响应慢,特别是在负载变化较大、运动速度较高的情况下,单纯的气压传动难以满足要求,此时可采用气液联动的方法。

1. 单作用气缸速度控制回路

图 9-7（a）所示回路由左右两个单向节流阀来分别控制活塞杆的升降速度；图 9-7（b）为快速返回回路,活塞返回时,气缸下腔通过快速排气阀排气。

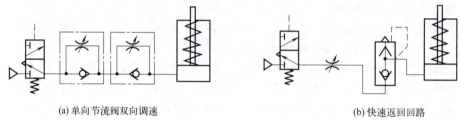

(a) 单向节流阀双向调速　　　　　　　　(b) 快速返回回路

图 9-7　单作用气缸速度控制回路

2. 双作用气缸速度控制回路

视频：气动调速回路的比较

（1）双作用气缸单向调速回路　双作用气缸有进气节流和排气节流两种调速方式。图 9-8（a）所示为进气节流调速回路,进气节流时,当负载方向与活塞运动方向相反时,活塞运动易出现忽走忽停的不平衡现象,即"爬行"现象；而当负载方向与活塞运动方向一致时,由于排气经换向阀快排,几乎没有阻尼,负载易产生"跑空"现象,使气缸失去控制。因此,进气节流调速回路多用于垂直安装的气缸。对于水平安装的气缸,其调速回路一般采用图 9-8（b）所示的排气节流调速回路。

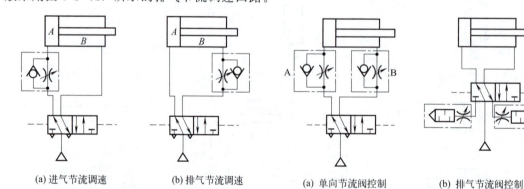

(a) 进气节流调速　　(b) 排气节流调速　　　(a) 单向节流阀控制　　(b) 排气节流阀控制

图 9-8　双作用气缸单向调速回路　　　　图 9-9　双作用气缸双向调速回路

（2）双作用气缸双向调速回路　为了使气缸运行平稳,减少气缸的"爬行"现象,双作用气缸应采用排气节流的方式。因此安装可调单向节流阀时应注意方向。图 9-9（a）是采用单向节流阀控制的双向调速回路,当调节节流阀 A 时,是调整气缸的缩回速度；而当调节节流阀 B 时,是调整气缸的伸出速度。图 9-9（b）是采用排气节流阀控制的双向调速回路。

3. 缓冲回路

图 9-10 所示是采用单向节流阀和行程阀配合的缓冲回路。当活塞前进到预定位置压下行程阀时,气缸排气腔的气流只能从节流阀通过,使活塞速度减慢,达到缓冲目的。此种回路常用于惯性力较大的气缸。

4. 中间变速回路

图 9-11 所示为中间变速回路。采用行程开关对两个二位二通电磁换向阀进行控制。气缸活塞的往复运动都是排气节流调速，当活塞杆在行程中碰到行程开关时，二位二通电磁阀通电，改变了排气的路径，从而改变了活塞的运动速度。两个二位二通阀分别控制往复行程中的速度变换。

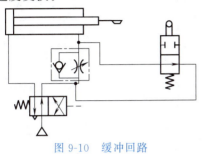
图 9-10　缓冲回路

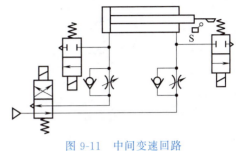
图 9-11　中间变速回路

5. 快速返回回路

为了提高气缸的速度，可以在气缸出口安装快速排气阀，这样气缸内气体可通过快速排气阀直接排放，图 9-12 所示为采用快速排气阀构成的气缸快速返回回路。

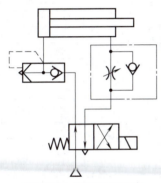
图 9-12　快速返回回路

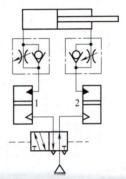
图 9-13　气液转换速度控制回路
1，2—气液转换器

6. 气液转换速度控制回路

图 9-13 所示为采用气液转换器的速度控制回路。利用气液转换器 1、2 将气压变成液压，利用液压油驱动液压缸，从而得到平稳且容易控制的活塞运动速度。采用两个单向节流阀进行回油节流调速。采用此回路时，应注意气液转换器的容积应大于液压缸的容积，气、液间的密封要好，避免气体混入油中。

【科技之光】　"国之重器"——中国新型跨声速风洞FL-62

四、逻辑控制回路

气动系统基本逻辑回路是按照基本逻辑关系组合而成的回路，它既可用逻辑元件实现，也可用方向阀组成。按照基本逻辑关系可把气动元件组成"是""非""或""与"等逻辑回路，并可用这些逻辑回路完成各种逻辑功能。表 9-1 列出了几种常见的基本逻辑回路，其中 a、b 为输入信号，S 为输出信号，"1"和"0"分别表示有信号和无信号。

视频：逻辑控制回路

表 9-1 常见的逻辑回路

类型	回路图	逻辑符号及表达式	动作说明(真值表)	
是回路		$S=a$	a	S
			0	0
			1	1
非回路		$S=\bar{a}$	a	S
			0	1
			1	0
或回路		$S=a+b$	a	b	S
			0	0	0
			0	1	1
			1	0	1
			1	1	1
与回路	无源　有源	$S=a \cdot b$	a	b	S
			0	0	0
			0	1	0
			1	0	0
			1	1	1
或非回路		$S=\overline{a+b}$	a	b	S
			0	0	1
			0	1	0
			1	0	0
			1	1	0
与非回路		$S=\overline{a \cdot b}$	a	b	S
			0	0	1
			0	1	1
			1	0	1
			1	1	0
禁回路	无源　有源	$S=\bar{a} \cdot b$	a	b	S
			0	0	0
			0	1	1
			1	0	0
			1	1	0

1. 双压阀逻辑控制回路

图 9-14 所示为采用双压阀组成的与逻辑控制回路，也称为双手操作回路。只有双手同时按下两个手动按钮阀，双压阀 A 口才有气体输出，进入主控阀（单气控二位四通换向阀）的控制口 14，推动此阀换向，压缩空气经主控阀输出口 4 进入气缸无杆腔，作用在活塞的左腔，有杆腔气体经主控阀 2 口可从排气口 3 排向大气，活塞右行，活塞杆伸出；只要松开一个按钮阀，双压阀 A 口就没有输出，主控阀在弹簧力的作用下复位，压缩空气经主控阀

输出口 2 进入气缸有杆腔，作用在活塞的右腔，无杆腔气体经 4 口从主控阀 3 口排向大气，活塞左行，活塞杆缩回。图中虚线部分表示的是控制回路，实线部分为主控回路。

2. 自锁回路

如图 9-15 所示，点动手动二位三通换向阀（启动按钮），气体从阀 1 口进入，从 2 口流出到达梭阀的进气口 Y，进入二位三通常通换向阀（停止按钮）入口 1，从其出口 2 输出，进入主控阀（单气控二位五通换向阀）控制口，推动主控阀换向，压缩空气从主控阀入口 1 输入，4 口输出，一部分进入气缸无杆腔，推动气缸活塞右行，有杆腔气体经主控阀 2 口从排气口 3 排出；另一部分气体返回梭阀 X 口，以保证始终有气体输入到二位五通换向阀的控制口，保证其一直处于换向的位置，则主控阀 4 口一直有压缩空气输出，即实现气缸活塞杆始终向右运行，并停在前终端保持不动；直到按下停止按钮，则主控阀控制口的气体经停止按钮上的排气口 3 排出，主控阀复位，输出口 2 输出的压缩空气进入气缸有杆腔，气缸活塞杆返回。图中虚线部分表示的是控制回路，实线部分为主控回路。

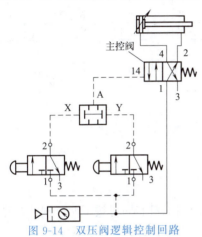

图 9-14 双压阀逻辑控制回路

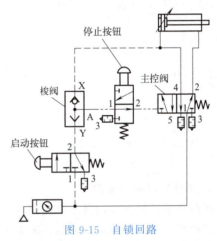

图 9-15 自锁回路

视频：安全保护回路

> **小链接**
>
> 气路和电路一样，都可以"自锁"，你能绘制出启保停电路吗？

五、安全保护回路

气动系统实际工作时，往往会发生：执行机构遇到突然载荷增大，气压陡然升高；系统动作开始时气缸突然进气，活塞杆忽然伸出；如果气缸竖直安装，活塞杆在重力作用下下滑产生负压；系统操作元件多，按钮距离较近，操作者误动作等现象，轻者元件损坏、系统失灵；重者甚至危及人身安全。因此，在气动系统设计时将这些因素考虑进去，就有了过载保护、双手操作、互锁、防止下落等安全保护回路。

1. 过载保护回路

图 9-16 所示为过载保护回路。当按下阀 1 按钮使气控阀 4 换至左位，气缸活塞右移。在活塞伸出的过程中，若遇到障碍 6，使无杆腔压力升高，打开顺序阀 3，使阀 2 换向，阀 4 随即复位，活塞立即退回，实现过载保护。若无障碍 6，气缸向前运动时压下阀 5，活塞随即返回。

2. 互锁回路

互锁回路一般用于气动系统的安全保护。图 9-17 所示回路主要是防止各气缸的活塞同时动作,保证只有一个活塞动作。回路主要利用梭阀 1、2、3 及主控阀 4、5、6 进行互锁。如换向阀 7 被切换,则主控阀 4 也换向,气缸 A 活塞伸出。与此同时,气缸 A 进气管路中的气体使梭阀 1、3 动作,将主控阀 5、6 锁住。此时即使换向阀 8、9 有切换信号,气缸 B、C 也不会动作。如要改变气缸的动作,必须将前一动作气缸的主控阀复位。

> **小链接**
> 气路和电路一样,都可以"互锁",你能绘制出按钮和接触器双重互锁电路吗?

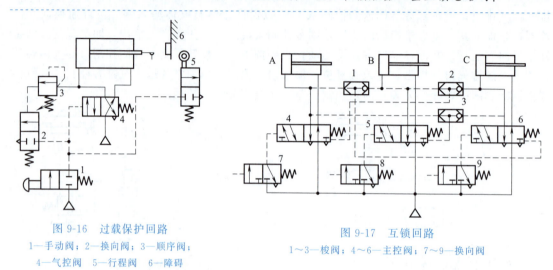

图 9-16　过载保护回路
1—手动阀;2—换向阀;3—顺序阀;
4—气控阀　5—行程阀　6—障碍

图 9-17　互锁回路
1~3—梭阀;4~6—主控阀;7~9—换向阀

3. 双手同时操作回路

所谓双手同时操作回路就是使用两个启动用的手动阀,只有同时按下两个阀才动作的回路。这种回路常用在锻造、冲压机械上来避免误动作,以保护操作者的安全。

图 9-18(a)所示为使用两个手动阀的双手操作回路,为使主控阀换向,必须使压缩空气信号进入其左侧控制口。为此,必须使两个三通手动阀同时换向,另外这两个阀必须安装在单手不能同时操作的距离上。在操作时,如任何一只手离开则控制信号消失,主控阀复位,则活塞杆后退。

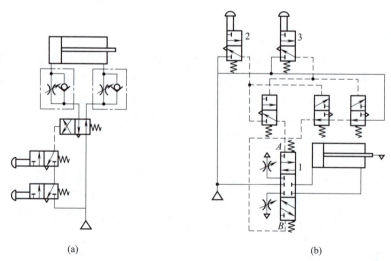

图 9-18　双手同时操作回路

图 9-18（b）所示为使用三位主控阀的双手操作回路。把此主控阀 1 的信号 A 用于手动阀 2 和 3 的逻辑"与"回路，亦即只有手动阀 2 和 3 同时动作时，主控阀 1 换向到上位，活塞杆前进；把信号 B 用于手动阀 2 和 3 的逻辑"或非"回路，即当手动阀 2 和 3 同时松开时（图示位置），主控阀 1 换向到下位，活塞杆返回；若手动阀 2 或 3 任何一个动作，将使主控阀复位到中位，则气缸处于停止状态。

4. 防止下落回路

气缸用于起吊重物时，如果突然停电或停气，气缸将在负载重力的作用下伸出，因此需采取安全措施防止气缸下落，使气缸能够保持在原位置。为了防止气缸下落，可以在回路设计时采用二位二通阀或气控单向阀封闭气缸两腔的压缩空气，或者采用内部带有锁定机构的气缸。

图 9-19（a）所示为采用两个二位二通气控阀的回路。当三位五通电磁阀左端电磁铁通电后，压缩空气经梭阀作用在两个二通气控阀上，使它们换向，气缸向下运动。同理，当电磁阀右端电磁铁通电后，气缸向上运动。当电磁阀不通电时，加在二通气控阀上的气控信号消失，二通气控阀复位，气缸两腔的气体被封闭，气缸保持在原位置。

图 9-19（b）所示为采用气控单向阀的回路。当三位五通电磁阀左端电磁铁通电后，压缩空气一路进入气缸无杆腔，另一路将右侧的气控单向阀打开，使气缸有杆腔的气体经由单向阀排出。当电磁阀不通电时，加在气控单向阀上的气控信号消失，气缸两腔的气体被封闭，气缸保持在原位置。

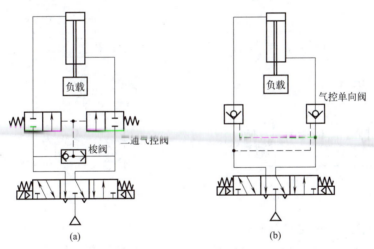

图 9-19 防止下落回路

视频：顺序动作回路（气动）

六、顺序动作回路

顺序动作是指在气动回路中各个气缸按一定顺序完成各自的动作。例如单缸有单往复、延时往复、连续往复等回路；双缸及多缸有单往复及多往复顺序动作等。行程阀、顺序阀、换向阀是顺序动作回路的主要元件。

1. 单作用气缸单往复控制回路

如图 9-20 所示，操作手柄使手动二位三通换向阀换向，压缩空气从此阀的 2 口输出进入主控阀的左控制口，推动主控阀芯右移。压缩空气经主控阀 1 口从 2 口输出，进入单作用气缸无杆腔，克服弹簧力，推动活塞向右移动，弹簧腔气体从单作用气缸排气口排出，活塞杆伸出；当活塞杆压下行程开关 S2 时，行程开关换向，压缩空气从行程开关 S2 的 2 口输出,进入主控阀的右控制口。由于此时手动二位三通换向阀早已复位,主控阀的左控制口已通过手动换向阀的 2 口与大气相通,进入主控阀右控制口的压缩空气推动阀芯复位,单作用气缸中的压缩空气经管路到达主控阀输出口 2,经主控阀排气口 3 排出。单作用气缸的活塞在弹簧力的作用下左移,活塞杆返回,实现一次往返运动。

2. 双作用气缸连续往复控制回路

如图 9-21 所示,在气缸没有动时,气缸停止在后终端,行程开关 S1 受压,处于换向状态,即 1 口与 2 口相通。启动扳把开关,二位三通换向阀换向,压缩空气从此阀的 2 口输出进入行程开关 S1,从出口 2 输出压缩空气,进入主控阀的控制口 14,推动主控阀芯右移,压缩空气从主控阀输出口 4 输出,进入气缸无杆腔,推动活塞向右移动,活塞杆伸出;当活塞杆压下行程开关 S2 时,行程开关 S2 换向,压缩空气从行程开关 S2 的 2 口输出,进入主控阀的控制口 12,由于此时行程开关 S1 早已复位,主控阀的控制口 14 已通过行程开关的 2 口与大气相通,进入主控阀 12 口的压缩空气推动主控阀阀芯复位,压缩空气从主控阀输出口 2 输出,进入气缸的有杆腔,推动活塞左移,活塞杆返回;到达后终端时,再一次压下行程开关 S1,由于扳把开关具有定位功能,始终保持换向状态,压缩空气再一次进入主控阀的控制口 14,活塞杆再次伸出,气缸实现自动往返运动。

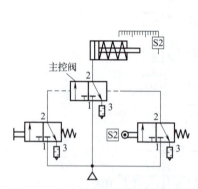

图 9-20 单作用气缸单往复控制回路

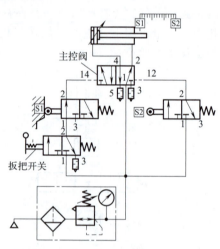

图 9-21 双作用气缸连续往复控制回路

3. 双作用气缸延时往复控制回路

如图 9-22 所示,启动扳把开关,压缩空气进入主控阀的左控制口,推动阀芯换向,压缩空气经主控阀 4 口输出,通过左侧单向阀进入无杆腔,推动活塞右行,活塞杆伸出;到达前终端将行程开关 S2 压下,气体经 S2 的输出口 2 输出,进入延时换向阀控制口 12,经过一段时间,进入延时换向阀 12 口的气体积聚到一定压力,驱动延时换向阀换向,气体进入主控阀右控制口。此时由于气缸活塞杆早已离开行程开关 S1,主控阀左控制口的气体已排出,主控阀复位,压缩空气经主控阀 2 口输出,经右侧单向阀进入气缸有杆腔,推动活塞左移,活塞杆返回;到达后终端后,行程开关 S1 被压下,压缩空气再次进入主控阀左控制口,主控阀换向,活塞杆再次伸出。此回路可实现气缸自动往复循环,并且每次在前终端停留一定的时间,可通过调节延时阀中节流阀开度的大小控制停留时间的长短。

4. 多缸顺序动作回路

两个、三个或多个气缸按一定顺序动作的回路,称为多缸顺序动作回路,其应用很广泛。在一个循环顺序里,若气缸只作一次往复运动,则该回路被称为单往复顺序回路。若某

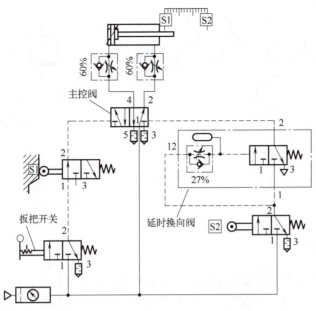

图 9-22 双作用气缸延时往复控制回路

些气缸作多次往复运动，就是多往复顺序回路。若用 A、B、C 表示气缸，用下标 1、0 表示活塞的伸出和缩回，则两个气缸的基本顺序动作就有 $A_1B_1A_0B_0$、$A_1B_1B_0A_0$ 和 $A_1A_0B_1B_0$ 共三种。而对三个气缸的基本动作就有十五种之多。这些顺序动作回路，都属于单往复顺序回路。多往复顺序动作回路，其中一个或多个气缸要作多次往复，顺序的形成方式，将比单往复顺序多得多，其逻辑控制回路也复杂得多。

七、真空吸附回路

视频：
真空吸附
回路

真空吸附回路由真空泵或真空发生器产生真空并用真空吸盘吸附物体，以达到吊运物体、移动物体、组装产品的目的。

1. 真空泵真空吸附回路

图 9-23 为由真空泵组成的真空吸附回路。真空泵 1 产生真空，当电磁阀 7 通电后，产生的真空度达到规定值时，吸盘 8 将工件吸起，真空开关 5 发信号，进行后面工作。当电磁阀 7 断电时，真空消失，工件依靠自重与吸盘脱离。回路中，单向阀 3 用于保持真空罐中的真空度。

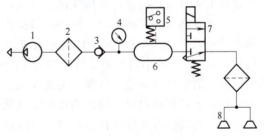

图 9-23 真空泵真空吸附回路
1—真空泵；2—过滤器；3—单向阀；4—压力表
5—真空开关；6—真空罐；7—电磁阀；8—吸盘

2. 真空发生器真空吸附回路

图 9-24 所示为采用三位三通阀控制真空吸附和真空破坏的回路。当三位三通换向阀 4 的 A 端电磁铁得电时，真空发生器 1 与真空吸盘 7 接通，真空开关 6 检测真空度并发出信号给控制器，吸盘将工件吸起。当三位三通阀断电时，真空吸附状态保持。当三位三通换向阀 4 的 B 端电磁铁得电时，压缩空气进入真空吸盘，真空被破坏，吹力使吸盘与工件脱离。吹力的大小由减压阀 2 设定，流量由节流阀 3 设定。过滤器 5 的作用是防止抽吸过程中将异物和粉尘吸入发生器。

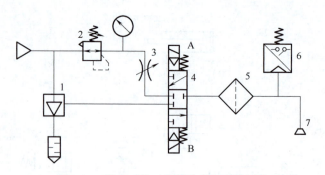

图 9-24　采用三位三通阀的真空吸附回路
1—真空发生器；2—减压阀；3—节流阀；4—换向阀；5—过滤器；6—真空开关；7—吸盘

任务实践

视频：
皮带压花机气动系统的构建与调试

鉴于皮带压花机是利用冲模高速运动的冲击力在皮带上进行冲压加工的，此类设备工作频率高、速度快，为了避免伤及人手，控制系统考虑采用双手操作的逻辑控制回路。

由于进行冲压加工，冲模在向下运动时速度快，输出力要大，因此采用双作用气缸控制冲模比采用单作用气缸控制更合理。

该机械要求冲模快速伸出、慢速返回，因此双作用气缸伸出时进气腔不能节流，排气腔的气体要快速排出，气缸返回时要进行速度控制。控制系统应在气缸伸出的背腔采用快速排气阀，返回时采用出气节流的方式进行调速。

由于主控阀是双气控阀，点动的启动信号需进行自锁；运动到下终端后自动返回，则在下终端要安装发信装置，即行程开关；控制冲模的气缸可实现往复运动，因此系统要对启动信号进行自锁。

突遇紧急情况，启动停止阀气缸应能带动冲模立即返回，停止阀输出的信号，在紧急情况下应能直接作用在主控阀控制气缸返回的控制口上。

综合上述分析，构建皮带压花机的气动系统回路如图 9-25 所示。

(1) 气缸驱动冲模的运动　双手同时操作启动阀 1 和 2，压缩空气通过启动阀进入双压阀的两个输入口 1，从输出口 2 输出进入梭阀 1 的输入口 1，从梭阀 1 输出口 2 输出进入停止阀输入口 1，从输出口 2 通过管路进入换向阀 1 的控制口，导致换向阀 1 换向。压缩空气从换向阀 1 的输出口 2 进入行程开关输入口 1，从输出口 2 进入主控阀的左控制口，推动主控阀换向，主控阀输出口 4 输出的压缩空气通过单向节流阀中的单向阀进入气缸的上腔，推动活塞向下运动。有杆腔气体经快速排气阀快速排出，气缸活塞杆带着冲模快速向下运动，当冲模行进到下终端，压下行程开关 S2 时，行程开关 S2 换向，输出口 2 的气体进入梭阀 2 的输入口 1，经输出口 2 进入主控阀右控制口，推动主控阀复位。主控阀 2 口输出的压缩空气经快速排气阀进入气缸的有杆腔，推动活塞上行，气缸无杆腔气体经单向节流阀中的节流阀，进入主控阀 4 口从排气口 5 排出，活塞杆返回，冲模回到初始位置。调节节流阀节流口的大小可控制活塞杆返回的速度。

(2) 气缸的往复循环　当气缸回到初始位置时，再次压下行程开关 S1，由于换向阀 1 始终处于换向状态，因此压缩空气再次进入主控阀左控制口，主控阀换向，气缸再次下行，实现了往复循环。

(3) 突发紧急情况　如遇紧急情况，启动停止阀，则停止阀换向，2 口与排气口 3 相

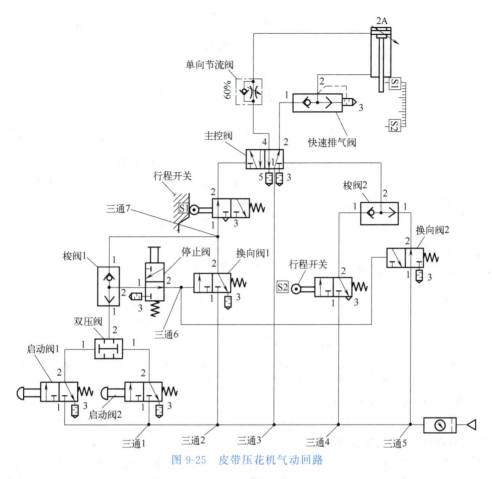

图 9-25　皮带压花机气动回路

连,换向阀 2 控制口气体经管路从停止阀口 3 排出,换向阀 2 复位,输出口 2 的气体进入梭阀 2,从输出口 2 进入主控阀右控制口,推动主控阀复位,气体进入气缸下腔,活塞上移,冲模回到上端。

(4) 逻辑回路　此控制系统涉及了三条逻辑回路,一条回路是双手操作的逻辑"与"回路;另一条是启动信号经过梭阀 1、行程开关 S1 和单气控二位三通换向阀 1 的组合形成对启动信号的"自锁"回路;第三条回路是点动停止阀通过梭阀 2 形成的强制活塞杆返回的逻辑"或"回路。

在 FluidSIM-P 软件中按照图 9-25 进行仿真调试后,在气动实验台上完成气路连接与调试。必须严格遵守工艺规范和操作规程,保持环境整洁,做到严肃认真、精益求精,将安全生产落实到位。

任务 2　双缸控制回路的构建与调试

任务导入

自动生产线上常用的双缸供料装置如图 9-26 所示,顶料气缸伸出,将次底层的工件顶住不掉落,推料气缸伸出将最底层的工件推出到物料台,推料气缸缩回,顶料气缸缩回,工件下落,为下次推料做准备。如此循环实现持续供料,直到将控制开关复位,两个气缸停止

视频：如何根据位移-步进图设计气动回路

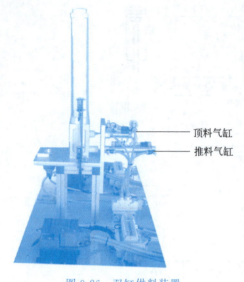

图 9-26 双缸供料装置

在初始位置。请用纯气动的控制方式试构建双缸供料系统的气动回路并调试。

知识导航

一、气动回路图和位移-步进图的绘制要求

1. 气动系统回路图的绘制要求

① 气动系统回路图应按国际标准 ISO 1219-2：2012 要求绘制。

② 气动元件在系统回路图中一律用职能符号表示，图面元件的布置原则上应按以下次序从下到上、从左到右布局。

a. 能源元件位于左下方。

b. 控制元件按控制信号传导的顺序从下往上、从左往右，主控阀居中。

c. 执行元件位于上部，按数量从左向右排列。

d. 其中每个元件用以下字母代号表示：空压机用 P 表示；原动机用 M 表示；阀用 V 表示；执行元件用 A 或 B 表示；传感器、行程开关等用 B、S 或 N 表示；其他元件用 Z 或以上所示字母以外的其他字母表示。

在识读气动回路图时，应首先了解和熟悉上述国际标准和每个气动元件的功效。

2. 位移-步进图的绘制要求

用线图将一个或多个执行元件和主控元件的动作顺序及关系在二维坐标系上表示出来，即在坐标系下用直观的线图，将执行元件的动作与控制元件换向状态之间的关系表示出来的图为位移-步进图。位移-步进图中表示符号的说明见表 9-2。

表 9-2 位移-步进图中表示符号的说明

符号	说明	符号	说明
⊖	开	（1 2 3 4 圆盘）	选择开关
⊙	关	（E A 圆盘）	转换开关
⊜	开/关	↘	行程开关启动的位置
⊤	按钮	↘↗	行程开关通过一段路径后启动
Ⓐ	自动	t 2s	定时时间设置为 2s
⊙	急停开关	P 6×10⁵Pa	压力开关压力设置为 $6×10^5$ Pa
1	气缸前终端	a	二位阀初始位置/三位阀换向位置
0	气缸后终端/三位阀中位位置	b	二位阀换向位置/三位阀换向位置

位移-步进图如图 9-27 所示。

① 在一个坐标轴上（纵坐标）描述位移，在另外一个坐标轴上（横坐标）描述步骤。

② 在位移-步进图中，现有的执行元件和主控元件被依次排列，建立在表格的左边。如图 9-27 中的气缸 A、换向阀 V。

③ 当执行元件的活塞杆处于缩回状态时，用数字"0"来表示，伸出状态用数字"1"来表示；换向阀换向时用"b"来表示，复位时用"a"来表示。当阀为三位阀时，画出 3 个状态，并且中位用"0"来表示。

④ 执行元件的运动用斜线来表示，静止状态用横线来表示；当控制元件的状态发生变化时，用垂直线来表示。

⑤ 执行元件、主控元件和信号元件之间的关系用细实线来表示。箭头代表作用方向。

⑥ 手动操纵的信号元件、机械操纵的信号元件用表 9-2 中的符号来表示，与压力有关或与时间有关的信号元件用一个特殊的方框来表示，如图 9-27（b）所示。

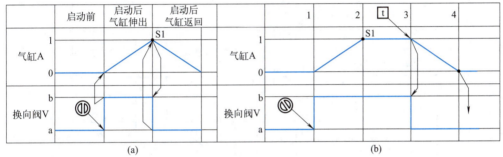

图 9-27　位移-步进图

3. 气动回路图的设计

结合图 9-27（a）绘制的单作用气缸往返运动控制回路如图 9-28 所示。

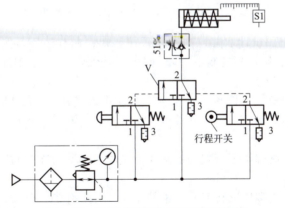

图 9-28　单作用气缸往返运动控制回路

小讨论

请结合图 9-27（a）绘制双作用气缸往返运动控制回路。

小讨论

请结合图 9-27（b）绘制双作用气缸往返运动控制回路。

二、双缸控制回路设计方法

1. 不带障碍信号的双缸控制回路设计方法

如果两个气缸分别为 1A、2A，组成系统后运动顺序为 1A 伸、2A 伸、1A 缩、2A 缩，则控制信号之间不存在干扰，即不存在障碍信号，气动回路设计按照如下步骤进行。

（1）完成位移-步进图　图 9-29 所示为不带障碍信号的两个气缸顺序动作的完整位移-步进图。

通过启动按钮 2S1 使主控阀 1V1 换向，第一个气缸 1A 伸出；在行程的终点，滚轮式换向阀 1S3（行程开关）被压下，使主控阀 2V1 换向，第二个气缸 2A 伸出；压下滚轮式换向阀 2S2（行程开关），使主控阀 1V1 复位，气缸 1A 返回；压下滚轮式换向阀 1S2（行程开关），使主控阀 2V1 复位，气缸 2A 返回。

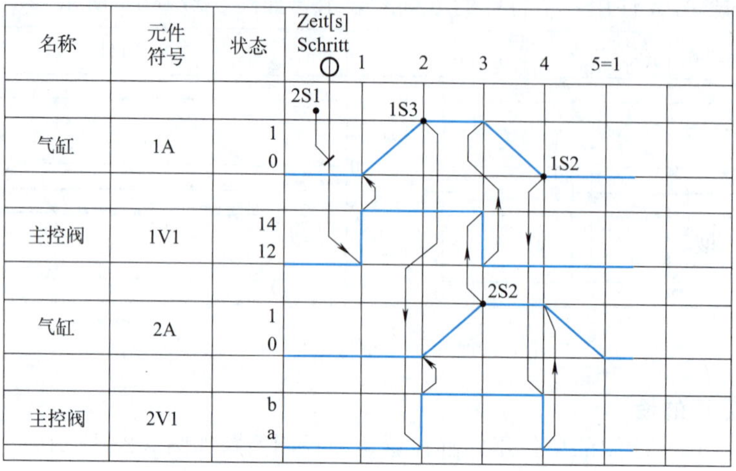

视频：不带障碍信号的双缸控制回路设计

名称	元件符号	状态	Zeit[s] Schritt 1	2	3	4	5=1
气缸	1A	1 0	2S1	1S3		1S2	
主控阀	1V1	14 12				2S2	
气缸	2A	1 0					
主控阀	2V1	b a					

图 9-29　不带障碍信号的双缸控制回路位移-步进图

（2）结合位移-步进图设计双缸控制回路　在已知控制顺序后，按顺序将行程开关的信号（1S2、1S3、2S2）直接送到控制下一步动作的主控阀（1V1、2V1）控制口，就可构成控制回路了，如图 9-30 所示。

① 启动按钮开关 2S1，主控阀 1V1 换向，气体进入气缸 1A 无杆腔，活塞杆慢速伸出。

② 气缸 1A 到达前终端压下行程开关滚轮 1S3，主控阀 2V1 换向，气体进入气缸 2A 无杆腔，活塞杆慢速伸出。

③ 气缸 2A 到达前终端压下行程开关滚轮 2S2，主控阀 1V1 复位，气体进入气缸 1A 有杆腔，活塞杆慢速缩回。

④ 气缸 1A 到达后终端压下行程开关滚轮 1S2，主控阀 2V1 复位，气体进入气缸 2A 有杆腔，活塞杆慢速缩回。

2. 带障碍信号的双缸控制回路设计方法

（1）障碍信号　如果两个气缸分别为 1A、2A，组成系统后运动顺序为 1A 伸、2A 伸、2A 缩、1A 缩，则控制信号之间存在干扰。例如，1S3 的输出信号作用在换向阀 2V1 的左控制口，气缸 2A 伸出后，触发 2S2 输出信号作用在 2V1 的右控制口，主阀 2V1 的两个控制信号同时存在，主阀不能动作，即出现了障碍信号（这种妨碍控制信号正常工作的信号称为障碍信号）。因此，必须采用一定的方法将不需要的信号及时消除掉。

一般障碍信号出现在使用脉冲式换向阀作为主控元件的场合。当主控阀的一个控制口有信号，而另一个控制口由于存在着反向信号的作用，妨碍了控制信号的正常工作，使主控阀

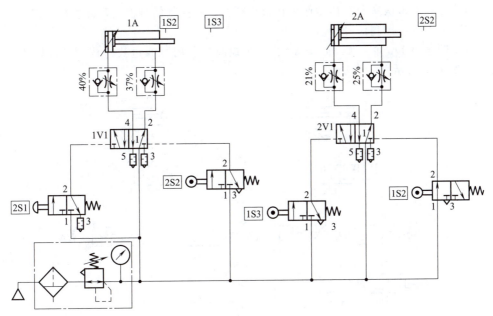

图 9-30 不带障碍信号的双缸控制回路

不能换向,顺序动作控制就会出现障碍。

(2) 完成位移-步进图 图 9-31 所示为带障碍信号的两个气缸顺序动作的完整位移-步进图。

通过启动按钮 S0 使主控阀 1V1 换向,第一个气缸 1A 伸出;在行程的终点,滚轮式换向阀 S2(行程开关)被压下,使主控阀 2V1 换向,第二个气缸 2A 伸出;压下滚轮式换向阀 S4(行程开关),使主控阀 2V1 复位,气缸 2A 返回;压下滚轮式换向阀 S3(行程开关),使主控阀 1V1 复位,气缸 1A 返回;压下滚轮式换向阀 S1(行程开关)。

(3) 消除障碍信号的方法

① 利用可通过式行程阀消除障碍信号的气动控制回路。利用可通过式行程阀,使气缸在伸出和缩回的过程中,行程阀只发出一次控制信号。如图 9-32 所示,即在其中一个方向上气缸通过行程阀时不会

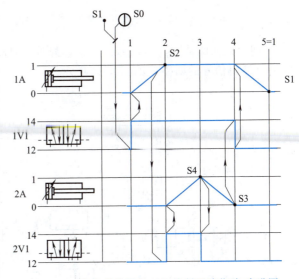

图 9-31 带障碍信号的双缸控制回路位移-步进图

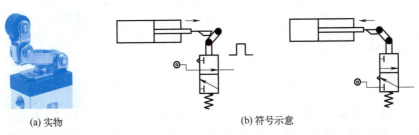

图 9-32 可通过式行程阀

发出控制信号。外力从左向右移动作用在行程阀上，有控制信号输出；外力从右向左移动作用在行程阀上，没有控制信号输出。

当运动顺序为 1A 伸、2A 伸、2A 缩、1A 缩时，利用可通过式行程阀消除障碍信号的回路，如图 9-33 所示。

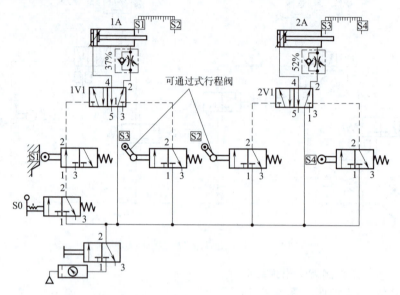

图 9-33 利用可通过式行程阀消除障碍信号的气动回路

② 利用换向阀消除障碍信号。当运动顺序为 1A 伸、2A 伸、2A 缩、1A 缩时，利用换向阀消除障碍信号的回路，如图 9-34 所示。

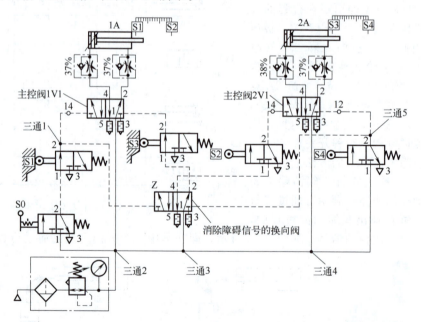

图 9-34 利用换向阀消除障碍信号的气动回路

初始状态 S1 被气缸 1A 压下，启动开关 S0，压缩空气从 S0 输出口 2 经 S1 的输出口 2 进入三通 1，一部分进入主控阀 1V1 左控制口，一部分进入消除障碍信号的换向阀左控制口，使其换向，此阀输出口 2 与排气口 3 接通，主控阀 1V1 右控制口障碍信号消除，主控阀 1V1 换向，压缩空气进入 1A 无杆腔，1A 气缸伸出，到达前终端压下行程开关 S2，此时压缩空气从 S2 输出口 2 进入主控阀 2V1 左控制口，驱动 2V1 换向，压缩空气进入 2A 无杆腔，2A 气缸伸出，到达前终端压下行程开关 S4，S4 的 1 口和 2 口接通，压缩空气从 S4 输出口 2 经三通 5 一部分进入主控阀 2V1 右控制口，一部分进入消除障碍信号的换向阀右控制口，使其复位。此阀输出口 4 与排气口 5 接通，主控阀 2V1 左控制口障碍信号消除，主控阀 2V1 复位，压缩空气进入 2A 有杆腔，2A 气缸返回，到达后终端压下行程开关 S3，气体经此阀输出口 2 进入主控阀 1V1 右控制口，主阀 1V1 复位，压缩空气进入 1A 有杆腔，1A 气缸返回，到达后终端再次压下行程开关 S1，由于 S0 是定位开关，启动后一直保持接通，因此重复开始新的循环，直到再次启动 S0 气缸停止运动，保持在初始位置。

任务实践

双缸供料装置的动作顺序为：顶料气缸伸出→推料气缸伸出→推料气缸缩回→顶料气缸缩回，属于带障碍信号的双缸控制回路，气动回路的设计要点如下。

① 双作用气缸自动往复动作：2 个行程阀控制双气控阀。
② 双作用气缸伸出速度调节：2 个单向节流阀（排气节流）。
③ 启动和停止：1 个手动阀（扳把开关）。
④ 障碍信号消除：1 个双气控换向阀。

按照图 9-35 仿真调试后，在气动实验台上完成气路连接与调试。必须严格遵守工艺规范和操作规程，保持环境整洁，做到严肃认真、精益求精，将安全生产落实到位。

视频：双缸供料纯气动系统的构建与调试

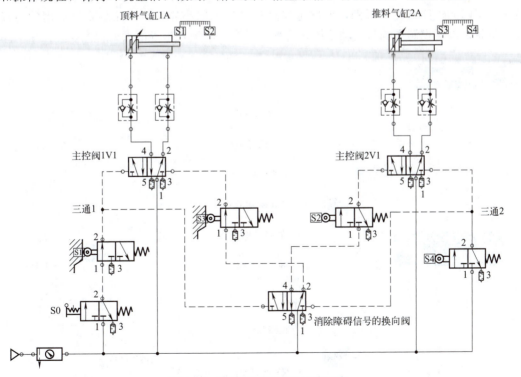

图 9-35 双缸供料系统的气动回路

生产学习经验

为了便于分析和设计纯气动控制系统，必须明确气动元件与气动回路的对应关系，图 9-36 给出了纯气动系统中信号流与元件之间的对应关系。

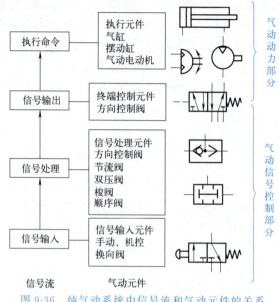

图 9-36 纯气动系统中信号流和气动元件的关系

气压控制系统基本回路与液压控制系统回路分类基本相同，学习时应注意气压控制阀与液压控制阀的性能与使用区别，回路组建过程虽然大同小异，但需注意系统应用的前提条件，也就是液压控制系统与气动系统在功率、成本、环境要求等因素的特点。

思维导图

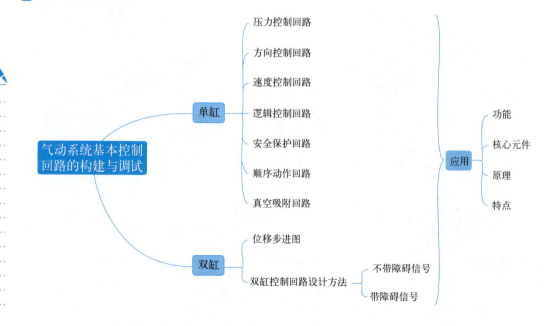

巩固练习

【填空题】

1. 压力控制回路常用的有_____、_____和_____，其中，_____控制回路主要使储气罐输出气体的压力不超过规定值。
2. 换向回路是控制执行元件的_____、_____或_____。
3. 单缸单往复动作是指输入1个信号后，气缸只完成_____次往复动作；连续往复是指输入1个信号后，气缸的往复动作_____。
4. 气动元件在系统回路图中一律用_____表示。能源元件位于_____；控制元件按控制信号传导的顺序_____、_____、主控阀_____；执行元件位于_____，按数量_____排列。
5. 位移-步进图中，执行元件的运动用_____来表示，静止状态用_____来表示；当控制元件的状态发生变化时，用_____来表示。
6. 位移-步进图中，当执行元件的活塞杆处于缩回状态时，用数字_____来表示，伸出状态用数字_____来表示；二位换向阀换向时用_____来表示，复位时用_____来表示。

【简答题】

1. 比较进气节流调速和排气节流调速的特点。
2. 采用缓冲回路的目的是什么？

【分析设计题】

1. 分析题图9-37所示回路，回答问题：
（1）元件3、4、5的名称分别是_____、_____、_____。
（2）该回路的功能是_____、_____、_____。

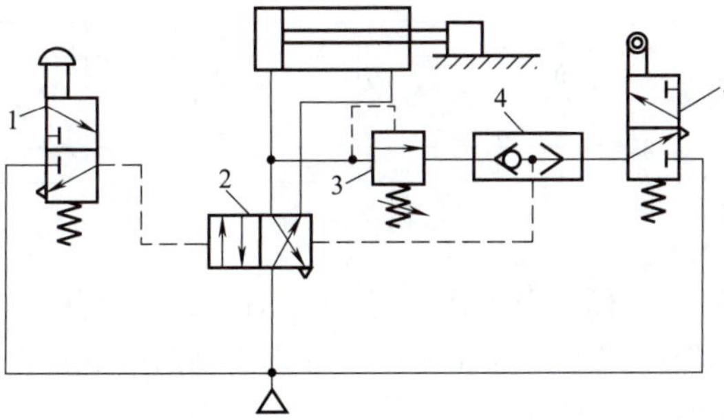

图9-37 题1图

2. 分析题图9-38所示回路，回答问题：
（1）三种回路都能实现单缸_____顺序动作回路。
（2）图（a）实现主控阀3换向的核心元件是_____，图（b）实现主控阀3换向的核心元件是_____，图（c）实现主控阀3换向的核心元件是_____。
（3）能起到延时控制的回路是_____。

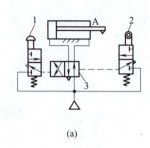 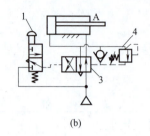 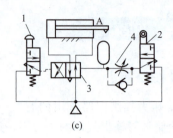

图 9-38 题 2 图

3. 如图 9-39 所示，一个弯角机械用两个同样的按钮阀控制一个成型器快速地向前运动，通过气缸的向前运动，将一块平板弯角，如果两个按钮中的一个被松开，则双作用气缸慢慢地返回到初始位置。试设计满足上述要求的气动控制回路。

4. 有一个三角形售货台，在三个角上各有一个按钮开关，有一个单作用气缸，至少按动两个开关，气缸伸出送出一杯饮料，否则气缸返回或不动，试设计满足此功能的气动回路。

5. 根据图 9-40 所示位移-步进图绘制气动回路图。

6. 生产中有一套双手操作前进单手操作后退的压机。利用一个气缸对材料进行成型加工。其工作过程为：气缸在两个按钮同时按下后，带动曲柄连杆机构对材料进行压制成型。在设备中只有在两个按钮全部按下时气缸才会伸出，从而保证双手在气缸伸出时不会因操作不当受到伤害，这是一种很常见的安全保护措施。加工完毕后，通过另两个按钮任一按下后，让气缸退回，这是一种异地操作措施，试设计满足此功能的气动回路。

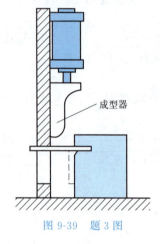

图 9-39 题 3 图

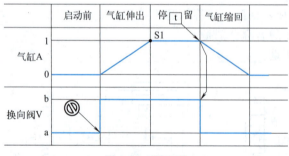

图 9-40 题 5 图

7. 生产线上的一个工位中有一个采用气控的气动装置，利用一个双作用气缸的慢速前进快速后退来完成工作流程，其工作过程为：气缸在启动后慢速前进，前进到位后自动快速退回，试设计满足此功能的气动回路。

项目十

电气气动程序控制系统的构建与调试

学有所获

1. 能分析典型电气气动系统的工作过程。
2. 能正确选用、装调气动元件及按钮、继电器、接近开关等电气元件。
3. 能规范完成电气气动系统的设计、仿真调试及实际装调。
4. 能根据典型气动控制系统工作流程进行 PLC 控制程序的设计、调试。
5. 能进行气动系统的故障排查和系统维护。
6. 能在实训中提升分析问题和解决问题的能力。

任务 1　单缸电气气动控制回路的构建与调试

任务导入

图 10-1 为气动剪刀示意图,手动操作控制开关后,单作用气缸 Z1 能自动往复循环,配合机械结构完成剪料动作,且每次剪料返回后停留 2s 再次伸出剪料,直到将控制开关复位,气缸 Z1 停止在初始位置。请采用电气-气动的控制方式实现,试构建剪料控制的电气动系统并调试。

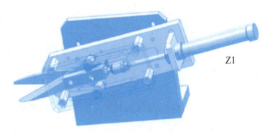

图 10-1　气动剪刀

知识导航

电气气动控制回路包括气动回路和电气回路两部分。气动回路一般指动力部分,包括气源处理、末端控制元件(方向控制阀)和气动执行元件。电气回路指气动系统的控制部分,与常规的电气回路一样,由主令电器、控制电器和电磁阀组成。通常在设计电气回路之前,一定要先设计出气动回路,按照动力系统的要求,选择采用何种形式的电磁阀来控制气动执行元件的运动,从而设计电气回路。在设计中,气动回路图和电气回路必须分开绘制。在整个系统设计中,气动回路图按照习惯放置于电气回路图的上方或左侧。

一、认识电气动系统常用元件

视频:认识常用电气元件及基本电气回路

电气控制回路主要由按钮开关、行程开关、接近开关、继电器、电磁阀线圈等组成。电气控制回路通过按钮或行程开关(接近开关)使电磁铁通电或断电,控制触点接通或断开被控制的主回路,这种回路也称为继电器控制电路。电路中的触点有动合(常开)触点和动断(常闭)触点。

(一) 按钮

按钮是一种最基本的主令电器,它是通过人力来短时接通或断开电路的电气元件。按触点形式不同,它可分为动合按钮、动断按钮和复合按钮。动合按钮在无外力作用时,触点断开;有外力作用时,触点闭合。动断按钮在无外力作用时,触点闭合;有外力作用时,触点断开。复合按钮中既有动合触点,又有动断触点。各类按钮的工作原理如图 10-2 所示。

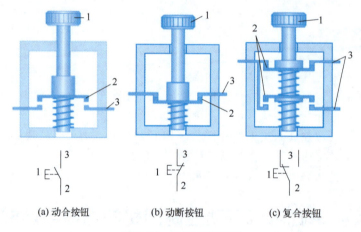

图 10-2 按钮工作原理
1—按钮帽;2—动触头;3—静触头

动画:按钮开关

手动操纵按钮可进一步分为锁定式和不锁定式两种,图形符号如图 10-3 所示。

图 10-3 锁定式和不锁定式按钮开关

当按动不锁定式按钮开关后,开关在新的开关位置上,松手后,开关自动返回到原始位置。当按动锁定式按钮开关后,开关保持在新的开关位置上,重新按动才能使它复位到原始位置。

(二) 中间继电器

中间继电器是电磁驱动的开关元件,用于控制电路和防护装置。对这类产品,要求其分断能力强、操作频率高、触点机械寿命长。对于电气气动控制系统来说,一般情况下,只使用中间继电器，因为控制电磁阀所需要的功率很小。

工作原理：如图 10-4 所示，中间继电器的线圈通电后，所产生的电磁吸力克服释放弹簧的反作用力使铁芯 6 和衔铁 3 吸合。衔铁带动动触头 4，使其和静触头（1）分断，和静触头（2）闭合。线圈断电后，在释放弹簧的作用下，衔铁带动动触头 4 与静触头（2）分断，与静触头（1）再次恢复闭合状态。

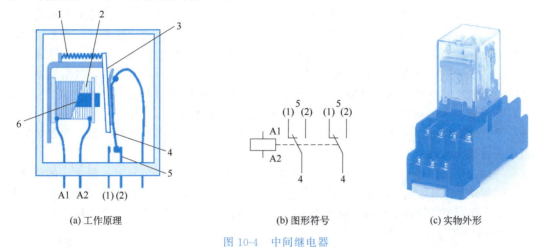

图 10-4 中间继电器
1—释放弹簧；2—线圈；3—衔铁；4—动触头；5—静触头；6—铁芯

（三）时间继电器

当线圈接收到外部信号，经过设定时间后才使触点动作的继电器称为时间继电器，时间继电器符号，如图 10-5（a）所示。按延时的方式不同，时间继电器可分为通电延时时间继电器和断电延时时间继电器。

动画：通电延时型时间继电器

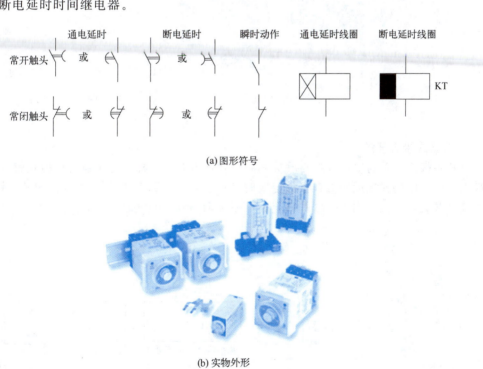

图 10-5 时间继电器符号及实物外形

通电延时时间继电器线圈得电后，触点延时动作；线圈断电后，触点瞬时复位。断电延时时间继电器线圈得电后，触点瞬时动作；线圈断电后，触点延时复位。

目前，市场上有很多各种类型、不同工作原理的时间继电器。在选择时间继电器时要考虑时间继电器延时时间、使用环境等因素。图 10-5（b）为常见时间继电器的外形。

（四）位置传感器

在采用行程程序控制的气动控制回路中，执行元件的每一步动作完成时都有相应的发信元件发出完成信号。下一步动作都应由前一步动作的完成信号来启动。这种在气动系统中的行程发信元件一般为位置传感器，包括行程阀、行程开关、各种接近开关，在一个回路中有多少个动作步骤就应有多少个位置传感器。以气缸作为执行元件的回路为例，气缸活塞运动到位后，通过安装在气缸活塞杆或气缸缸体相应位置的位置传感器发出的信号启动下一个动作。有时安装位置传感器比较困难或者根本无法进行位置检测时，行程信号也可用时间、压力信号等其他类型的信号来代替。此时所使用的检测元件也不再是位置传感器，而是相应的时间、压力检测元件。

在气动控制回路中最常用的位置传感器就是行程阀；采用电气控制时，最常用的位置传感器有行程开关、电容式传感器、电感式传感器、光电式传感器、光纤式传感器和磁感应式传感器。除行程开关外的各类传感器由于都采用非接触式的感应原理，所以也称为接近开关。

1. 行程开关

行程开关是最常用的接触式位置检测元件。它的工作原理和行程阀非常接近。行程阀是利用机械外力使其内部气流换向，行程开关是利用机械外力改变其内部电触点通断情况。行程开关的实物和图形符号如图 10-6 所示。

(a) 实物外形　　　　　　(b) 图形符号

图 10-6　行程开关

2. 电感式接近开关

电感式接近开关与电容式接近开关和光电式接近开关一样，完全没有机械式触点和机械式操纵部件。电感式接近开关在接近金属时有所反应，特别是对铁磁性材料如铁、镍和钴。作为气缸开关，它只能用于由非铁族金属（铝和铜）制成的气缸上，如图 10-7 所示。

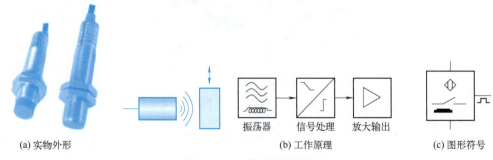

(a) 实物外形　　　　(b) 工作原理　　　　(c) 图形符号

图 10-7　电感式接近开关

工作原理：电感式接近开关主要由一个振荡器、触发级和一个信号放大器组成。给电感式接近开关加上电压，处于静止状态的振荡器借助于振荡线圈产生一个高频电磁场，这时再将一块金属物体放入磁场，它就会对磁场产生一定影响；放入磁场的金属产生涡流，降低了振荡器能量；自由振荡的振幅减小，使得触发级动作，输出一个信号。电感式接近开关只能用来检测金属物体。

开关感应距离与材料和工件的形状有着密切的关系。大而平的铁磁性材料最好识别，对于非铁族金属来讲，感应距离大约减小一半。

电感式接近开关特点是动作迅速，对周围环境的影响不敏感，但对金属物体很敏感，必须保证它的有效作用距离，滞后较大，与机械式开关相比价格相对较高。

3. 电容式接近开关

电容式接近开关与电感式接近开关按照相同的振荡电路原理进行工作，由电容器在一定的区域内辐射电场。当外来物体接近时，这一电场就会发生变化并由此改变电容器的电容。电子装置处理这一变化并形成一个相应的输出信号，如图10-8所示。

从它的工作原理可看出，电容式接近开关受周围环境的影响较大，即使其有效工作表面上仅有潮气，也有可能产生误动作。

电容式接近开关的优点是抗振动、冲击能力强，可检测所有金属材料，也可检测所有介电常数大于1的材料。例如，它除了对接近的金属有反应之外，还对油、油脂、水、玻璃、木材和其他的绝缘材料或湿度有反应。

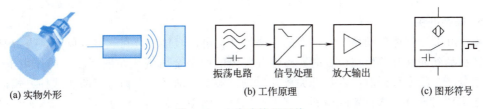

图 10-8 电容式接近开关

4. 光电式接近开关

光电式接近开关通常在环境较好、无粉尘污染的场合下使用。光电开关工作时对被测对象几乎无任何影响，因此被广泛地应用。光电式接近开关在一般情况下由发射器、接收器和检测电路三部分构成。发射器对准物体发射光束，发射的光束一般来源于发光二极管和激光二极管等半导体光源。光束不间断地发射，或者改变脉冲宽度。接收器由光电二极管或光电三极管组成，用于接收发射器发出的光线。检测电路用于滤出有效信号和应用该信号。常用的光电式接近开关又可分为漫射式、反射式、对射式等几种。

（1）对射式光电接近开关　对射式光电开关的发射器和接收器是分离的。在发射器与接收器之间如果没有物体遮挡，发射器发出的光线能被接收器接收到。当有物体遮挡时，接收器接收不到发射器发出的光线，光电开关产生输出信号。其工作原理如图10-9（c）所示。

（2）漫射式光电接近开关　漫射式光电开关集发射器与接收器于一体，在前方无物体时，发射器发出的光不会被接收器所接收到。当前方有物体时，接收器就能接收到物体反射回来的部分光线，通过检测电路产生开关量的电信号输出。其工作原理如图10-9（d）所示。

（3）反射式光电接近开关　反射式光电开关也是集发射器与接收器于一体，但与漫射式光电开关不同的是，其前方有一块反射板。当反射板与发射器之间没有物体遮挡时，接收器可以接收到光线。当被测物体遮挡住反射板时，接收器无法接收到发射器发出的光线，传感器产生输出信号。其工作原理如图 10-9（e）所示。

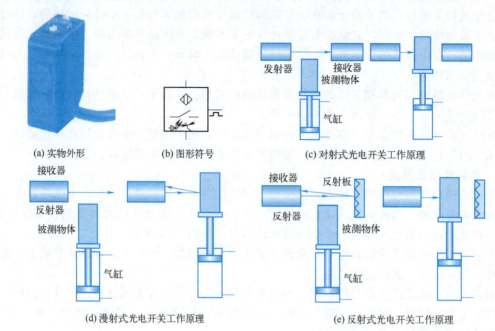

视频：磁性开关的安装与接线

视频：NPN 型光电传感器的接线

视频：PNP 型光电传感器的接线

图 10-9　光电式接近开关

5. 磁性开关

磁性开关是流体传动系统所特有的。磁性开关可以直接安装在气缸缸体上，当带有磁环的活塞移动到磁性开关所在位置时，磁性开关内的两个金属簧片在磁环磁场的作用下吸合，发出信号。当活塞移开时，舌簧开关离开磁场，触点自动断开，信号切断。这种方式可以很方便地实现对气缸活塞位置的检测。其工作原理如图 10-10（a）所示。

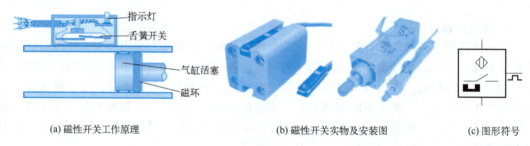

图 10-10　磁性开关

6. 接近开关接线图

电感式和电容式接近开关有 PNP 和 NPN 两种输出形式，如图 10-11 和图 10-12 所示。

图 10-11　PNP 型接近开关接线　　　　图 10-12　NPN 型接近开关接线

(五) 执行元件与电磁换向阀的类型匹配

执行元件包括气缸、摆动气缸和气马达三类。气缸又包括单作用气缸和双作用气缸两大类，气马达分单向旋转和双向旋转两种，而摆动气缸则既能正转又能反转，吸盘可实现吸料或放料。因此，按照执行元件需要多少气口可将其划分为需要一个气口和需要两个气口的两种类型。需要一个气口的，用具有一个输出口的阀进行控制，需要两个气口的，用具有两个输出口的阀进行控制，因此执行元件与电磁换向阀的匹配形式见表10-1。

表 10-1 执行元件与电磁换向阀的匹配表

执行元件类型	所匹配的换向阀	阀输出口数量	备注
单作用气缸	二位三通双电控电磁换向阀 二位三通单电控电磁换向阀	一个输出口	换向阀的输出口接执行元件的进气口
单向旋转气马达			
吸盘			
双作用气缸	二位四通双电控电磁换向阀 二位四通单电控电磁换向阀 二位五通双电控电磁换向阀 二位五通单电控电磁换向阀 三位四通双电控电磁换向阀 三位五通双电控电磁换向阀	两个输出口	换向阀的输出口分别连接执行元件的两个进气口
双向旋转气马达			
摆动气缸			

二、基本电气回路及典型单缸电气气动回路分析

(一) 电气回路图绘图原则

电气回路图通常以一种层次分明的梯形法表示，也称梯形图。它是利用电气元件符号进行顺序控制系统设计的最常用的一种方法。梯形图表示法可分为水平梯形回路图及垂直梯形回路图两种。控制电路常采用水平梯形回路图绘制。

图 10-13 所示为水平梯形回路，图形上下两平行线代表控制回路图的电源线，称为母线。

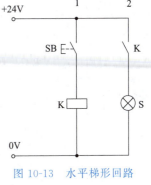

图 10-13 水平梯形回路

梯形图的绘图原则如下：

① 水平绘制时，如电源为交流电，则图中上母线为火线，下母线为零线；如电源为直流电，则图中上母线为"+"极，下母线为"-"极；

② 电路图的构成是由左而右或由上而下进行。为便于读图，接线上要加上线号；

③ 控制元件的连接线，接于电源母线之间，且应力求直线；

④ 连接线与实际的元件配置无关，其由上而下，依照动作的顺序来决定；

⑤ 连接线所连接的元件均以电气符号表示，且均为未操作时的状态；

⑥ 在连接线上，所有的开关、继电器等的触点位置由水平电路的上侧的电源母线开始连接；

⑦ 一个梯形图网络由多个梯级组成，每个输出元素（继电器线圈等）可构成一个梯级；在连接线上，各种负载，如继电器、电磁线圈、指示灯等的位置通常是输出元素，要放在水平电路的下侧；

⑧ 在以上各元件的电气符号旁注上文字符号。

(二) 基本电气回路

常用的基本电气回路及具有同种功能的气动元件或回路如表10-2所示。

表 10-2 常用的基本电气回路及具有同种功能的气动元件或回路

基本回路	电气回路	气动元件与回路
是门电路		
或门电路		
与门电路		
自保持电路（记忆电路）	停止优先　　启动优先	
互锁电路		

动画：互锁电路

续表

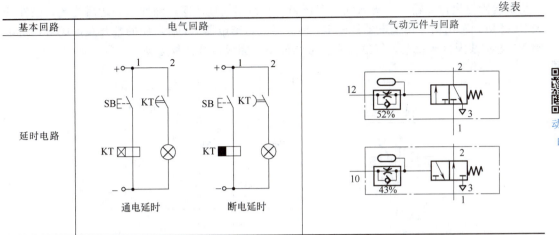

（三）典型单缸电气气动回路分析

1. 单缸单往复运动电气气动回路

图 10-14 所示为单缸单往复运动电气气动回路。启动 SB，电磁阀 Y1 电磁线圈得电，二位五通电磁阀换向，压缩空气从换向阀输出口 4 输出，进入气缸无杆腔，双作用气缸活塞杆伸出，到达前终端。磁性开关 B1 感应，输出信号使继电器线圈 K1 得电，继电器 K1 所对应的常开触点闭合，电磁阀 Y2 电磁线圈得电，二位五通电磁阀复位。压缩空气从换向阀输出口 2 输出，进入气缸有杆腔，双作用气缸活塞杆缩回，气缸完成单往复运动。

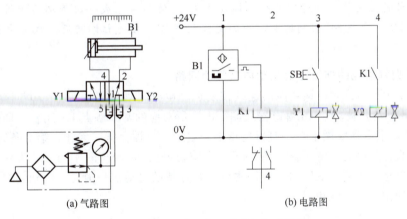

图 10-14 单缸单往复运动电气气动回路

小结论

气缸的动作是单次循环，可利用按钮开关操作前进，利用行程开关或接近开关控制回程。图 10-14 中按钮 SB 操作前进，磁性开关 B1 控制回程。

2. 单缸连续往复运动电气气动回路

图 10-15 所示为单缸连续往复运动电气气动回路。启动 SB 定位开关，电磁阀 Y1 电磁线圈得电，二位五通电磁阀换向，压缩空气从换向阀输出口 4 输出，进入气缸无杆腔，双作用气缸活塞杆伸出，到达前终端。磁性开关 B2 感应，输出信号使继电器线圈 K2 得电，继电器 K2 所对应的常开触点闭合，电磁阀 Y2 电磁线圈得电，二位五通电磁阀复位，压缩空

气从换向阀输出口 2 输出,进入气缸有杆腔,双作用气缸活塞杆缩回,到达后终端。磁性开关 B1 感应,输出信号使继电器线圈 K1 再次得电,继电器 K1 所对应的常开触点闭合,电磁阀 Y1 电磁线圈再次得电,气缸活塞杆继续伸出,完成连续往复运动。

动画:单缸连续往复运动电气气动回路

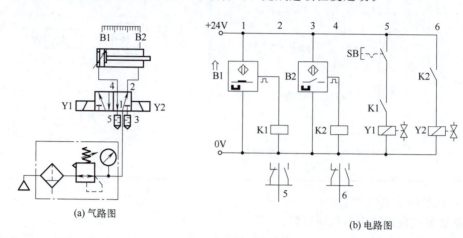

图 10-15　单缸连续往复运动电气气动回路

小结论

气缸动作为连续循环,则利用按钮开关控制电源的通/断电,在控制电路上比单个循环多加一个信号传送元件(如行程开关、接近开关),使气缸完成一次循环后能再次动作。图 10-15 中,锁定式开关 SB 控制通电,增加发信元件 B1,使气缸缩回后能再次伸出。

动画:具有自锁功能的连续往复运动电气气动回路

3. 具有自锁功能的连续往复运动电气气动回路

图 10-16 所示为具有自锁功能的连续往复运动电气气动回路。与上一个回路不同的是,启动按钮 SB 点动开关后,K3 继电器线圈得电,所对应的常开触点 K3 闭合,即使点动按钮 SB 已经松开,继电器线圈也会一直保持得电,启动信号被保持。因此,第 7 条线路上的 K3 常开触点一直保持闭合,等于此处安装了一个定位开关 SB,与图 10-15 运动一样,因此可实现连续往复运动。启动 ST,K3 线圈失电,被保持的启动信号消失,回到后终端的气缸活塞杆不会再伸出,运动结束。

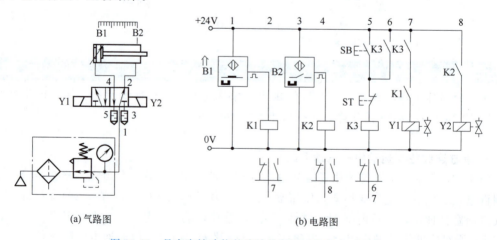

图 10-16　具有自锁功能的连续往复运动电气气动回路

任务实践

根据控制要求,启动后开始剪料且每次剪料返回后停留 2 s 再次伸出剪料,直到将控制开关复位,气缸 Z1 停止在初始位置。气动回路的设计要点如下。

① 单作用气缸自动往复推料:2 个磁性开关驱动 2 个继电器控制 2 个线圈。
② 启动和停止:1 个锁定式按钮开关/启保停电路。
③ 缩回位置停 2s:1 个通电延时继电器。

按照图 10-17 仿真调试后,在气动实验台上完成气路、电路连接与调试。

视频:剪料控制电气动系统的构建与调试

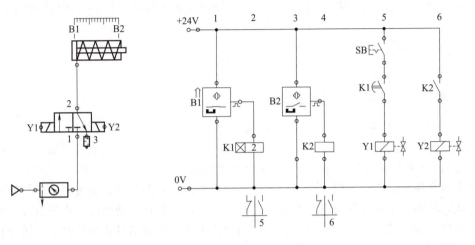

图 10-17 剪料控制电气-气动回路

小问题

仿真软件中磁性开关为三线制,实验台磁性开关是二线制(图 10-18),实际如何接线?

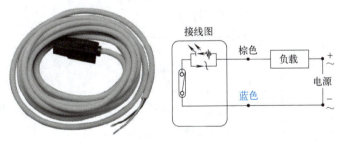

图 10-18 二线制磁性开关

小讨论

安全生产不是一句简单的标语和口号,我们需要将它内化于心、外化于行,请总结实训环节中的不良现象。

任务 2　双缸电气气动控制回路的构建与调试

视频：双缸供料电气动系统的构建与调试

任务导入

自动生产线上常用的双缸供料装置如图 9-26 所示，顶料气缸伸出，将次底层的工件顶住不掉落，推料气缸伸出将最底层的工件推出到物料台，推料气缸缩回，顶料气缸缩回，工件下落，为下次推料做准备。如此循环实现持续供料，直到将控制开关复位，两个气缸停止在初始位置。请用电气-气动的控制方式实现，试构建双缸供料系统的电气-气动回路并调试。

一、典型双缸电气气动回路分析

（一）不带障碍信号的双缸电气气动回路

两个双作用气缸分别为 1.0 和 2.0，它们的运动顺序为 1.0 伸出到前终端，2.0 伸出到前终端之后，1.0 返回到后终端，2.0 才能返回到后终端。

两个双作用气缸需分别用两个二位五通双电控电磁换向阀控制，可按照单缸控制系统的设计方法，将每一个控制阀与它所控制的气缸连接好，根据其运动顺序，在气缸运动到终点需要发出信号的位置安装一个传感器，并利用此传感器发出的信号作为控制下一级动作的控制信号，如图 10-19（a）所示气路图，将传感器 2.3 和 2.2 分别安装在气缸 1.0 的后终端和

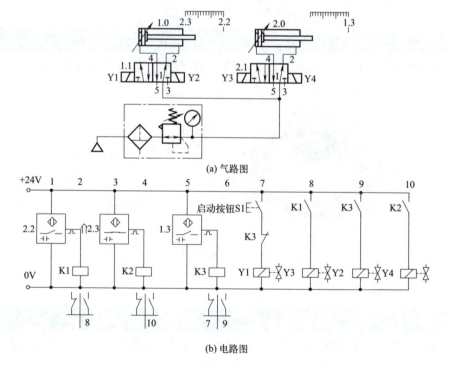

图 10-19　不带障碍信号的双缸电气气动回路

前终端，将传感器 1.3 安装在气缸 2.0 的前终端。

根据动作顺序判断不存在障碍信号，图 10-19（b）为不带障碍信号双缸控制系统的电路图。

按动启动信号 S1，Y1 电磁线圈得电，气缸 1.0 活塞杆伸出，到达传感器 2.2 处，传感器感应信号使继电器 K1 线圈得电，线路 8 的 K1 常开触点闭合，Y3 电磁线圈得电，气缸 2.0 活塞杆伸出，到达传感器 1.3 处，传感器感应信号使继电器 K3 线圈得电，线路 7 的 K3 常闭触点断开，保证 Y1 电磁线圈失电，线路 9 的 K3 常开触点闭合，Y2 电磁线圈得电，气缸 1.0 活塞杆缩回，到达传感器 2.3 处，传感器感应信号使继电器 K2 线圈再次得电，线路 10 的 K2 常开触点闭合，Y4 电磁线圈得电，气缸 2.0 活塞杆缩回，运动结束。

小问题

观察图 10-19（b）电路图中线路 7、8、9、10 中电磁阀线圈的排序，你发现了什么规律？

小讨论

如果图 10-19 中 1.0 和 2.0 气缸的顺序动作需要循环实现，该如何修改气路图和电路图？

（二）带障碍信号的双缸电气气动回路

两个双作用气缸分别为 1.0 和 2.0，它们的运动顺序为 1.0 伸出到前终端，2.0 伸出到前终端后，2.0 气缸才能返回到后终端，1.0 气缸再返回到后终端。

如图 10-20（a）所示气路图，将传感器 2.2 安装在气缸 1.0 的前终端，将传感器 1.3 和

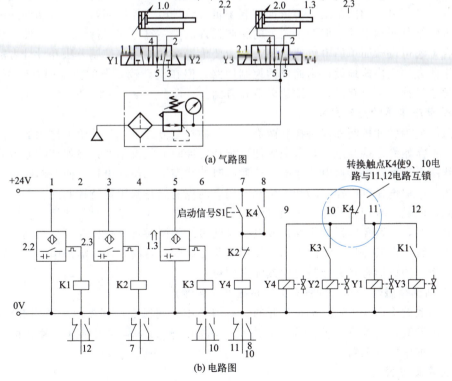

图 10-20 带障碍信号的双缸电气气动回路

2.3 分别安装在气缸 2.0 的后终端和前终端。

从图 10-20（a）中不难发现，如果传感器 2.2 发出的信号，控制阀 2.1 换向，则 2.0 气缸运动到前终端，传感器 2.3 发出的控制信号，即使施加在阀 2.1 上也无法使阀 2.1 复位，因为此时 2.2 的控制信号仍然对阀 2.1 的换向起作用。此时 2.2 就称为障碍信号。消除障碍信号的方法有多种，这里仅介绍利用中间继电器消除障碍信号的方法。

如图 10-20（b）所示，图中存在两个障碍信号 1.3 和 2.2，利用继电器 K4 的转换触点来消除这两个障碍信号。按动启动信号，继电器 K4 线圈得电，线路 8 的 K4 常开触点闭合，线路 11 的 K4 转换触点闭合，启动信号自锁。同时，Y1 电磁线圈得电，气缸 1.0 活塞杆伸出，到达传感器 2.2 处，传感器感应信号使继电器 K1 线圈得电，线路 12 的 K1 常开触点闭合，Y3 电磁线圈得电，气缸 2.0 活塞杆伸出，到达传感器 2.3 处，传感器感应信号使继电器 K2 线圈得电，线路 7 的 K2 常闭触点断开，继电器 K4 线圈失电，启动信号自锁断开，线路 10 的 K4 触点闭合，Y4 电磁线圈得电，气缸 2.0 活塞杆缩回，到达传感器 1.3 处，传感器感应信号使继电器 K3 线圈得电，线路 10 的 K3 常开触点闭合，Y2 电磁线圈得电，气缸 1.0 活塞杆缩回，运动结束。

小讨论

如果图 10-20 中 1.0 和 2.0 气缸的顺序动作需要循环实现，该如何修改气路图和电路图？

二、直觉法设计电气回路图

电-气动控制回路的设计方法有多种，常用的有直觉法和串级法。在设计电-气动回路图时，应首先绘制出气动回路图，再依据控制逻辑，设计电气控制回路图。气动回路图与电气回路图虽然是分开画出的，但两个图上的相同元件的文字符号应保持一致，以便对照。

用直觉法可设计简单的电气回路图，它主要依据气动的基本控制方法和设计者的经验来设计。用此方法能快速地设计出简单的控制回路，但在设计较复杂的控制回路时不宜采用。在用直觉法设计控制电路时，应注意以下几方面。

1. 分清电磁阀的控制方式

电磁阀分为脉冲控制和保持控制两类。在脉冲控制方式下，只需给电磁阀的线圈一个脉冲信号，不需始终保持高电平，电磁阀便可维持脉冲时的状态不变；在保持控制方式下，电磁阀的线圈必须始终保持通电，才能维持通电时的状态。二位双电控方向控制阀可采用脉冲控制方式，而单电控方向控制阀和三位双电控方向控制阀是采用保持控制的。利用脉冲控制的电磁阀，因其具有记忆功能，无须自保，所以此类电磁阀内不需复位弹簧。在使用双电控电磁换向阀时，为避免因误动作而造成电磁阀两边线圈同时得电，应在设计控制电路时增加互锁保护装置，以避免烧毁线圈。利用保持电路控制的电磁阀，通常需加中间继电器来保持记忆，此类电磁阀通常具有弹簧复位或弹簧中位。

2. 正确选用磁性开关、行程开关、按钮开关的触点

绝大多数的磁性开关触点都是常开的。如需要用常闭触点，则需使用中间继电器转换。选用主令电器时，需根据设备的需求，决定采用常开触点还是常闭触点。触点状态若需转换，则需增加中间继电器。

3. 注意动作模式

如气缸的动作是单次循环，可利用按钮开关操作前进，利用行程开关或接近开关控制回

程。若气缸动作为连续循环，则利用按钮开关控制电源的通/断电，在控制电路上比单个循环多加一个信号传送元件（如行程开关、接近开关），使气缸完成一次循环后能再次动作。

三、串级法设计电气回路图

用串级法设计电气回路并不能保证使用最少的继电器，但能提供一种方便且有规律可依的方法。

用串级法设计电气回路的基本步骤如下：
① 画出气动回路图，按照程序要求确定行程开关位置，并确定使用双电控电磁阀或单电控电磁阀；
② 按照同一气缸的动作不在同一组的原则对气缸动作的顺序分组；
③ 根据各气缸动作的位置，决定其行程开关；
④ 根据步骤③画出电气回路图；
⑤ 加入各种控制继电器和开关等辅助元件。

【例 10-1】 采用串级法设计双电控电磁换向阀控制双缸顺序动作的电气回路图。A、B两缸的动作顺序为：A 伸出→B 伸出→B 缩回→A 缩回（A＋B＋B－A－），两缸的位移-步进图如图 10-21（a）所示，其气动回路如图 10-21（b）所示，试设计其电气回路。

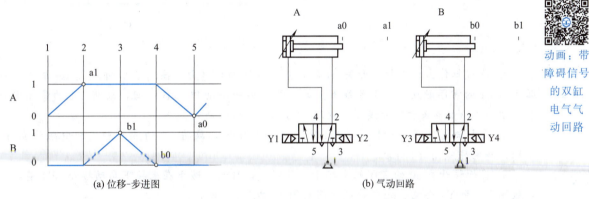

动画：带障碍信号的双缸电气气动回路

图 10-21 用串级法设计双电控电磁换向阀控制双缸顺序动作的电气回路

解：设计步骤如下。

① 将两缸的动作按顺序分组，如图 10-22 所示。由于动作顺序只分成两组，故只用 1 个继电器控制。第 1 组由继电器常开触点控制，第 2 组由继电器常闭触点控制。

② 建立启动回路。将启动按钮 SB1 和继电器线圈 K1 置于 1 号线上，将继电器 K1 的常开触点置于 2 号线上且和启动按钮并联。这样，当按下启动按钮 SB1 时，继电器线圈 K1 得电并自锁。

③ 第 1 组的第一个动作为 A 缸伸出，故将 K1 的常开触点和电磁线圈 Y1 串联于 3 号线上。这样，当 K1 得电时，A 缸即伸出。电路图如图 10-23（a）所示。

④ 当 A 缸前进压下行程开关 a1 时，发出信号使 B 缸伸出，故将 a1 的常开触点和电磁线圈 Y3 串联于 4 号线上且和电磁线圈 Y1 并联。电路图如图 10-23（b）所示。

图 10-22 气缸动作分组

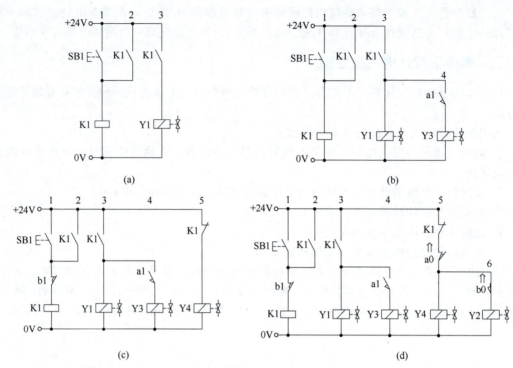

图 10-23　电气回路图的设计

⑤ 当 B 缸伸出压下行程开关 b1 时，产生换组动作（由 1 换到 2），即线圈 K1 失电，故必须将 b1 的常闭触点接于 1 号线上。第 2 组的第一个动作为 B 缩回，故将 K1 的常闭触点和电磁线圈 Y4 串联于 5 号线上。电路如图 10-23（c）所示。

⑥ 当 B 缸缩回压下行程开关 b0 时，使 A 缸缩回，故将 b0 的常开触点和电磁线圈 Y2 串联且和电磁线圈 Y4 并联。

⑦ 将行程开关 a0 的常闭触点接于 5 号线上，目的是防止在未按下启动按钮 SB1 前，电磁线圈 Y2 和 Y4 得电。完成的电路图如图 10-23（d）所示。

⑧ 检验电气回路图的正确性。按下启动按钮 SB1，继电器 K1 得电，2 号和 3 号线上 K1 所控制的常开触点闭合，5 号线上的常闭触点断开，继电器 K1 形成自锁回路。此时，3 号线通路，5 号线断路。电磁线圈 Y1 得电，A 缸前进。A 缸伸出压下行程开关 a1，a1 闭合，4 号线通路，电磁线圈 Y3 得电，B 缸前进。B 缸前进压下行程开关 b1，b1 常闭触点断开，电磁线圈 K1 失电，K1 控制的触点复位，继电器 K1 的自锁信号消失，3 号线断路，5 号线通路。此时电磁线圈 Y4 得电，B 缸缩回。B 缸缩回压下行程开关 b0，b0 闭合，6 号线通路。此时电磁线圈 Y2 得电，A 缸缩回。A 缸后退压下 a0，a0 断开。该电气回路实现了既定的动作要求。

由以上动作可知，采用串级法设计控制电路可防止电磁线圈 Y1 和 Y2 及 Y3 和 Y4 同时得电的事故发生。

【例 10-2】　采用串级法设计单电控电磁换向阀控制双缸顺序动作的电气回路图。A、B 两缸的动作顺序为：A 伸出→B 伸出→A 缩回→B 缩回（A＋B＋A－B－），两缸的位移-步进图如图 10-24（a）所示，其气动回路如图 10-24（b）所示，试设计其电气回路。

解：在串级法中，当新的一组动作进行时，前一组的所有主阀断电。对于输出动作需要延续到后续各组再动作的，主阀必须在后续各组中再次被激活。

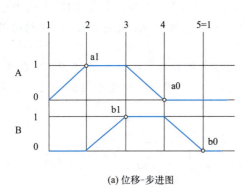 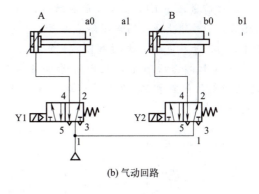

(a) 位移-步进图　　　　　　　　　(b) 气动回路

图 10-24　用串级法设计单电控电磁换向阀控制双缸顺序动作的电气回路

单电控电磁阀的控制回路在设计步骤上与双电控电磁阀的控制回路相同，但通常将控制继电器线圈集中在回路左方，而控制输出电磁阀线圈放在回路右方。

设计步骤如下：

① 将两缸的动作按顺序分组，如图 10-25 所示。为表示电磁线圈的动作延续到后续各组中，在动作顺序下方画出水平箭头来说明线圈的输出动作必须维持至该点。如图 10-24 所示，电磁线圈 Y1 得电必须维持到 B 缸前进行程完成，电磁线圈 Y2 得电必须维持到 A 缸后退行程完成。

② 动作分成两组，分别由两个继电器掌管。将启动按钮 SB1、行程开关 b0 及继电器线圈 K1 置于 1 号线上。K1 的常开触点置于 2 号线上且和 SB1、b0 并联。将 K1 的常开触点和电磁线圈 Y1 串联于 5 号线上。这样当按下 SB1 时，继电器线圈 K1 得电并自锁，电磁线圈 Y1 得电，A 缸即伸出。电路图如图 10-26（a）所示。

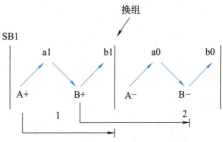

图 10-25　气缸动作分组

③ A 缸伸出，压下行程开关 a1，发出信号使 B 缸伸出。故将 K1 的常开触点、行程开关 a1 和电磁线圈 Y2 串联于 6 号线上。这样，当 A 缸伸出压下 a1 时，电磁线圈 Y2 得电，B 缸伸出。电路图如图 10-26（b）所示。

④ B 缸伸出，压下行程开关 b1，要产生换组动作。将继电器 K1 的常开触点、行程开关 b1 及继电器线圈 K2 串联于 3 号线上，K2 的常开触点接于 4 号线上且和常开触点 K1 和行程开关 b1 并联。这样，当 B 缸伸出压下行程开关 b1 时，继电器线圈 K2 得电并自锁，同时 1 号线上的 K2 的常闭触点断开，继电器线圈 K1 失电，顺序动作进入第 2 组。电路图如图 10-26（c）所示。

⑤ 由于继电器 K1 失电，则 5 号线断路，A 缸缩回。为防止动作进入第 2 组时 B 缸与 A 缸同时缩回，必须在 7 号线上加上继电器 K2 的常开触点，以延续电磁线圈 Y2 得电。

⑥ A 缸缩回，压下行程开关 a0，发出信号使 B 缸缩回。故将行程开关 a0 的常闭触点串联于 3 号线上。这样当 A 缸缩回压下 a0 时，继电器线圈 K2 失电，B 缸缩回。电路图如图 10-26（d）所示。

⑦ 检验电气回路图的正确性。按下启动按钮 SB1，1 号线通路，继电器线圈 K1 得电，1、2、3、5 及 6 号线上所控制的常开触点闭合，继电器线圈 K1 形成自锁回路。5 号线上电磁线圈 Y1 得电，A 缸伸出。A 缸伸出压下 a1，6 号线形成通路，使电磁线圈 Y2 得电，B 缸前进。

B 缸前进压下 b1，3 号线形成通路，使继电器线圈 K2 得电，4 和 7 号线上 K2 的常开触点闭合，1 号线上 K2 的常闭触点断开，1 号线断电，继电器线圈 K1 失电，K1 所控制的触点复位，5 号线断电，电磁线圈 Y1 失电，A 缸缩回。

当 A 缸缩回压下 a0，切断 3 号和 4 号线所形成的自锁回路。故继电器线圈 K2 失电，K2 所控制的触点复位。7 号线断路，电磁线圈 Y2 失电，B 缸缩回。该电气回路实现了既定的动作要求。

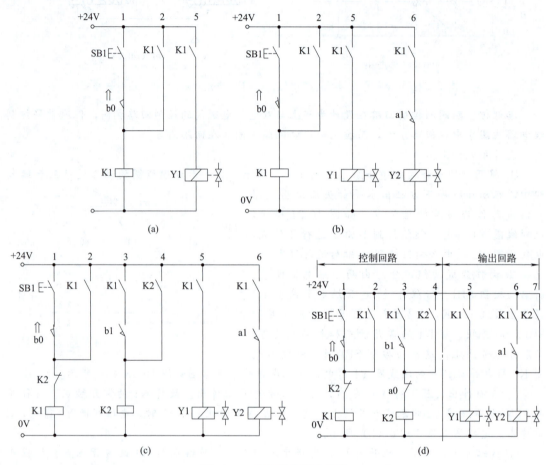

图 10-26　电气回路图的设计

任务实践

双缸供料装置的动作顺序为：顶料气缸伸出→推料气缸伸出→推料气缸缩回→顶料气缸缩回，属于带障碍信号的双缸控制回路，气动回路的设计要点如下。

① 双缸自动往返功能：4 个磁性开关。
② 双缸伸缩调速功能：4 个单向节流阀。
③ 启动和停止功能：锁定式按钮或者启保停电路。
④ 双缸顺序动作功能：4 个磁性开关分别触发 4 个中间继电器，控制电磁阀。
⑤ 障碍信号消除：中间继电器的转换触点可实现互锁。

按照图 10-27 仿真调试后，在气动实验台上完成气路、电路连接与调试。

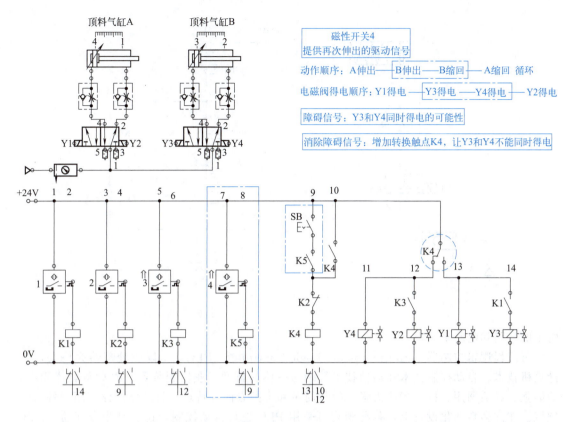

图 10-27 双缸供料系统的电气-气动回路

任务 3 PLC 控制气动系统的构建与调试

任务导入

在生产线上进行物料传递的过程中经常会遇到传送方向、位置高度的转变，即需要转运装置来完成此任务。如图 10-28 所示，利用一个气缸将某方向传送装置送来的物料推送到与其垂直的传送装置上做进一步加工。通过一个按钮使气缸活塞杆伸出，将物料推出，按下另一个按钮，气缸活塞杆缩回。此系统选用西门子 S7-200 PLC，试确定 PLC 所需的输入/输出数量和地址分配，设计符合工艺要求的控制流程及控制程序，完成系统安装，并进行程序的下载、调试和运行。

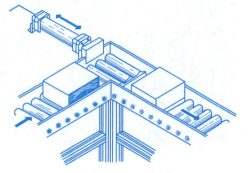

图 10-28 物料转运装置示意图

知识导航

在任务 1 中构建了单个气缸的电气气动控制系统，物料转运装置也可以采用如图 10-29

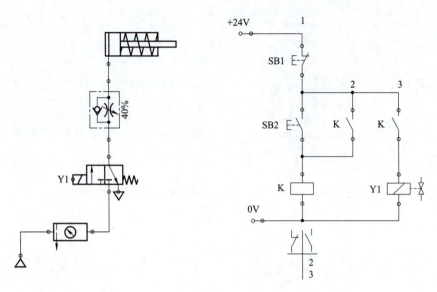

图 10-29 物料转运装置电气-气动系统实现

所示的气路和电路来实现。

可编程逻辑控制器（Programmable Logic Controller，PLC）是以微处理器为核心，将计算机技术、自动控制技术和通信技术等融为一体的新型工业控制装置。PLC 具有体积小、功能强、灵活通用、抗干扰能力强、编程简单和维护方便等特点，目前已广泛应用于各工业领域。在许多自动化设备上，各种阀均可采用 PLC 进行自动控制，这也是当今气动、液压控制系统采用的一种重要的控制方式。

要想利用 PLC 控制物料转运装置完成工作任务，就必须了解 PLC 的基本结构、输入/输出模块、编程指令、流程图设计、程序设计、程序下载、程序的在线调试等知识。

一、西门子 S7-200PLC 的外部结构与作用

PLC 是适用于工业环境下使用的控制器，是一种数字运算操作的电子系统。PLC 可分为整体式和模块式两类。

图 10-30 为 S7-200 CPU224 小型 PLC，它是整体式 PLC，将各组成部分安装在一起或安装在几块印刷电路板上，连同电源一同装在一个壳体里形成一个整体。

（1）输入接线端子　输入接线端子用于连接外部控制信号。在底部端子盖下是输入接线端子和为传感器提供的 24V 直流电源。

（2）输出接线端子　输出接线端子用于连接被控设备。在顶部端子盖下是输出接线端子和 PLC 的工作电源。

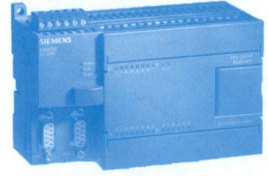

图 10-30　S7-200 CPU224 小型 PLC

（3）CPU 状态指示　CPU 状态指示灯有 SF、STOP、RUN 三个，作用如表 10-3 所示。

（4）输入状态指示　输入状态指示用于显示是否有控制信号（如控制按钮、行程开关、接近开关、光电开关等数字量信息）接入 PLC。

表 10-3 CPU 状态指示灯的作用

名称		状态及作用	
SF	系统故障	亮	严重的出错或硬件故障
STOP	停止状态	亮	不执行用户程序,可以通过编程装置向 PLC 装载程序或进行系统设置
RUN	运行状态	亮	执行用户程序

(5) 输出状态指示　输出状态指示用于显示 PLC 是否有信号输出到执行设备（如接触器、电磁阀、指示灯等）。

(6) 扩展接口　扩展接口通过扁平电缆线连接数字量 I/O 扩展模块、模拟量 I/O 扩展模块、热电偶模块、通信模块等。

(7) 通信接口　通信接口支持 PPI、MPI 通信协议，有自由口通信能力，用于连接编程器（手持式或 PC 机）、文本图形显示器、PLC 网络等外部设备。

二、PLC 的工作原理

PLC 是采用"顺序扫描，不断循环"的方式进行工作的。即在 PLC 运行时，CPU 根据用户按控制要求编制好并存于用户存储器中的程序，按指令步序号（或地址号）作周期性循环扫描，如无跳转指令，则从第一条指令开始逐条顺序执行用户程序，直至程序结束。然后重新返回第一条指令，开始下一轮新的扫描。在每次扫描过程中，还要完成对输入信号的取样和对输出状态的刷新等工作。用户程序的执行可分为输入处理、自诊断、通信服务、程序执行及输出处理五个阶段，如图 10-31 所示。

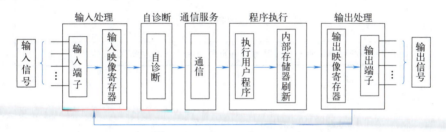

图 10-31　PLC 循环扫描示意图

三、顺序控制指令

在 PLC 的程序设计中，经常采用顺序控制继电器来完成顺序控制和步进控制，因此顺序控制继电器指令也常常被称为步进控制指令。顺序控制（SCR）指令包括 LSCR（程序段的开始）、SCRT（程序段的转换）、SCRE（程序段的结束）指令，从 LSCR 开始到 SCRE 结束的所有指令组成一个 SCR 程序段。一个 SCR 程序段对应顺序功能图中的一个顺序步，简称步。每个 SCR 都是一个相对稳定的状态，都有段开始、段结束和段转移。在 S7-200 中，有 3 条简单的 SCR 指令与之对应。流程图设计、程序设计、程序下载、程序的在线调试等知识具体内容可查阅 S7-200 系列 PLC 相关书籍。这里不再介绍。

任务实践

一、物料转运装置气路设计

物料转运装置的执行元件可根据实际需要采用单作用气缸或双作用气缸，确定好执行元

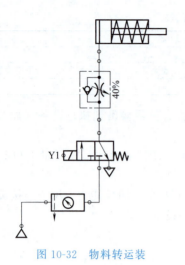

件类型后,根据气缸的类型选取相应的方向控制阀,控制阀的控制方式可以是单电控也可以是双电控。本任务中采用单作用气缸和单电控二位三通换向阀,设计气路如图10-32所示。

二、物料转运装置 PLC 外部接线

根据气路图和控制要求,不难设计得到物料转运装置的 IO 分配表(表10-4)和 PLC 外部接线图(图10-33)。

表10-4 物料转运装置控制系统的 IO 分配表

PLC 地址		功能说明
输入	I0.0	启动按钮 SB1,控制活塞杆伸出
	I0.1	停止按钮 SB2,控制活塞杆缩回
输出	Q0.0	单电控二位三通电磁换向阀线圈 Y1

图10-32 物料转运装置气动回路

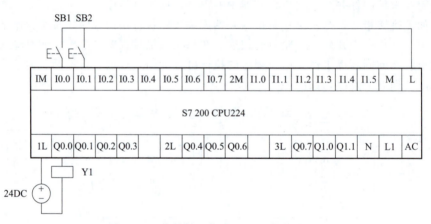

图10-33 物料转运装置 PLC 外部接线图

三、物料转运装置 PLC 程序设计与调试

本任务的 PLC 程序非常简单,直接用基本指令就可以实现,如图10-34所示。程序的运行调试步骤如下:

图10-34 物料转运装置 PLC 程序

① 用 PC/PPI 电缆将 PLC 的通信端口与 PC 的 USB 接口(或 RS232 端口)相连,打开 PLC 编程软件,设置通信端口和通信波特率,建立上位机与 PLC 的通信连接。

② PLC 程序编译无误后将其下载至 PLC,并使 PLC 处于 RUN 状态。

③ 将程序调至监视状态,观察 PLC 程序的能流状态,以此来判断程序的正确与否,并有针对性地进行程序修改,直至物料转运装置能按工艺要求运行。程序每次修改后需重新编译并下载至 PLC。

【素质驿站】 挖掘机上危险的"间谍"

生产学习经验

电-气动控制系统主要利用光电开关、接近开关、磁性开关等确定工件的有无、工件的位置及气缸活塞的移动状况，利用电磁阀来控制气缸的换向。电-气动控制系统响应快，动作准确，广泛应用于气动自动化中。

通过本项目的学习，学习者可对集机械、气动、传感器、电气、计算机、PLC、通信技术于一体的综合系统的设计、安装和调试有所了解。

思维导图

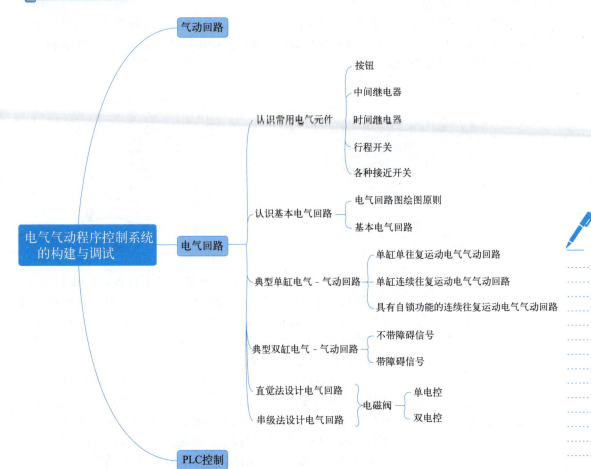

巩固练习

【填空题】

1. 按钮按触点形式不同可分为_____、_____和_____。
2. 中间继电器的线圈通电后，其常开触点_____，常闭触点_____。
3. 按延时的方式不同，时间继电器可分为_____和_____。
4. 通电延时时间继电器线圈得电后，触点_____；线圈断电后，触点_____。断电延时时间继电器线圈得电后，触点_____；线圈断电后，触点_____。
5. 在气动控制回路中最常用的位置传感器就是_____；采用电气控制时，最常用的位置传感器有_____、_____、_____、_____、_____和_____等。
6. 当执行元件为吸盘时，通常采用_____电磁阀控制。

【分析设计题】

1. 将一个销钉压入到矩形铝块的孔中（如图10-35所示），首先用手将销钉和铝块插好，然后，通过按动一个手动按钮（该按钮被安装在距压入装置较远的地方）使得一个大直径短行程双作用气缸的活塞杆快速伸出，并将销钉压入到工件中，松手后气缸返回，试设计此系统的电气-气动回路。

2. 对成品沙发进行使用寿命测试（如图10-36所示），如果要求启动点动按钮后，沙发测试气缸做连续往复运动，且往返速度均可调；启动停止按钮，沙发测试气缸停止在初始位置。试设计此系统的电气-气动回路。

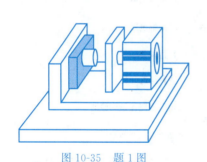

图10-35 题1图

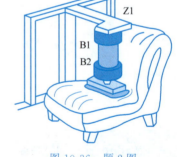

图10-36 题2图

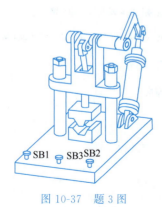

图10-37 题3图

3. 现有一套采用气控的塑料板材成型设备，如图10-37所示。利用一个气缸对塑料板材进行成型加工。气缸活塞杆在两个按钮SB1、SB2同时按下后伸出，带动曲柄连杆机构对塑料板材进行压制成型，加工完毕后，通过另一个按钮SB3让气缸活塞杆回缩。试设计其电气-气动回路。

4. 利用一个气缸对门进行开关控制。气缸活塞杆伸出，门打开；活塞杆缩回，门关闭。门内侧的开门按钮和关门按钮分别为1S1和1S2；门外侧的开门按钮和关门按钮分别为1S3和1S4。1S1、1S3任一按钮按下，都能控制门打开，1S2、1S4任一按钮按下，都能让门关闭。试设计其电气-气动回路。

5. 设计自动生产线中单缸物料转运装置的电气气动控制系统，如图 10-38 所示：按下启动开关 SB 后，单作用推料气缸 Z1 能自动往复推料，且每次推料返回后停留 2 s 再伸出，复位启动开关 SB，推料气缸停止在初始位置。为保证平稳推料，推料缸伸出速度要可以控制。

6. 生产中有一个气动控制的标签粘贴设备，它利用两个双作用气缸同步动作将标签与金属桶身粘贴牢固。其工作过程为：在保证气缸活塞完全退回的情况下，通过一个手动按钮控制这两个气缸活塞的伸出，活塞伸出到位后应停顿 10s 以保证标签粘贴牢固，10s 后，两个气缸活塞自动同时缩回。试设计其电气-气动回路。

7. 设计自动生产线中双缸物料转运装置的电气动回路。如图 10-39 所示，当工件从传送带 I 传递到升降平台上时，启动控制信号 SB1 后，平台在气缸 1A 的带动下上升，到达传送带 II 的高度停止，利用气缸 2A 驱动的推头将平台上的工件推到传送带 II 上后，推头在气缸 2A 的带动下返回后，升降平台在气缸 1A 的带动下返回，自动线物料转运装置按照此顺序往复循环，直到启动停止开关 SB2，气缸停在初始位置。

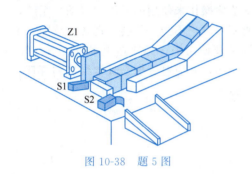
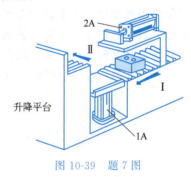

图 10-38　题 5 图　　　　图 10-39　题 7 图

模块三
综合应用重能篇

在实际应用过程中,一个设计合理的并按照规范化操作来使用的液压(气动)系统,一般来说故障率极少。但是,如果安装调试不正确或使用维护不当,就会出现各种故障,不能长期发挥和保持良好的工作性能。因此,在安装调试及使用中,必须熟悉主机液压(气动)系统的工作原理与所用液压(气动)元件的结构、功能,并应对其加强日常维护和管理。

项目十一

典型液压气动系统的分析与维护

 学有所获

1. 认识常见设备中液压（气压）传动系统的阅读方法，能够读懂液压（气压）传动系统原理图。
2. 能够分析液压（气压）传动系统的组成及各元件在回路中所起的作用。
3. 培养分析各种液压（气压）传动系统的能力。
4. 能对液压（气动）系统进行正确的安装、调试及现场维护。
5. 能理论联系实际，对复杂故障机理进行分析。
6. 提高职业素养，提升综合技能水平。

视频：组合机床动力滑台液压系统分析

任务 1　组合机床动力滑台液压系统的分析与维护

任务导入

组合机床是一种工序集中、效率较高的专业机床，因其具有加工能力强、自动化程度高、经济性好等优点，而被广泛用于产品批量较大的生产流水线中，如汽车制造厂的气缸生产线、机床厂的齿轮箱生产线等。图 11-1 所示为卧式组合机床。组合机床一般由动力滑台、

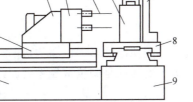

(a) 卧式组合机床的结构原理　　　　　(b) 动力滑台

图 11-1　组合机床

1—床身；2—动力滑台；3—动力头；4—主轴箱；5—刀具；6—工件；7—夹具；8—工作台；9—底座

动力头和部分专用部件组成,动力滑台是组合机床上实现进给运动的关键部件,只要配以不同用途的主轴头,即可实现钻、扩、铰、镗、铣、刮端面、倒角及攻螺纹等加工,并可实现多种工作循环。动力滑台有机械滑台、液压滑台之分。液压动力滑台对液压系统性能的主要要求是速度换接平稳,进给速度稳定,功率利用合理,效率高,发热少。

现以 YT4543 型液压动力滑台为例,分析其工作原理和特点。该滑台最大进给力为 45kN,进给速度范围为 6.6～600mm/min。YT4543 型动力滑台的液压系统原理图如图 11-2 所示。它能实现的工作循环为:快进→第一次工作进给→第二次工作进给→停留→快退→原位停止。

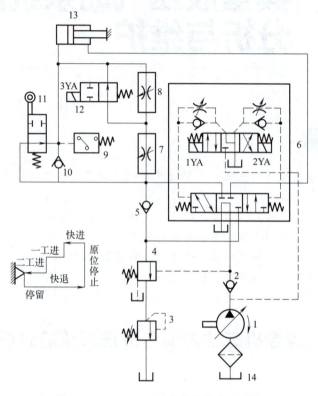

图 11-2　YT4543 型动力滑台的液压系统
1—变量泵;2、5、10—单向阀;3—背压阀;4—液控顺序阀;6—电液换向阀;7、8—调速阀;
9—压力继电器;11—行程阀;12—电磁换向阀;13—液压缸;14—滤油器

请对照液压回路图纸仔细分析动力滑台系统的工作过程并学习液压系统的装调维护、故障排查方法。

知识导航

液压系统是根据液压设备的工作要求,选用不同功能的基本回路构成的。液压系统一般用图形的方式来表示。对液压系统进行分析,最主要的就是阅读液压系统图。阅读一个复杂的液压系统图,大致可以按以下几个步骤进行。

① 明确机械设备的功用、工况及其对液压系统的要求,以及液压设备的工作循环。
② 识别元件,初步了解系统中包含哪些动力元件、执行元件和控制元件。
③ 根据设备的工况及工作循环,将系统以执行元件为中心分解为若干个子系统。

④ 逐步分析各分系统，根据执行元件的动作要求，参照电磁铁动作顺序表，明确各个行程的动作原理及油路的流动路线，明确各元件的功用以及各元件之间的相互关系。

⑤ 根据系统中对各执行元件间的互锁、同步、防干扰等要求，分析各个子系统之间的联系以及如何实现这些要求。

⑥ 在全面读懂液压系统图的基础上，归纳总结出各基本回路和整个液压系统的特点，以加深对液压系统的理解，为液压系统的调试、维护及使用打下基础。

一、液压系统的安装与调试

液压系统的安装与调试是决定液压设备能否正常可靠运行的一个重要环节。系统安装工艺不合理，或出现安装错误，以及系统中有关参数调整得不合理，将会造成液压系统无法运行，给生产带来巨大的经济损失，甚至造成重大事故。

（一）液压装置的配置方式

液压系统都是通过管件（油管与接头的总称）或者液压集成块将系统的各单元或元件连接起来的。液压装置的配置方式有集中式和分散式两种。

1. 集中式

将液压系统的动力源、阀类元件、油箱等集中安装在主机外的液压泵站上。

优点：安装与维修方便，并能消除动力源振动和油温变化对主机工作精度的影响。

2. 分散式

将液压系统的动力源、阀类、油箱等元件分散在设备各处，如以机床床身或底座作油箱，把控制调节元件设置在便于操作的地方。

优点：结构紧凑，占地面积小。

缺点：动力源振动、发热等都会对设备工作精度产生不利影响。

（二）液压阀的连接

一个能完成一定功能的液压系统是由若干个液压阀有机地组合而成的。液压阀的安装连接形式与液压系统的结构形式和元件的配置形式有关。

1. 管式连接

管式连接又称螺纹式连接，它是将管式液压阀用管接头及油管将各阀连接起来，流量大的则用法兰连接。

优点：系统中各阀间油液走向一目了然。

缺点：结构分散，所占空间较大，管路交错，不便于装拆、维修，管接头处易漏油和空气侵入，而且易产生振动和噪声，目前很少采用。

2. 板式连接

板式连接是将板式液压阀统一安装在连接板上。

（1）单层连接板　如图 11-3 所示，阀类元件装在竖立的连接板的前面，阀间油路在板后用油管连接。

优点：这种连接板简单，检查油路方便。

缺点：板上管路多，装拆不方便，占用空间也大。

（2）双层连接板　两板间加工出连接油路，两块板再用黏结剂或螺钉固定在一起。

优点：工艺简单，结构紧凑。

缺点：系统压力高时易出现漏油串腔问题。

(3) 整体连接板　如图11-4所示，在板中钻孔或铸孔作为连接油路。

优点：结构紧凑，油管少，工作可靠。

缺点：钻孔工作量大，工艺较复杂，如用铸孔则清砂较困难，油路的压力损失较大。

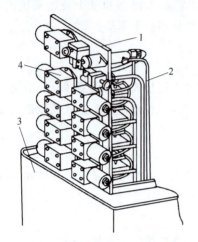

图11-3　液压阀单层板式连接
1—连接板；2—油管；3—油箱；4—液压阀

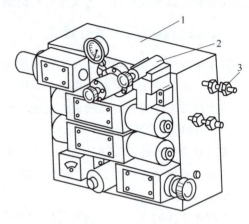

图11-4　液压阀整体式连接
1—油路板；2—液压阀体；3—管接头

3. 集成块式

如图11-5所示，将板式液压元件安装在集成块周围的三个面上，另外一面安装管接头，通过油管连接到液压执行元件。在集成块内加工出所需要的油路通道，取代了油管连接。集成块的上下面是块与块的结合面，在结合面加工有相同位置的进油孔、回油孔、泄漏油孔、测压油路孔以及安装螺栓孔。集成块与装在其周围的元件构成一个集成块组，可以完成一定典型回路的功能，如调压回路块、调速回路块等。将所需的几种集成块叠加在一起，就可构成整个集成块式的液压传动系统。

优点：结构紧凑，占地面积小，便于装卸和维修，抗外界干扰性好，节省大量油管。广泛应用于各种中高压和中低压液压系统中。

4. 叠加阀式

如图11-6所示，由叠加阀直接连接而成，不需要另外的连接体，而是以它自身的阀体作为连接体直接叠加而组成所需的液压系统。每个叠加阀既起控制阀的作用，又起通道体的作用。

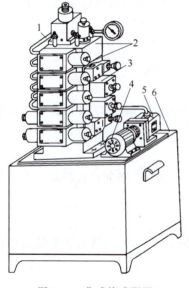

图11-5　集成块式配置
1—油管；2—集成块；3—液压阀；
4—电动机；5—液压泵；6—油箱

优点：用叠加阀组成的液压系统，可实现液压元件间无管化集成连接，结构紧凑，体积小，功耗减少。设计安装周期缩短，油路的压力损失也很小。

(三) 液压系统的安装

1. 油管的安装

① 吸压油管接头处要紧固，不得漏气。在泵吸油管的结合处涂以密封胶，可提高吸油

管的密封性。

② 泵的吸油管高度尽可能小些，一般泵的吸油高度应小于 0.5m，安装时应按泵的使用说明书进行。

③ 吸油管下端应安装滤油器，以保证泵吸入的油液清洁。一般采用过滤精度为 0.1~0.2mm 的滤油器，但要有足够的通油能力。

④ 扩口管接头锥面结合处要先锪平整，以免紧固后泄漏。

⑤ 回油管应插入油面以下，防止产生气泡。

⑥ 系统中泄漏油路不应有背压，为了保证管路通畅应单设泄油回油管。

⑦ 溢流阀的回油管口不应与泵的吸油口接近，以免将温度较高的油液吸入系统。

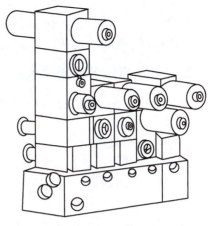

图 11-6　液压阀叠加阀式配置

全部管路应两次安装，一次试装后拆下的管道用 20% 的硫酸或稀盐酸溶液酸洗，取出后用 10% 的苏打水中和，最后用温水清洗，待干燥并涂油后正式安装。

2. 液压元件的安装

① 各种液压元件在安装时应用煤油清洗，所有液压元件都要进行压力和密封性能试验，合格后方可开始安装。

② 安装泵、阀时，必须注意各油口的位置，不能接错；各油口要紧固，密封可靠，不得漏气和漏油。

③ 液压泵安装时要求电动机与液压泵的轴应有较高的同心度，其偏差应在 0.1mm 以下，两轴中心线的倾斜角不得大于 1°，以避免增加泵轴的额外负载并引起噪声。

④ 液压缸的安装应保证活塞（或柱塞）的轴线与运动部件导轨面平行度的要求。

⑤ 方向阀一般应水平安装，蓄能器应垂直安装。

（四）液压系统的调试

1. 空载试车

空载试车是指在不带负载运转的条件下，全面检查液压系统的各液压元件，各种辅助装置和系统内各回路的工作是否正常；工作循环或各种动作的自动换接是否符合要求。

① 将溢流阀的调压旋钮放松，使其控制压力能维持油液循环时的最低值，系统中若有节流阀、减压阀，则应将其调整到最大开度。

② 间歇启动液压泵，检查液压泵在卸荷状况下的运转情况。

③ 调整系统压力。在调整溢流阀时，压力从零逐步调高，直至达到规定的压力值。

④ 调整流量阀。先逐步关小流量阀，检查执行元件能否达到规定的最低速度及平稳性，然后按其工作要求的速度调整。

⑤ 调整自动工作循环和顺序动作等，检查各动作的协调性和正确性。

⑥ 液压系统连续运转一段时间（一般是 30min）。检查油液的温升应在允许规定值内（一般工作油温 35~60℃），检查系统所要求的各项精度。一切正常后，方可进行负载试车。

2. 带载试车

带载试车是使液压系统按设计要求在预定的负载下工作。通过负载试车检查系统能否实现预定的工作要求，如工作部件的力、力矩或运动特性等；检查噪声和振动是否在允许范围内；检查工作部件运动换向和速度换接时的平稳性，不应有爬行、跳动和冲击现象；检查功率损耗情况及连续工作一段时间后的温升情况。

带载试车,一般是先在低于最大负载的情况下试车,如果一切正常,则可进行最大负载试车,这样可避免出现设备损坏等事故。

二、液压系统的使用与维护

为保证液压系统处于良好性能状态,延长使用寿命,应合理使用并进行日常检查和维护。

(一) 液压系统的使用

① 经常保持油液清洁。油箱在充油前要进行清洗,加油时要用滤网过滤,油箱应加以密封并设置空气过滤器。对油液进行定期检查,一般半年至一年更换一次。

② 油箱油温一般控制在 30~60℃,温度过高时,应采取冷却措施。

③ 设备若长期不用,应将各调节旋钮全部放松,防止弹簧产生永久变形。

④ 停机 4h 以上的设备应先使液压泵空载运行 5min,然后再启动执行机构工作。

(二) 液压系统的维护保养

液压设备的维护主要分为日常维护、定期检查和综合检查三个阶段。

(1) 日常维护 主要检查在泵启动前后和停止运转前,油箱内的油量、油温、油质、噪声振动、漏油等情况,并随之进行维护和保养,对重要的设备应填写"日常维护卡"。

(2) 定期检查 包括调查日常维护中发现的异常现象的原因并进行排除。对需要维修的部位,必要时进行分解检修。一般与过滤器的检修期相同,通常为 2~5 个月。

(3) 综合检查 综合检查大约 1~2 年进行一次,检查的内容和范围力求广泛,尽量做彻底的全面性检查,应对所有的液压元件进行分解检修,根据发现的情况和问题,进行修理或更换。

三、液压系统的故障分析与排除

一个液压系统产生故障的原因是多方面的,而且液压元件、辅助装置等的工作部分都封闭在壳体内,不能从外部直接观察,不像机械传动那样看得清楚,在测量和管路连接方面又不如电路那样方便。因此,当系统发生故障后,要寻找故障产生的原因往往是比较困难的。

液压系统出现故障大致可归纳为五大问题:动作失灵、振动和噪声、系统压力不稳定、发热及油液污染严重。故障的诊断必须遵循一定的程序进行,根据液压系统的基本工作原理进行逻辑分析,减少怀疑对象,逐渐逼近,找出故障发生的部位和元件。

(一) 液压系统故障的诊断方法

1. 感官诊断法

简易分析是靠维修工程技术人员利用简单的仪器和凭借个人的实际经验,对液压系统出现的故障进行诊断,判别故障产生的原因和部位,并提出相应的排除方法。其具体的做法是看、听、摸、闻、阅和问。

(1) 看 就是看液压系统工作的实际状况。一般有六看:一看速度,即看执行元件的运动速度有无变化和异常现象;二看压力,即看液压系统中各测压点的压力值大小,压力值有无波动现象;三看油液,即观察油液是否清洁、变质,油液表面是否有泡沫,油量是否在规定的油标线范围内,油液的黏度是否符合要求等;四看泄漏,即看液压管道各接头、阀板结合处、液压缸端盖、液压泵轴端等是否有渗漏、滴漏现象;五看振动,即看液压缸活塞杆或工作台等运动部件工作时有无因振动而跳动等现象;六看产品,即从加工出来的产品判断运动机构的工作状态，观察系统压力和流量的稳定性。

（2）听　就是用听觉来判断液压系统的工作是否正常，一般有四听：一听噪声，即听液压泵和液压系统工作时的噪声是否过大，溢流阀、顺序阀等压力元件是否有尖叫声；二听冲击声，即听执行机构换向时冲击声是否过大，液压缸活塞是否有撞击缸底的声音，换向阀换向时是否有撞击端盖的现象；三听气蚀与困油的异常声，检查液压泵是否吸进空气，是否存在严重的困油现象；四听敲打声，即听液压泵运转时是否因损坏引起敲打撞击声。

（3）摸　就是用手摸感受运动部件的工作状态。一般有四摸：一摸温升，即用手摸液压泵、油箱和阀类元件外壳表面上的温度，若接触 2s 后感到烫手，就应检查温升过高的原因；二摸振动，即用手摸运动件和管子的振动情况，若有高频振动应检查产生的原因；三摸爬行，即当工作台在轻载低速运动时，用手摸工作台有无爬行现象；四摸松紧程度，即用手拧一下挡铁、微动开关和紧固螺钉等确定其松紧程度。

（4）闻　就是用嗅觉器官判别油液是否发臭变质，橡胶件是否因过热发出特殊气味等。

（5）阅　就是查阅技术档案中的有关故障分析和维修记录，查阅日检和定检卡，查阅交班记录和维护保养情况的记录。

（6）问　就是询问设备操作者，了解设备平时运行情况。一般有六问：一问液压系统是否工作正常，液压泵有无异常现象；二问液压油更换的时间，滤网是否清洁；三问发生事故前压力调节阀或速度调节阀是否更换过；四问发生事故前对密封件或液压件是否更换过；五问发生事故前后液压系统出现过哪些不正常现象；六问过去经常出现哪些故障，是怎样排除的。

简易分析方法简单易行，它在缺少测试仪器或在野外作业等情况下，能迅速判断和排除故障，具有实用性和普及意义。

2. 专用仪器检测法

专用仪器检测法即采用专门的液压系统故障检测仪器来诊断系统故障。该仪器能够对液压系统故障做定量的检测。国内外有许多专用的便携式液压系统故障检测仪，用来测量流量、压力以及泵、马达的转速等。

（二）液压系统常见故障产生原因及排除方法

能否分析出故障产生的原因并排除故障，一方面取决于对液压传动知识的理解和掌握程度，另一方面依赖于实践经验的不断积累。液压系统的常见故障及排除方法见表 11-1。

表 11-1　液压系统的常见故障及排除方法

故障现象	产生原因	排除方法
系统无压力或压力不足	1. 溢流阀开启，由于阀芯被卡住，不能关闭，阻尼孔堵塞，阀芯与阀座配合不好或弹簧失效 2. 其他控制阀阀芯由于故障卡住，引起卸荷 3. 液压元件磨损严重或密封损坏，造成内、外泄漏 4. 液位过低，吸油管堵塞或油温过高 5. 泵转向错误，转速过低或动力不足	1. 修研阀芯与阀体，清洗阻尼孔，更换弹簧 2. 找出故障部位，清洗或研修，使阀芯在阀体内能够灵活运动 3. 检查泵、阀及管路各连接处的密封性，修理或更换零件和密封件 4. 加油，清洗吸油管路或冷却系统 5. 检查动力源
流量不足	1. 油箱液位过低，油液黏度较大，过滤器堵塞引起吸油阻力过大 2. 液压泵转向错误，转速过低或空转磨损严重，性能下降 3. 管路密封不严，空气进入 4. 蓄能器漏气，压力及流量供应不足 5. 其他液压元件及密封件损坏引起泄漏 6. 控制阀动作不灵	1. 检查液位，补油，更换黏度适宜的液压油，保证吸油管直径足够大 2. 检查原动机、液压泵及变量机构，必要时更换液压泵 3. 检查管路连接及密封是否正确可靠 4. 检修蓄能器 5. 修理或更换 6. 调整或更换

续表

故障现象	产生原因	排除方法
泄漏	1. 接头松动,密封损坏 2. 阀与阀板之间的连接不好或密封件损坏 3. 系统压力长时间大于液压元件或附件的额定工作压力,使密封件损坏 4. 相对运动零件磨损严重,间隙过大	1. 拧紧接头,更换密封 2. 加大阀与阀板之间的连接力,更换密封件 3. 限定系统压力,或更换许用压力较高的密封件 4. 更换磨损零件,减小配合间隙
油温过高	1. 冷却器通过能力下降,出现故障 2. 油箱容量小或散热性差 3. 压力调整不当,长期在高压下工作 4. 管路过细且弯曲,造成压力损失增大,引起发热 5. 环境温度较高	1. 排除故障或更换冷却器 2. 增大油箱容量,增设冷却装置 3. 限定系统压力,必要时改进设计 4. 加大管径,缩短管路,使油液流动通畅 5. 改善环境,隔绝热源
振动	1. 液压泵:密封不严吸入空气,安装位置过高,吸油阻力大,齿轮齿形精度不够,叶片卡死断裂,柱塞卡死移动不灵活,零件磨损使间隙过大 2. 液压油:液位太低,吸油管插入液面深度不够,油液黏度太大,过滤器堵塞 3. 溢流阀:阻尼孔堵塞,阀芯与阀体配合间隙过大,弹簧失效 4. 其他阀芯移动不灵活 5. 管道:管道细长,没有固定装置,互相碰撞,吸油管与回油管太近 6. 电磁铁:电磁铁焊接不良,弹簧过硬或损坏,阀芯在阀体内卡住 7. 机械:液压泵与电动机联轴器不同轴或松动,运动部件停止时有冲击,换向时无阻尼,电动机振动	1. 更换吸油口密封,吸油管口至泵进油口高度应小于500mm,保证吸油管直径,修复或更换损坏的零件 2. 加油,增加吸油管长度到规定液面深度,更换合适黏度的液压油,清洗过滤器 3. 清洗阻尼孔,修配阀芯与阀体的间隙,更换弹簧 4. 清洗,去毛刺 5. 设置固定装置,扩大管道间距及吸油管和回油管间距离 6. 重新焊接,更换弹簧,清洗及研配阀芯和阀体 7. 保持泵与电动机轴的同心度不大于0.1mm,采用弹性联轴器,紧固螺钉,设置阻尼或缓冲装置,电动机做平衡处理
冲击	1. 蓄能器充气压力不够 2. 工作压力过高 3. 先导阀、换向阀制动不灵及节流缓冲慢 4. 液压缸端部无缓冲装置 5. 溢流阀故障使压力突然升高 6. 系统中有大量空气	1. 给蓄能器充气 2. 调整压力至规定值 3. 减少制动锥斜角或增加制动锥长度,修复节流缓冲装置 4. 增设缓冲装置或背压阀 5. 修理或更换 6. 排除空气

任务实践

一、分析 YT4543 型动力滑台液压系统的工作原理

1. 快进

按下启动按钮,电磁铁 1YA 得电,电液换向阀 6 的先导阀阀芯向右移动,从而引起主阀芯向右移,使其左位接入系统,因快进时负载较小,变量泵 1 输出最大流量,且顺序阀 4 因系统压力较低处于关闭状态,此时油液经换向阀 6、行程阀 11 进入液压缸左腔,液压缸右腔油液经换向阀 6、单向阀 5、行程阀 11 也进入液压缸左腔,此时液压缸两腔连通,形成差动连接,实现缸的快速进给。其进、回油路线如下。

进油路:泵 1→单向阀 2→换向阀 6(左位)→行程阀 11(下位)→液压缸 13 左腔。

回油路:液压缸 13 右腔→换向阀 6(左位)→单向阀 5→行程阀 11(下位)→液压缸 13 左腔。

快进时的液压系统路线如图 11-7 所示。

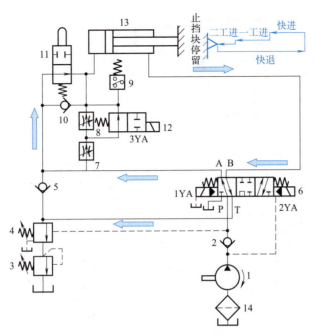

图 11-7 快进时液压系统路线

1—变量泵；2，5，10—单向阀；3—背压阀；4—液控顺序阀；6—电液换向阀；7，8—调速阀；
9—压力继电器；11—行程阀；12—电磁换向阀；13—液压缸；14—滤油器

2. 第一次工作进给

当滑台快速运动到预定位置时，滑台上的行程挡块压下了行程阀 11 的阀芯，切断了该通道，使压力油须经调速阀 7 进入液压缸 13 的左腔。由于油液流经调速阀，系统压力上升，打开外控外泄式顺序阀 4，此时单向阀 5 因出口压力大于进口压力而关闭，切断了液压缸的差动回路，回油经外控外泄式顺序阀 4 和背压阀 3 流回油箱，使滑台转换为第一次工作进给。其进、回油路线如下。

进油路：泵 1→单向阀 2→换向阀 6（左位）→调速阀 7→换向阀 12（左位）→液压缸 13 左腔。

回油路：液压缸 13 右腔→换向阀 6（左位）→顺序阀 4→背压阀 3→油箱。

因为工作进给时，系统压力升高，所以变量泵 1 的输油量便自动减小，以适应工作进给的需要，液压缸在调速阀 7 的控制下实现了第一次工作进给。

第一次工作进给时的液压系统路线如图 11-8 所示。

3. 第二次工作进给

第一次工进结束后，行程挡块压下行程开关使 3YA 通电，二位二通换向阀 12 将通路切断，进油必须经调速阀 7、8 才能进入液压缸，此时由于调速阀 8 的开口量小于调速阀 7，液压缸在调速阀 8 的作用下实现第二次工作进给。其他油路情况与第一次工进相同。

第二次工作进给时的液压系统路线如图 11-9 所示。

4. 停留

当滑台工作进给完毕之后，碰上止挡块，滑台不再前进，停留在止挡块处。此时，各油路状态不变，变量液压泵 1 继续运转，使系统压力不断升高，同时泵输出量减小至与系统的泄漏量相适应。当液压缸 13 左腔的压力升至压力继电器 9 的调定值时，压力继电器动作并发出信号给时间继电器，滑台经时间继电器延时，再发出信号使滑台返回，滑台的停留时间

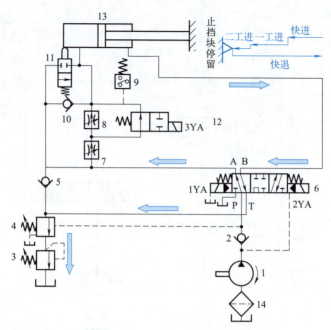

图 11-8　一工进时液压系统路线

1—变量泵；2，5，10—单向阀；3—背压阀；4—液控顺序阀；6—电液换向阀；7，8—调速阀；
9—压力继电器；11—行程阀；12—电磁换向阀；13—液压缸；14—滤油器

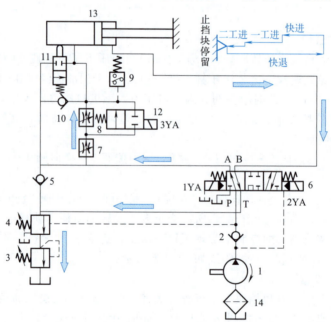

图 11-9　二工进时液压系统路线

1—变量泵；2，5，10—单向阀；3—背压阀；4—液控顺序阀；6—电液换向阀；7，8—调速阀；
9—压力继电器；11—行程阀；12—电磁换向阀；13—液压缸；14—滤油器

由时间继电器调节。

5. 快退

时间继电器经延时发出信号，电磁铁 2YA 通电，1YA、3YA 断电，其进、回油路线如下。

进油路：泵 1→单向阀 2→换向阀 6（右位）→液压缸 13 右腔。

回油路：液压缸 13 左腔→单向阀 10→换向阀 6（右位）→油箱。

快退时的液压系统路线如图 11-10 所示。

此时滑台无外负载，系统压力下降，限压式变量液压泵 1 的流量又自动增至最大，滑台实现快速退回。当滑台快速退回到第一次工进起点时，行程阀 11 复位。

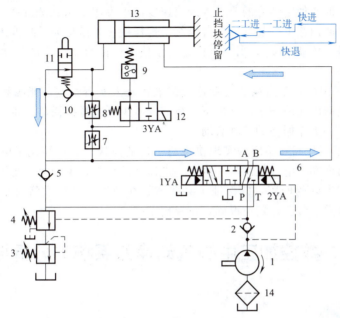

图 11-10 快退时液压系统路线

1—变量泵；2，5，10—单向阀；3—背压阀；4—液控顺序阀；6—电液换向阀；7，8—调速阀；
9—压力继电器；11—行程阀；12—电磁换向阀；13—液压缸；14—滤油器

6. 原位停止

当动力滑台快速退回到原位时，挡块压下行程开关，发出信号，使电磁铁 2YA 断电，此时电液换向阀 6 的先导阀处于中位，故主阀也处于中位，由于电液换向阀的中位具有锁紧功能，所以液压缸两腔封闭，滑台停止运动。同时变量泵 1 卸荷，油液经单向阀 2、换向阀 6 流回油箱。

系统中各电磁铁及行程阀动作如表 11-2 所示。

表 11-2 电磁铁动作顺序表及行程阀动作

液压缸工作循环	1YA	2YA	3YA	行程阀 11
快进	+	-	-	-
一工进	+	-	-	+
二工进	+	-	+	+
死挡铁停留	+	-	+	+
快退	-	+	-	+→-
原位停止	-	-	-	-

注：表中"+"表示电磁铁得电或行程阀被压下；"-"表示电磁铁失电或行程阀抬起；"+→-"表示行程阀由压下状态切换为抬起状态。

二、总结 YT4543 型动力滑台液压系统的特点

通过对 YT4543 型动力滑台液压系统工作情况的分析可知，此液压系统按其功能可以分解成一些基本回路：由限压式变量液压泵、调速阀和背压阀组成的容积节流加背压的调速回

路；液压缸差动连接的快速回路；电液换向阀的换向回路；由行程阀、电磁换向阀和顺序阀等组成的速度换接回路；调速阀串联的二次进给调速回路以及用电液换向阀 M 型中位机能的卸荷回路等。这些基本回路决定了该液压系统的性能和特点。

① 系统采用了限压式变量叶片泵和调速阀组成的容积节流联合调速回路。它既满足了系统调速范围大、低速稳定性好的要求（进给速度最小可达 6.6mm/min），又提高了系统的效率。进给时，在回油路上增加了一个背压阀，这样做一方面是为了改善速度稳定性（避免空气渗入系统，提高传动刚度），另一方面是为了使滑台能承受一定的与运动方向一致的切削力（负值负载）。

② 系统采用了限压式变量泵和差动连接式液压缸来实现快进，能源利用比较合理。滑台停止运动时，换向阀使液压泵在低压下卸荷，既减少了能量损耗，又使控制油路保持一定的压力，以保证下一工作循环的顺利启动。

③ 系统采用了行程阀和顺序阀实现快进与工进的换接，不仅简化了电气回路，而且使动作可靠，换接精度亦比电气控制高。两次工进速度的转换，由于速度比较低，采用了由电磁阀切换的调速阀串联的回路，既保证了必要的转换精度，又使油路的布局比较简单、灵活。采用死挡块作限位装置，定位准确，位置精度高。

任务 2　数控加工中心气动换刀系统的分析与维护

任务导入

视频：数控加工中心气动换刀系统分析

图 11-11 所示为数控加工中心气动换刀系统原理。要求该气动系统在加工中心换刀过程中需要完成主轴定位、主轴松刀、拔刀、主轴锥孔吹气、插刀和刀具夹紧动作。

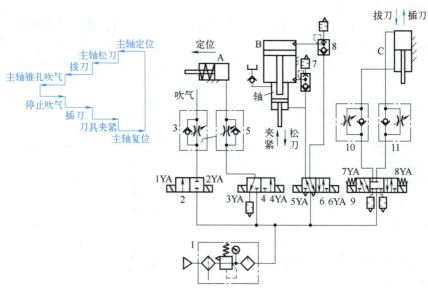

图 11-11　数控加工中心气动换刀系统原理
1—气动三联件；2，4，6，9—换向阀；3，5，10，11—单向节流阀；7，8—快速排气阀

请对照气动回路图纸仔细分析气动换刀系统的工作过程并学习气动系统的装调维护、故障排查方法。

> 知识导航

气动系统由各种不同功能的基本回路组成,同一工作性质的气动设备,由于工作能力、工作环境的不同,有其特殊的一面。其原理一般用气压系统图来表示,阅读气压系统图,方法和步骤与液压系统图方法相似。

一、气动系统的安装与调试

(一)气动系统的安装

气动系统的安装并不是简单地用管子把各种阀连接起来,其实质是设计的延续。作为一种生产设备,它首先应保证运行可靠、布局合理、安装工艺正确、维修及检测方便。此外还应注意如下事项。

1. 管道的安装

① 安装前要彻底清理管道内的粉尘及杂物。
② 管子支架要牢固,工作时不得产生振动。
③ 接管时要充分注意密封,防止漏气,尤其注意接头处及焊接处。
④ 管路尽量平行布置,减少交叉,力求最短,转弯最少,并考虑到能自由拆装。
⑤ 安装软管要有一定的弯曲半径,不允许有拧扭现象,且应远离热源或安装隔热板。

2. 元件的安装

① 应注意阀的推荐安装位置和标明的安装方向。
② 逻辑元件应按控制回路的需要,将其成组地装在底板上,并在底板上开出气路,用软管接出。
③ 移动缸的中心线与负载作用力的中心线要同心,否则会引起侧向力,使密封件加速磨损,活塞杆弯曲。
④ 各种自动控制仪表、自动控制器和压力继电器等,在安装前应进行校验。

(二)气动系统的调试

1. 调试前的准备

① 要熟悉说明书等有关技术资料,力求全面了解系统的原理、结构、性能和操作方法。
② 了解元件在设备上的实际位置,需要调整的元件的操作方法及调节旋钮的旋向。
③ 准备好调试工具等。

2. 空载运行

空载时运行一般不少于2h,注意观察压力、流量、温度的变化,如发现异常应立即停车检查,待排除故障后才能继续运转。

3. 负载试运转

负载试运转应分段加载,运载时间一般不少于4h,分别测出有关数据,记入试运转记录。

二、气动系统的使用与维护

(一)气动系统使用的注意事项

① 开车前后要放掉系统中的冷凝水。
② 定期给油雾器注油。
③ 开车前检查各调节手柄是否在正确位置,机控阀、行程开关、挡块的位置是否正确、

牢固，对导轨等外露部分的配合表面进行擦拭。

④ 随时注意压缩空气的清洁度，对空气过滤器的滤芯要定期清洗。

⑤ 设备长期不用时，应将各手柄放松，防止弹簧永久变形而影响元件的调节性能。

(二) 压缩空气的污染及预防方法

压缩空气的质量对气动系统性能的影响极大，它如被污染将使管道和元件锈蚀、密封件变形、喷嘴堵塞，使系统不能正常工作。压缩空气的污染主要来自水分、油分和粉尘三个方面，其污染原因及预防方法如下。

(1) 水分 空气压缩机吸入的是含水分的湿空气，经压缩后提高了压力，当再度冷却时就要析出冷凝水，侵入到压缩空气中，致使管道和元件锈蚀，影响其性能。

预防冷凝水侵入压缩空气的方法：及时排除系统各排水阀中积存的冷凝水，经常注意自动排水器、干燥器的工作是否正常，定期清洗空气过滤器、自动排水器的内部元件等。

(2) 油分 这里是指使用过的受热而变质的润滑油。压缩机使用的一部分润滑油成雾状混入压缩空气中，受热后引起汽化随压缩空气一起进入系统，将使密封件变形，造成空气泄漏，摩擦阻力增大，阀和执行元件动作不良，而且还会污染环境。

清除压缩空气中油分的方法：较大的油分颗粒，通过除油器和空气过滤器的分离作用使其同空气分开，从设备底部排污阀排出；较小的油分颗粒，则可通过活性炭的吸附作用清除。

(3) 灰尘 大气中含有的粉尘、管道内的锈粉及密封材料的碎屑等进入到压缩空气中，将引起元件中的运动件卡死、动作失灵、喷嘴堵塞、加速元件磨损、使用寿命降低，导致故障发生，严重影响系统性能。

预防粉尘侵入压缩机的主要方法：经常清洗空气压缩机前的预过滤器，定期清洗空气过滤器的滤芯，及时更换滤清元件等。

(三) 气动系统的日常维护

气动系统日常维护的主要内容是冷凝水的管理和系统润滑的管理。气动系统中从控制元件到执行元件，凡有相对运动的表面都需润滑。如润滑不当，会使摩擦阻力增大，导致元件动作不良，因密封面磨损引起系统泄漏等危害。

润滑油的性质直接影响润滑效果。通常，高温环境下用高黏度润滑油，低温环境下用低黏度润滑油。如果温度特别低，为克服雾化困难可在油杯内装加热器。供油量随润滑部位的形状、运动状态及负载大小而变化。供油量总是大于实际需要量，一般以每 $10m^3$ 自由空气供给 1mL 的油量为基准。

还要注意油雾器的工作是否正常，如果发现油量耗尽或减少，应及时检修或更换油雾器。

(四) 气动系统的定期检修

定期检修的时间间隔通常为三个月。其主要内容如下。

① 查明系统各泄漏处，并设法予以解决。

② 通过对方向控制阀排气口的检查，判断润滑油是否适度，空气中是否有冷凝水。如果润滑不良，考虑油雾器规格是否合适，安装位置是否恰当，滴油量是否正常等。如果有大量冷凝水排出，考虑过滤器的安装位置是否恰当，排除冷凝水的位置是否合适，冷凝水的排除是否彻底。如果方向控制阀排气口关闭时仍有少量泄漏，往往是元件损伤的初期阶段，检查后，可更换受磨损元件以防止发生动作不良。

③ 检查安全阀、紧急安全开关动作是否可靠。定期检修时，必须确认它们动作的可靠性，以确保设备和人身安全。

④ 观察换向阀的动作是否可靠。根据换向时声音是否异常，判定铁芯和衔铁配合处是

否有杂质。检查铁芯是否有磨损,密封件是否老化。

⑤ 反复开关换向阀,观察气缸动作,判断活塞上的密封是否良好。检查活塞杆外露部分,判定前盖的配合处是否有泄漏。

对上述各项检查和修复的结果应做好记录,以作为设备出现故障查找原因和设备大修时的参考。

气动系统的大修间隔期为一年或几年。其主要内容是检查系统各元件和部件,判定其性能和寿命,并对平时产生故障的部位进行检修或更换元件,排除修理间隔期间内一切可能产生故障的因素。

三、气动系统主要元件的常见故障及其排除方法

通常一个新设计安装的气动系统被调试好后,在一段时间内很少会出现故障,正常磨损要在使用几年之后才会出现。一般系统发生故障的原因如下:

① 元件的堵塞。

② 控制系统的内部故障。一般情况下,控制系统故障发生的概率远远小于传感器或机器本身的故障。

方向阀常见故障及排除方法见表11-3,气缸常见故障及排除方法见表11-4,减压阀常见故障及排除方法见表11-5,溢流阀常见故障及排除方法见表11-6,空气过滤器常见故障及排除方法见表11-7,油雾器常见故障及排除方法见表11-8。

表 11-3 方向阀常见故障及排除方法

故障现象	产生原因	排除方法
不能换向	1. 阀的滑动阻力大,润滑不良 2. O形密封圈变形 3. 粉尘卡住滑动部分 4. 弹簧损坏 5. 阀操纵力小 6. 活塞密封圈磨损	1. 进行润滑 2. 更换密封圈 3. 清除粉尘 4. 更换弹簧 5. 检查阀操纵部分 6. 更换密封圈
阀产生振动	1. 空气压力低(先导型) 2. 电源电压低(电磁阀)	1. 提高操纵压力或采用直动型方向阀 2. 提高电源电压或使用低电压线圈
交流电磁铁有蜂鸣声	1. 活动铁芯密封不良 2. 粉尘进入铁芯的滑动部分,使活动铁芯不能密切接触 3. 活动铁芯铆钉脱落,铁芯叠层分开不能吸合 4. 短路环损坏 5. 电压电源低 6. 外部导线拉得太紧	1. 检查铁芯接触性和密封性,必要时更换铁芯组件 2. 清除粉尘 3. 更换活动铁芯 4. 更换固定铁芯 5. 提高电源电压 6. 引线应宽裕
电磁铁动作时间偏差大,或有时不能动作	1. 活动铁芯锈蚀,不能移动;在湿度高的环境中使用气动元件时,由于密封不完善而向磁铁部分泄漏空气 2. 电源电压低 3. 粉尘进入活动铁芯的滑动部分使其运动恶化	1. 铁芯除锈,修理好对外部的密封,更换坏的密封件 2. 提高电源电压或使用符合电压的线圈 3. 清除粉尘
线圈烧毁	1. 环境温度高 2. 快速循环使用时 3. 因为吸引时电流大,单位时间耗电多,温度升高,使绝缘损坏而短路 4. 粉尘夹在阀和铁芯之间,不能吸引活动铁芯 5. 线圈上有残余电压	1. 按产品规定温度范围使用 2. 使用高级电磁阀 3. 使用气动逻辑回路 4. 清除粉尘 5. 使用正常电源电压,使用符合电压的线圈
切断电源,活动铁芯不能退回	粉尘夹入活动铁芯滑动部分	清除粉尘

表 11-4 气缸常见故障及排除方法

故障现象	产生原因	排除方法
外泄漏（活塞杆与密封衬套间漏气；气缸体与端盖间漏气；缓冲装置的调节螺钉处漏气）	1. 衬套密封圈磨损 2. 活塞杆偏心 3. 活塞杆有伤痕 4. 活塞杆与密封衬套的配合面内有杂质 5. 密封圈磨损	1. 更换衬套密封圈 2. 重新安装，使活塞杆不受偏心负荷 3. 更换活塞杆 4. 除去杂质，安装防尘盖 5. 更换密封圈
内泄漏活塞两端串气	1. 活塞密封圈损坏 2. 润滑不良 3. 活塞被卡住 4. 活塞配合面有缺陷，杂质挤入密封面	1. 更换活塞密封圈 2. 改善润滑 3. 重新安装，使活塞杆不受偏心负荷 4. 缺陷严重者更换零件，除去杂质
输出力不足，动作不平稳	1. 润滑不良 2. 活塞或活塞杆卡住 3. 气缸体内表面有锈蚀或缺陷 4. 进入了冷凝水、杂质	1. 调节或更换油雾器 2. 检查安装情况，消除偏心 3. 视缺陷大小再决定排除故障办法 4. 加强对空气过滤器和除油器的管理，定期排放污水
缓冲效果不好	1. 缓冲部分的密封圈密封性能差 2. 调节螺钉损坏 3. 气缸速度太快	1. 更换密封圈 2. 更换调节螺钉 3. 研究缓冲机构的结构是否合适
损伤（活塞杆折断；端盖损坏）	1. 有偏心负荷 2. 摆动气缸安装轴销的摆动面与负荷摆动面不一致；摆动轴销的摆动角过大，负荷很大，摆动速度又快，有冲击装置的冲击加到活塞杆上；活塞杆承受负荷的冲击；气缸的速度太快 3. 缓冲机构不起作用	1. 调整安装位置，消除偏心 2. 使轴销摆角一致；确定合理的摆动速度，冲击不得加在活塞杆上，设置缓冲装置 3. 在外部或回路中设置缓冲机构

表 11-5 减压阀常见故障及排除方法

故障现象	产生原因	排除方法
二次压力升高	1. 阀弹簧损坏 2. 阀座有伤痕或阀座橡胶剥落 3. 阀体中夹入灰尘，阀导向部分黏附异物 4. 阀芯导向部分和阀体的O形密封圈收缩、膨胀	1. 更换阀弹簧 2. 更换阀体 3. 清洗、检查过滤器 4. 更换O形密封圈
压力下降很大（流量不足）	1. 阀口通径小 2. 阀下部积存冷凝水；阀内混有异物	1. 使用通径较大的减压阀 2. 清洗、检查过滤器
溢流口总漏气	1. 溢流阀座有伤痕（溢流式） 2. 膜片破裂 3. 出口压力升高 4. 出口侧背压增高	1. 更换溢流阀座 2. 更换膜片 3. 参看"二次压力升高"栏 4. 检查出口侧的装置回路
阀体漏气	1. 密封件损伤 2. 弹簧松弛	1. 更换密封件 2. 张紧弹簧
异常振动	1. 弹簧的弹力减弱、弹簧错位 2. 阀体中心、阀杆中心错位 3. 因空气消耗量周期变化，使阀不断开启、关闭，与减压阀引起共振	1. 把弹簧调整到正常位置，更换弹力减弱的弹簧 2. 检查并调整位置偏差 3. 改变阀的固有频率

表 11-6 溢流阀常见故障及排除方法

故障现象	产生原因	排除方法
压力虽上升，但不溢流	1. 阀内部的孔堵塞 2. 阀芯导向部分进入异物	1. 清洗 2. 清洗
压力虽没有超过设定值，溢流口处却溢出空气	1. 阀内进入异物 2. 阀座损伤 3. 调压弹簧损坏 4. 膜片破裂	1. 清洗 2. 更换阀座 3. 更换调压弹簧 4. 更换膜片

续表

故障现象	产生原因	排除方法
溢流时发生振动（主要发生在膜片式阀中），启闭压力差较小	1. 压力上升速度很慢，溢流阀放出流量多，引起阀振动 2. 因从压力上升源到溢流阀之间被节流，阀前部压力上升慢而引起振动	1. 出口处安装针阀，微调溢流量，使其与压力上升匹配 2. 增大压力上升源到溢流阀的管道口径
从阀体和阀盖向外漏气	1. 膜片破裂（膜片式） 2. 密封件损伤	1. 更换膜片 2. 更换密封件

表 11-7 空气过滤器常见故障及排除方法

故障现象	产生原因	排除方法
压力过大	1. 使用过细的滤芯 2. 过滤器流量范围太小 3. 流量超过过滤器的容量 4. 过滤器滤芯网眼堵塞	1. 更换适当的滤芯 2. 更换流量范围大的过滤器 3. 更换大容量的过滤器 4. 用净化液清洗（必要时更换）滤芯
从输出端溢出冷凝水	1. 未及时排出冷凝水 2. 自动排水器发生故障 3. 超过过滤器的流量范围	1. 养成定期排水习惯或安装自动排水器 2. 修理（必要时更换） 3. 在适当流量范围内使用或者更换大流量的过滤器
输出端出现异物	1. 过滤器滤芯破损 2. 滤芯密封不严 3. 用有机溶剂清洗塑料件	1. 更换机芯 2. 更换机芯的密封，紧固滤芯 3. 用清洁的热水或煤油清洗
塑料水杯破损	1. 在有机溶剂的环境中使用 2. 空气压缩机输出某种焦油 3. 压缩机从空气中吸入对塑料有害的物质	1. 使用不受有机溶剂侵蚀的材料（如使用金属杯） 2. 更换空气压缩机的润滑油，或使用无油压缩机 3. 使用金属杯
漏气	1. 密封不良 2. 物理（冲击）、化学原因使塑料杯产生裂痕 3. 漏水阀、自动排水器失灵	1. 更换密封件 2. 参看"塑料水杯破损"栏 3. 修理（必要时更换）

表 11-8 油雾器常见故障及排除方法

故障现象	产生原因	排除方法
油不能滴下	1. 没有产生油滴下落所需的压差 2. 油雾器反向安装 3. 油道堵塞 4. 油杯未加压	1. 加上文丘里管或换成小的油雾器 2. 改变安装方向 3. 拆卸，进行修理 4. 因通往油杯的空气通道堵塞，需拆卸修理
油杯未加压	1. 通往油杯的空气通道堵塞 2. 油杯大，油雾器使用频繁	1. 拆卸修理 2. 加大通往油杯的空气通孔，使用快速循环式油雾器
油滴数不能减少	油量调整螺钉失效	检修油量调整螺钉
空气向外泄漏	1. 油杯破损 2. 密封不良 3. 观察玻璃破损	1. 更换 2. 检修密封 3. 更换观察玻璃
油杯破损	1. 用有机溶剂清洗 2. 周围存在有机溶剂	1. 更换油杯，使用金属杯或耐有机溶剂油杯 2. 与有机溶剂隔离

任务实践

数控加工中心气动换刀系统（图 11-11）的工作原理如下。

1. 主轴定位

当数控系统发出换刀指令时，主轴停止旋转，同时 4YA 得电，压缩空气经气动三联件 1、换向阀 4（右位）、单向节流阀 5 进入定位缸 A，缸 A 活塞左移，实现主轴自动定位。定位速度由单向节流阀 5 调节。

2. 主轴松刀

主轴定位后，压下无触点开关，使 6YA 得电，压缩空气经换向阀 6（右位）、快速排气阀 8 到气液增压缸 B 上腔，其下腔通过快速排气阀 7 排气，缸 B 的活塞伸出，实现主轴松刀。

3. 机械手拔刀

在主轴松刀时，同时使 8YA 得电，压缩空气经换向阀 9（右位）、单向节流阀 11 进入气缸 C 上腔，其下腔通过单向节流阀 10、换向阀 9（右位）排气，实现机械手拔刀。拔刀的速度由单向节流阀 10 调节。

4. 主轴锥孔吹气

当 1YA 得电时，压缩空气经换向阀 2（左位）、单向节流阀 3 后排出，实现向主轴锥孔吹气。

5. 停止吹气

当 2YA 得电、1YA 失电时，换向阀 2 切换至断开位置，停止吹气。

6. 插刀

当 8YA 失电、7YA 得电时，压缩空气经换向阀 9（左位）、单向节流阀 10 到达缸 C 的下腔，缸 C 上腔气体经单向节流阀 11、换向阀 9（左位）及消声器后排出，缸 C 上移，实现插刀动作。插刀的速度由单向节流阀 11 调节。

7. 刀具夹紧

当 6YA 失电、5YA 得电时，压缩空气经换向阀 6（左位）到夹紧缸 B 的下腔，其上腔气体经消声器排出，缸 B 活塞退回，主轴的机械机构使刀具夹紧。

8. 主轴复位

当 4YA 失电、3YA 得电时，缸 A 的活塞在弹簧力作用下复位，恢复到开始状态，换刀结束。

表 11-9 为该气动系统的电磁铁动作顺序表。

表 11-9 电磁铁动作顺序表

动作	电磁铁							
	1YA	2YA	3YA	4YA	5YA	6YA	7YA	8YA
主轴定位				+				
主轴松刀				+		+		
拔刀				+		+		+
主轴锥孔吹气	+			+		+		+
吹气停止	−	+		+		+		+
插刀				+		+	+	−
刀具夹紧				+	+	−		
主轴复位			+	−				

注：表中"+"表示电磁铁得电；"−"表示电磁铁失电。

任务 3　自动生产线供料单元气动系统设计与实现

任务导入

供料单元是 YL-335B 自动生产线的起始工作单元，负责提供加工原料，以便其他工作单元的使用。供料单元除了可以独立工作外，还可以协同其他工作单元联动，实现自动生产线的整体运行。本次任务是对供料单元实施气动元件的安装与连接、电气安装与接线、PLC 编程调试及运行等操作，其目的是锻炼学生识图、安装、布线、编程和装调的综合能力。

知识导航

供料操作示意如图 11-12（a）所示，工件垂直叠放在料仓中，推料缸处于料仓的底层并且其活塞杆可从料仓的底部通过。当活塞杆在退回位置时，它与最下层工件处于同一水平位置，而顶料气缸则与次下层工件处于同一水平位置。供料单元工作原理如图 11-13 所示，在需要将工件推出到物料台上时，首先使顶料气缸的活塞杆推出，压住次下层工件；然后使推料气缸活塞杆推出，从而把最下层工件推到物料台上。在推料气缸返回并从料仓底部抽出后，再使顶料气缸返回，松开次下层工件。这样，料仓中的工件在重力的作用下，就自动向下移动一个工件，为下一次推出工件做好准备。

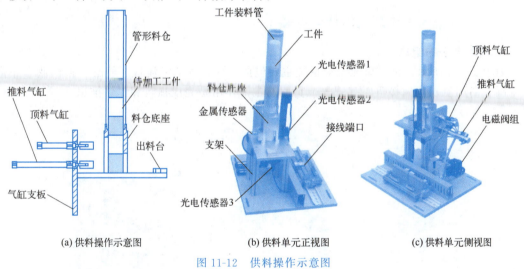

(a) 供料操作示意图　　(b) 供料单元正视图　　(c) 供料单元侧视图

图 11-12　供料操作示意图

在底座和管形料仓第 4 层工件位置，分别安装一个漫射式光电开关。它们的功能是检测料仓中有无储料或储料是否足够。若该部分机构内没有工件，则处于底层和第 4 层位置的两个漫射式光电接近开关均处于常态；若仅在底层起有 3 个工件，则底层处光电接近开关动作而第 4 层处光电接近开关处于常态，表明工件已经快用完了。这样，料仓中有无储料或储料是否足够，就可用这两个光电接近开关的信号状态反映出来。

推料缸把工件推出到出料台上。出料台面开有小孔，出料台下面设有一个圆柱形漫射式光电接近开关，工作时向上发出光线，从而透过小孔检测是否有工件存在，以便向系统提供本单元出料台有无工件的信号。在输送单元的控制程序中，就可以利用该信号状态来判断是

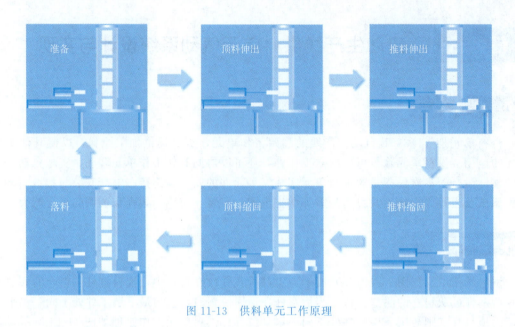

图 11-13　供料单元工作原理

否需要驱动机械手装置来抓取此工件。

任务实践

一、供料单元气动系统设计与连接

1. 气动系统的组成

如图 11-14 所示，供料单元气动系统主要包括气源、气动汇流板、气缸、换向阀、单向节流阀、消声器、快插接头、气管等，它们的主要作用是完成顶料和工件推出。

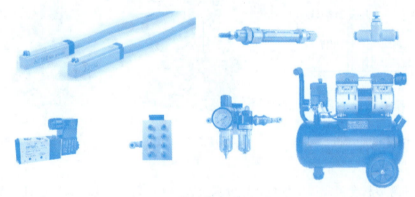

图 11-14　供料单元所需气动元件

2. 气路控制原理图

根据供料单元工作要求，设计气动回路如图 11-15 所示。供料单元的气动执行元件由 2 个双作用气缸组成，其中，1B1、1B2 为安装在顶料气缸上的 2 个位置检测传感器（磁性开关）；2B1、2B2 为安装在推料气缸上的 2 个位置检测传感器（磁性开关）。

单向节流阀用于气缸调速，气动汇流板用于组装单电控换向阀及附件。气源经汇流板分给 2 个换向阀的进气口，气缸 1A、2A 的两个工作口与电磁阀工作口之间均安装了单向节流阀，通过排气节流来调整气缸伸出、缩回的速度。排气口安装的消声器可减小排气的噪声。

3. 气动元件（气路）的连接方法

① 单向节流阀应分别安装在气缸的工作口上，并缠绕好密封带，以免运行时漏气。

② 单电控换向阀的进气口和工作口应安装好快插接头，并缠绕好密封带，以免运行时漏气。

③ 气动汇流板的排气口应安装好消声器，并缠绕好密封带，以免运行时漏气。

④ 气动元件对应气口之间用塑料气管进行连接，做到安装美观，气管不交叉并保持气路畅通。

4. 气路系统的调试方法

通过手动控制单向换向阀，观察气缸的动作情况：气缸运行过程中检查各管路的连接处是否有漏气现象，是否存在气管不畅通现象。同时，通过对各单向节流阀的调整来获得稳定的气缸运行速度。

按照技能大赛的标准，气管和线缆布置工艺规范见表 11-10。

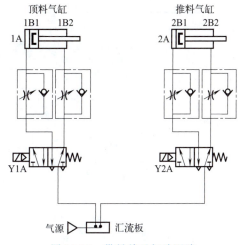

图 11-15 供料单元气动回路

表 11-10 气管和线缆布置工艺规范

工艺规范	合格	不合格
电缆和气管分开绑扎		
允许电缆、光纤电缆和气管绑扎在一起，当它们都来自同一个移动模块上时		

续表

工艺规范	合格	不合格
两个绑扎带之间的距离不超过50mm,这同样适用于型材台面下的电缆线		
切割绑扎带时不能留余太长,必须小于1mm且不割手		
所有的电缆和气管固定在型材上时,需用到线卡子固定座		
工作台面上只能用电缆固定座来固定电缆/电线/光纤/气管。电缆和气管应被紧固到电缆固定座上。扎带应穿过固定座的两端。对于单根电线,允许只穿过固定座一侧		

续表

工艺规范	合格	不合格
两个线卡子之间的距离不超过120mm		
气管不能从线槽中穿过		
所有穿过拖链的电缆和气管都必须固定在拖链末端,使用绑扎带固定		
第一根绑扎带与电磁阀组气管接头连接处的距离为(60±5)mm		
插拔气管必须在泄压情况下进行		

二、供料单元控制系统的设计与接线

1. 供料单元电气控制原理图

供料单元中的 PLC 选用西门子 S7-200 系列产品，其型号为 CPU224 AC/DC/RLY，共 14 点输入和 10 点继电器输出，工作电源为 AC 220V，输入输出电源均采用直流 24V，其 PLC 控制原理如图 11-16 所示。

2. 传感器的安装与接线

（1）磁性开关的安装与接线　供料单元中顶料气缸和推料气缸的非磁性体活塞上安装了一个永久磁铁的磁环，随着气缸的移动，在气缸的外壳上就提供了一个能反映气缸位置的磁场，安装在气缸外侧极限位置上的磁性开关可在气缸活塞移动时检测出其位置。磁性开关安装时，先将其套接在气缸上并定位在极限位置，然后再旋紧紧固螺钉。

磁性开关的输出为 2 线（棕色＋，蓝色－），连接时蓝色线与直流电源的"－"相连，棕色线与 PLC 的输入点相连。

（2）光电开关的安装与接线　供料单元中的光电开关主要用在出料检测、物料不足或没有物料时。安装时应注意其机械位置，特别是出料检测传感器安装时，应注意与工件中心透孔的位置错开，避免因光的穿透无反射信号而导致信号错误。

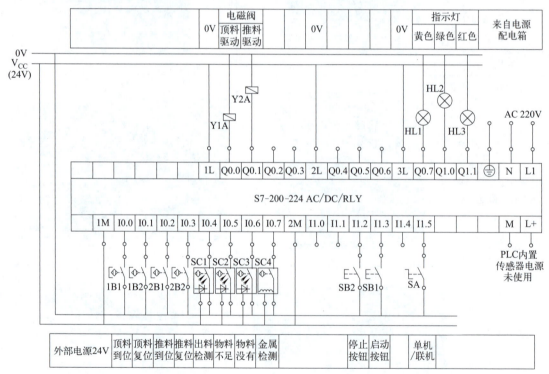

图 11-16　供料单元 PLC 控制原理

光电开关的输出为 3 线（棕色＋，蓝色－，黑色 NO 输出），棕色线与直流电源的"＋"连接，蓝色线与直流电源的"－"连接，黑色线与 PLC 的输入点连接。

（3）金属接近开关的安装与接线　供料单元中配有金属接近开关，安装在物料台上，当有金属工件推出时，便发出感应信号，安装时应注意传感器与工件的位置。

金属接近开关的接线与光电开关的接线相同。

三、供料单元 PLC 编程与调试

1. 供料单元 PLC I/O 地址分配表

根据供料单元 PLC 原理图配置 PLC I/O 地址分配表，见表 11-11。

表 11-11 供料单元 PLC 的 I/O 信号表

输入信号				输出信号			
序号	PLC 输入点	信号名称	信号来源	序号	PLC 输出点	信号名称	信号来源
1	I0.0	顶料气缸伸出到位	装置侧	1	Q0.0	顶料电磁阀	装置侧
2	I0.1	顶料气缸缩回到位		2	Q0.1	推料电磁阀	
3	I0.2	推料气缸伸出到位		3	Q0.2		
4	I0.3	推料气缸缩回到位		4	Q0.3		
5	I0.4	出料台物料检测		5	Q0.4		
6	I0.5	供料不足检测		6	Q0.5		
7	I0.6	缺料检测		7	Q0.6		
8	I0.7	金属工件检测		8	Q0.7	正常工作指示	按钮/指示灯模块
9	I1.0			9	Q1.0	运行指示	
10	I1.1			10	Q1.1		
11	I1.2	停止按钮	按钮/指示灯模块				
12	I1.3	启动按钮					
13	I1.4	急停按钮（未用）					
14	I1.5	工作方式选择					

2. 控制程序结构设计

供料单元的控制程序可按照 3 个部分进行设计：供料控制主程序、供料控制子程序和状态显示子程序。

3. 控制程序顺序控制功能图

整个程序的结构包括主程序、供料控制子程序和状态显示子程序。主程序是一个周期循环扫描的程序。通电后先进行初态检查，即检查顶料气缸、推料气缸是否处于复位状态，料仓内的工件是否充足。这三个条件中的任一条件不满足，初态均不能通过，也就是不能启动供料站使之运行。如果初态检查通过，则说明设备准备就绪，允许启动。启动后，系统就处于运行状态，此时主程序每个扫描周期都调用供料控制子程序和状态显示子程序。主程序顺序功能图如图 11-17 所示。

供料控制子程序是一个步进程序，可以采用置位复位方法来编程，也可以用顺序继电器指令（SCR 指令）来编程。如果料仓有料且料台无料，则依次执行顶料、推料操作，然后再执行推料复

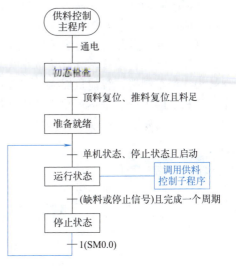

图 11-17 供料单元供料控制主程序顺序控制功能图

位、顶料复位操作，延时 100 ms 后返回子程序入口处开始下一个周期的工作。供料控制子程序顺序功能图如图 11-18 所示。

状态显示子程序根据任务描述用经验设计法来编写程序。

4. 程序的运行调试

① 用 PC/PPI 电缆将 PLC 的通信端口与 PC 的 USB 接口（或 RS232 端口）相连，打开

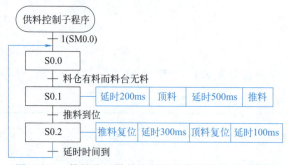

PLC 编程软件，设置通信端口和通信波特率，建立上位机与 PLC 的通信连接。

② PLC 程序编译无误后将其下载至 PLC，并使 PLC 处于 RUN 状态。

③ 将程序调至监视状态，观察 PLC 程序的能流状态，以此来判断程序的正确与否，并有针对性地进行程序修改，直至供料单元能按工艺要求运行。程序每次修改后需重新编译并下载至 PLC。

图 11-18 供料单元供料控制子程序顺序控制功能图

【大国工匠】 调试工的"匠心"路——大国工匠刘文生

生产学习经验

液压（气动）系统图都是按照标准图形符号绘制的，原理图仅表示各个液压（气动）元件及它们之间的连接与控制方式，并不代表它们的实际尺寸大小和空间位置。正确、迅速地分析和阅读液压（气动）系统图，对于液压（气动）设备的设计、分析、研究、使用、维修、调整和故障排除均具有重要的指导作用。

液压与气压传动技术具有传输率大、功率密度高、易于自动控制等优点，广泛应用于航空航天、汽车制造、智能机器人、工程机械、冶金矿山、工业自动化技术等工业领域，是智能装备和智能生产线中不可缺少的驱动技术之一，是支撑我国大国重器向着智能化、轻量化和多样化方向发展不可或缺的基础技术。

思维导图

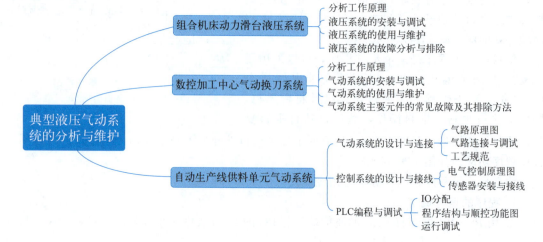

巩固练习

【填空题】

1. 液压阀的常用连接形式有_____、_____、_____和_____。
2. 安装液压泵和液压阀时，必须注意各油口位置，不能_____。
3. 液压设备的维护主要分为_____、_____和_____三个阶段。
4. 吸油管和回油管的管道直径应比压油管路的管路直径_____。
5. 在油箱中，溢流阀的回油口应_____泵的吸油口。
6. 在安装泵传动轴和电动机驱动轴时，一般要求同轴度偏差小于_____。
7. 液压系统的油温一般在_____以上时，应检查原因。
8. 在液压系统外观检查时，应将各压力阀的调压弹簧_____。
9. 压缩空气的污染主要来自_____、_____和_____三个方面。
10. 在压缩机吸气口安装_____，可减少进入压缩机中气体的灰尘量。

【判断题】

1. 为了维护方便，液压泵安装在液面 0.5m 以上的地方。（   ）
2. 新装的或修理后的设备，管道安装完毕后，即可进行试车。（   ）
3. 在清洗液压元件时，应用棉布擦洗。（   ）
4. 吸油管、回油管应在液面以下足够的深度。（   ）
5. 系统泄漏油路应有背压，以便运动平稳。（   ）
6. 气管拔出时，应将管子直接从管接头处拔出。（   ）

【简答题】

1. 气动系统的调试内容有哪些？
2. 气缸常见的故障有哪些？如何排除？
3. 油雾器常见的故障有哪些？
4. 气动系统的日常维护包含哪些内容？
5. 液压系统常见故障有哪些？如何排除？

【分析题】

1. 在图 11-2 所示的 YT4543 型动力滑台液压系统中，元件 6、8、9、14 在回路中起什么作用？
2. 图 11-19 所示为一组合机床动力滑台液压系统原理图。该系统中有进给和夹紧两个液压缸，要求完成图示动作循环。试分析该系统的工作原理，并回答以下几个问题。
（1）写出图中所标序号的液压元件名称。
（2）根据动作循环绘制并填写电磁铁和压力继电器动作顺序表。
（3）指出序号 7、9、11、13、18、20 元件在系统中所起的作用。
（4）分析该系统由哪些液压基本回路构成？
3. 根据图 11-20 所示的车门安全操纵气动回路工作原理图，回答下列问题：
（1）系统由哪些基本回路组成？

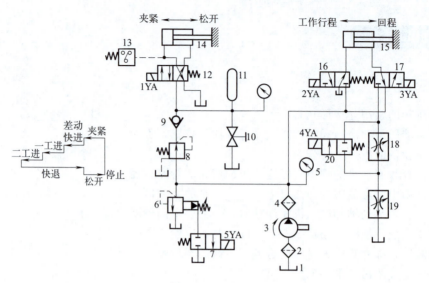

图 11-19　题 2 图

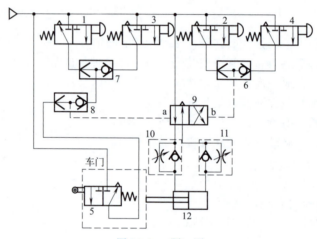

图 11-20　题 3 图

(2) 车门开启、关闭、安全操纵的动作分别由哪些阀来控制？

(3) 指出防止夹伤的动作过程。

4. 图 11-21 为组合机床中的工件夹紧气压传动系统图，试分析和回答相关问题：

(1) 指出各元件的名称。

(2) 该系统能实现怎样的工作循环？

(3) 写出工件夹紧的进、排气路线。

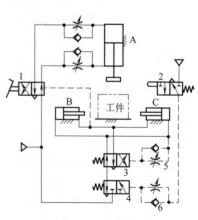

图 11-21　题 4 图

参 考 文 献

[1] SMC（中国）有限公司. 现代实用气动技术 [M]. 3版. 北京：机械工业出版社，2008.
[2] 杨健. 液压与气动技术 [M]. 北京：北京邮电大学出版社，2014.
[3] 梅荣娣. 液压与气压传动控制技术 [M]. 北京：北京理工大学出版社，2012.
[4] 黄志昌. 液压与气动技术 [M]. 北京：电子工业出版社，2006.
[5] 王文深. 液压与气动技术 [M]. 北京：现代教育出版社，2015.
[6] 周明安. 液压气动技术运用 [M]. 北京：中国原子能出版社，2012.
[7] 胡世超. 液压与气动技术 [M]. 上海：上海科学技术出版社，2011.
[8] 马宪亭. 液压与气压传动技术 [M]. 北京：化学工业出版社，2009.
[9] 赵波. 液压与气动技术 [M]. 3版. 北京：机械工业出版社，2011.
[10] 张宏友. 液压与气动技术 [M]. 3版. 大连：大连理工大学出版社，2009.
[11] 胡海清. 气压与液压传动控制技术 [M]. 5版. 北京：北京理工大学出版社，2018.
[12] 毛智勇. 液压与气压传动 [M]. 北京：机械工业出版社，2007.
[13] 李建蓉. 液压与气压传动 [M]. 北京：化学工业出版社，2007.
[14] 白柳. 液压与气压传动 [M]. 北京：机械工业出版社，2009.
[15] 董霞. 液压与气压传动技术 [M]. 上海：同济大学出版社，2009.
[16] 牟志华. 液压与气动技术 [M]. 2版. 北京：中国铁道出版社，2014.
[17] 王凤强. 液压与气压传动 [M]. 2版. 长春：东北师范大学出版社，2014.
[18] 肖雄亮. 液压与气压传动技术 [M]. 上海：上海交通大学出版社，2016.
[19] 单淑梅. 液压与气动系统的使用与维护 [M]. 北京：机械工业出版社，2023.
[20] 吴振芳. 液压与气动技术 [M]. 南京：南京大学出版社，2017.